中国石油天然气集团有限公司统编培训教材

天然气与管道业务分册

地下水封储油洞库
项目管理技术

《地下水封储油洞库项目管理技术》编委会　编

石 油 工 业 出 版 社

内 容 提 要

本书针对地下水封储油洞库项目建设特点，根据地下水封储油洞库项目管理实际情况，结合系统工程、地面工程、地下工程关键技术和重点难点，从地下水封储油洞库的勘察设计管理、施工管理、交工验收管理、投产管理等方面进行阐述，并结合典型地下水封洞库项目案例进行剖析，形成地下水封储油洞库项目管理体系，为后续地下水封储油洞库项目管理提供技术支持。

本书主要适用于地下水封储油洞库各参建单位相关项目管理人员、技术人员、监理人员及施工人员，也可作为相关决策人员、设计人员的学习和参考资料。

图书在版编目（CIP）数据

地下水封储油洞库项目管理技术/《地下水封储油洞库项目管理技术》编委会编.—北京：石油工业出版社，2019.5

中国石油天然气集团有限公司统编培训教材

ISBN 978-7-5183-3221-2

Ⅰ.①地… Ⅱ.①地… Ⅲ.①地下储油-油库管理-技术培训-教材 Ⅳ.①TE972

中国版本图书馆 CIP 数据核字（2019）第 077685 号

出版发行：石油工业出版社
（北京市朝阳区安定门外安华里 2 区 1 号楼 100011）
网 址：www.petropub.com
编辑部：（010）64256770
图书营销中心：（010）64523633
经 销：全国新华书店
印 刷：北京中石油彩色印刷有限责任公司

2019 年 5 月第 1 版 2019 年 5 月第 1 次印刷
710×1000 毫米 开本：1/16 印张：19.5
字数：340 千字

定价：70.00 元
（如出现印装质量问题，我社图书营销中心负责调换）

《中国石油天然气集团有限公司统编培训教材》
编 审 委 员 会

《天然气与管道业务分册》
编　委　会

《地下水封储油洞库项目管理技术》编审人员

主　　编：王　峰　代炳涛

副主编：王　凯　孙薇薇　王　谊

编写人员：李海鹏　李伍林　王　建　常　征
刘　昭　张东浩　杨树启　贾　然
常丽萍　杨艳东　郑洪峰　冯金波
郭　文　张淑娟　王帅玲　冯　超
刘　兵　杨　威　富志伟　李怡芃
张孝鹏

审定人员：郭书太　叶可仲

序

企业发展靠人才，人才发展靠培训。当前，集团公司正处在加快转变增长方式，调整产业结构，全面建设综合性国际能源公司的关键时期。做好“发展”“转变”“和谐”三件大事，更深更广参与全球竞争，实现全面协调可持续，特别是海外油气作业产量“半壁江山”的目标，人才是根本。培训工作作为影响集团公司人才发展水平和实力的重要因素，肩负着艰巨而繁重的战略任务和历史使命，面临着前所未有的发展机遇。健全和完善员工培训教材体系，是加强培训基础建设，推进培训战略性和国际化转型升级的重要举措，是提升公司人力资源开发整体能力的一项重要基础工作。

集团公司始终高度重视培训教材开发等人力资源开发基础建设工作，明确提出要“由专家制定大纲、按大纲选编教材、按教材开展培训”的目标和要求。2009 年以来，由人事部牵头，各部门和专业分公司参与，在分析优化公司现有部分专业培训教材、职业资格培训教材和培训课件的基础上，经反复研究论证，形成了比较系统、科学的教材编审目录、方案和编写计划，全面启动了《中国石油天然气集团有限公司统编培训教材》（以下简称“统编培训教材”）的开发和编审工作。“统编培训教材”以国内外知名专家学者、集团公司两级专家、现场管理技术骨干等力量为主体，充分发挥地区公司、研究院所、培训机构的作用，瞄准世界前沿及集团公司技术发展的最新进展，突出现场应用和实际操作，精心组织编写，由集团公司“统编培训教材”编审委员会审定，集团公司统一出版和发行。

根据集团公司员工队伍专业构成及业务布局，“统编培训教材”按“综合管理类、专业技术类、操作技能类、国际业务类”四类组织编写。综合管理类侧重中高级综合管理岗位员工的培训，具有石油石化管理特色的教材，以自编方式为主，行业适用或社会通用教材，可从社会选购，作为指定培训教材；专业技术类侧重中高级专业技术岗位员工的培训，是教材编审的主体，按照《专业培训教材开发目录及编审规划》逐套编审，循序推进，计划编审300余门；操作技能类以国家制定的操作工种技能鉴定培训教材为基础，侧重主体专业（主要工种）骨干岗位的培训；国际业务类侧重海外项目中外员工的培训。

“统编培训教材”具有以下特点：

一是前瞻性。教材充分吸收各业务领域当前及今后一个时期世界前沿理论、先进技术和领先标准，以及集团公司技术发展的最新进展，并将其转化为员工培训的知识和技能要求，具有较强的前瞻性。

二是系统性。教材由“统编培训教材”编审委员会统一编制开发规划，统一确定专业目录，统一组织编写与审定，避免内容交叉重叠，具有较强的系统性、规范性和科学性。

三是实用性。教材内容侧重现场应用和实际操作，既有应用理论，又有实际案例和操作规程要求，具有较高的实用价值。

四是权威性。由集团公司总部组织各个领域的技术和管理权威，集中编写教材，体现了教材的权威性。

五是专业性。不仅教材的组织按照业务领域，根据专业目录进行开发，且教材的内容更加注重专业特色，强调各业务领域自身发展的特色技术、特色经验和做法，也是对公司各业务领域知识和经验的一次集中梳理，符合知识管理的要求和方向。

经过多方共同努力，集团公司“统编培训教材”已按计划陆续编审出版，与各企事业单位和广大员工见面了，将成为集团公司统一组织开发和编审的中高级管理、技术、技能骨干人员培训的基本教材。“统编培训教材”的出版发行，对于完善建立起与综合性国际能源公司形象和任务相适应的系列培训教材，推进集团公司培训的标准化、国际化建设，具有划时代意义。希望各企事业单位和广大石油员工用好、用活本套教材，为持续推进人才培训工程，激发员工创新活力和创造智慧，加快建设综合性国际能源公司发挥更大作用。

《中国石油天然气集团有限公司统编培训教材》

编审委员会

前言

地下水封储油洞库在国内建设较少，目前尚处于起步阶段。因大断面洞室减震爆破施工、系统支护、注浆止水、密封塞施工及竖井施工等关键技术带来的项目管理难题，再加上国内还没有完整的、系统性的地下水封储油洞库项目管理研究，这些时常困扰着建设单位、项目管理单位和施工单位。

地下水封储油洞库工程利用水封原理，洞库的稳定性和密封性是能够储存油品的前提条件，施工及运营期间需要稳定的地下水位和良好的洞室稳定性，工程建成后无法再进入洞库内部进行修复工作，因此水封储油洞库工程具有结构复杂、开挖断面大、交叉作业多、施工安全风险高、施工组织难度大、项目管理和协调要求高等特点。

本书根据地下水封储油洞库原理，针对地下水封储油洞库项目建设特点，并结合系统工程、地面工程、地下工程关键技术和重点难点，从地下水封储油洞库的勘察设计管理、施工管理、交工验收管理等方面进行阐述，结合实际典型工程案例进行了介绍，形成地下水封储油洞库项目管理体系，为后续地下水封储油洞库项目管理提供技术支持。本书主要适用于地下水封储油洞库各参建单位相关项目管理人员、技术人员、监理人员及施工人员，也是相关决策人员、设计人员的重要学习和参考资料。

该教材第一章、第二章主要由孙薇薇、李海鹏、李伍林、王建、常征、刘昭、张东浩、杨树启、贾然完成；第三章、第四章主要由王凯、常丽萍、杨艳东、郑洪峰、冯金波、郭文、张淑娟、王帅玲、冯超、富志伟完成；第五章、第六章主要由代炳涛、王谊、刘兵、杨威、李怡芃、张孝鹏编写完成。

在教材编写过程中，得到吴疆、赵国深、郭纪山的大力支持和帮助，在此一并表示感谢。同时，我们还特别感谢以郭书太为组长的专家评审组对教材所做的指导。

由于水平有限，难免有错误和不足之处，恳请读者批评指正。

编者

2018 年 5 月

说 明

该教材主要是针对从事地下水封储油洞库各参建单位相关项目管理人员、技术人员、监理人员及施工人员编写的。教材的内容主要来源于国家相关法律法规、标准规范，并结合已建地下水封储油洞库项目管理经验和教训。

为便于读者合理使用本教材，在此对培训对象进行了划分，并规定了地下水封洞库项目管理人员、技术人员、监理人员和施工人员应掌握或了解的主要内容。

培训对象应该掌握或了解的主要内容如下（仅供参考）：

（1）项目管理人员，掌握第一章、第二章、第三章、第四章、第五章、第六章的内容。

（2）项目施工人员，掌握第三章、第四章、第五章的内容，了解第一章、第二章、第六章的内容。

（3）项目监理人员，掌握第三章、第四章、第五章的内容，了解第一章、第二章、第六章的内容。

各单位在培训中要紧密联系生产实际，在课堂培训为主的基础上，还应增加施工现场实习实践环节。建议根据教材内容进一步收集和整理过程照片或视频，进行辅助培训，从而增强培训效果。

目录

第一章　地下水封储油洞库工程项目介绍

第一节　概述

地下水封储油洞库（以下简称“地下水封洞库”）是在稳定的地下水位以下一定深度的天然岩体中，人工开挖的以岩体和岩体中的裂隙水共同构成储油空间的一种特殊地下工程，由储油洞罐、施工巷道、竖井（操作竖井）、泵坑、水幕系统等单元组成。

一、储存原理

地下水封储油洞库就是在地下水位以下的人工凿岩洞内，利用“水封”的作用储存油品，由于岩壁中充满地下水的静压力大于储油静压力，油品始终被封存在由岩壁和裂隙水组成的一个封闭的空间里，油品不会渗漏出去。由于密度不同，油和水不会相混，同时利用水的密度比油大的原理，将油置于水的包围之中，只能水往洞内渗漏，而油不可能往洞外渗漏，油品始终处在水垫之上，从而达到长期储存油品的目的。地下水封洞库的密封原理如图 1-1 所示。

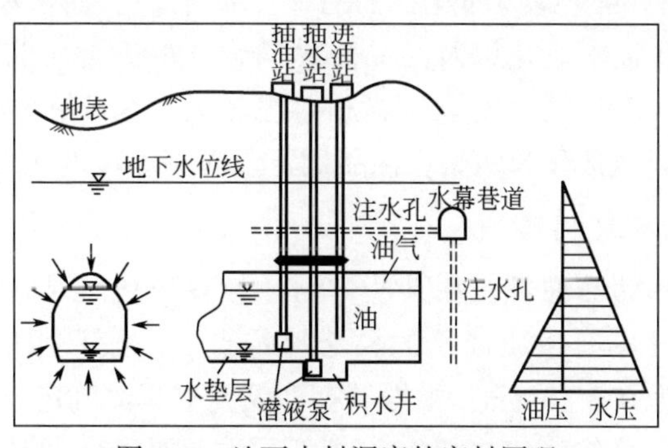

图 1-1　地下水封洞库的密封原理

地下洞室的建造至少要满足稳定性和密封性的要求，密封标准须满足地下水水头压力大于产品的蒸汽压、形状因素、安全余量三者之和，示意图如图 1-2 所示。

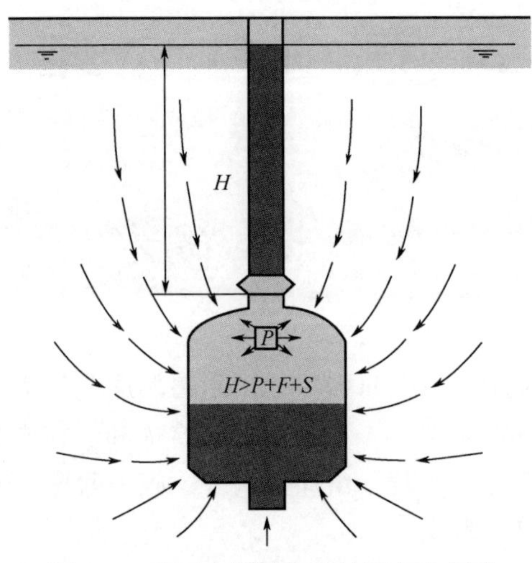

图 1-2 地下水封洞库密封标准示意图

H—地下水水头压力；*P*—产品的蒸汽压；*F*—形状因素；*S*—安全余量

二、地下水封洞库分类

地下水封洞库不论是用来储存汽油、柴油、煤油，还是储存原油、重质油，甚至液化石油气等产品，从理论上讲，只要水封条件达到要求即可，只不过要求洞库埋深不同而已。对于轻质油品，易挥发而不易油水相混，要侧重考虑油气泄漏和油气爆炸问题；而对于重质油品，油水易混而不易挥发，则应侧重考虑防止油水乳化以及油品降黏问题。由于常压储存和压力储存不仅对深度要求高，而且辅助安全设施相差也较大，因此在地下水封洞库建设中，按照压力不同通常分为两类：油品地下水封洞库和液化石油气水封洞库。

1. 油品地下水封洞库

地下水封洞库储油原理，在某些方面比较具有代表性，它具有轻质油品易挥发的特点，又具有重质油品的黏滞性特点。一般采用固定水位法储油，水垫层高度一般为 0.3~0.5m，根据储存油品要求具体确定。水垫层是原油泥渣的沉淀空间，也可作为传热热媒。储存重质油要考虑油品降黏问题，对油品进行加热以补充油品向岩壁的散热及排出裂隙水带出的热量，水的比热容比油大，用水做热媒比较经济。

地下水封洞库储存原油和成品油，一般在常压下储存，其洞室的埋深在稳定地下水位以下30~40m。

2. 液化石油气水封洞库

利用地下水封洞库储存液化石油气，一般储存丁烷、丙烷及混合物产品，液化石油气因为易挥发而不易与水相混，应侧重考虑液化石油气泄漏和爆炸问题。其洞室的埋深应由储存温度下介质的饱和蒸汽压确定，其洞室的埋深在稳定地下水位以下80~150m。

三、地下水封洞库的区域划分

地下水封洞库项目一般分为地下生产区、地上生产区、辅助生产区和行政管理区，地下水封洞库分区及主要设施划分见表1-1。

表1-1 地下水封洞库分区及主要设施划分

序号	分区	分区内主要设施
1	地下生产区	洞罐、施工巷道、操作巷道、竖井、水幕巷道等
2	地上生产区	泵站、计量标定区、阀组区、竖井操作区、油气回收装置、火炬、通气管、地上油罐区、油品装卸设施等
3	辅助生产区	变配电所、消防设施、器材库、机修间、锅炉房、化验室、污水处理设施、气体补偿设施、中心控制室等
4	行政管理区	办公室、守卫室、汽车库等

注：竖井操作区位于操作巷道内时，划为地下生产区。

四、地下水封洞库发展

1. 地下水封洞库发展过程

石油及石油产品的地下储存，很早以前就发展起来。在第一次世界大战期间就已经有了地下储存烃类产品的理论。加拿大于1915年在安大略省Welland附近建成第一个地下储气库。美国于1916年利用纽约州西部伊利湖东岸港口城市Buffalo附近的一个枯竭气田建设了第一个真正使用的地下储气库。1916年德国提出了在岩盐中建造地下油库，1945年美国就把这种设想变为现实。苏联1958年也在卡卢加开始建造地下储气库。1939年瑞典开始建造地下岩洞油库。第二次世界大战期间地下油库开始迅速发展，储存方式和储存油品有了进一步拓展。地下油库分为盐岩层空洞、岩石空洞、废矿坑、岩石的含水层、枯竭油气层等类型。地下油库广泛应用于储存天然气、原油、汽油、柴油、液化石油气（LPG）、乙烯、丙烯和丁烯及煤气等。

1945—1955年，发展了洞室贴壁钢板罐，即在开挖的石洞中，沿岩壁衬钢板（管壁厚4mm，罐顶和罐底厚5~6mm），在钢板和岩壁之间灌入水泥砂浆或混凝土。这种油库结构中，薄钢板作为储油容器，只起到防渗作用，而储油的静压力由岩石壁承受。这类油库的使用经验，又导致了地下油库的根本性发展。早在1937年，瑞典政府曾做了水泥被覆的石洞储油实验，发现只要水泥孔隙充满了水就不跑油。那么怎样才能使储油洞室的岩体孔隙充满水？联想到历史经验，19世纪末就曾利用地下小石洞储集过压缩空气，方法是在储气室上方建造一个储水池，利用从上方渗流下来的水的压力包围气体使之不能逃逸。提出了不挖储水池，而把石洞建造在稳定的地下水位以下而达到水封的想法。

瑞典发明家H. Jansson在1939年的一项专利中建议地下岩洞储罐不用衬里，把油品储存在地下水中。10年后，根据Jansson的理论，在瑞典首都斯德哥尔摩城外建造一个无衬里的地下岩洞储罐，它是利用一座废弃的长石矿井。1949年，另外一个瑞典人H. Eaholm取得了类似观点的专利。他在斯德哥尔摩城外自费建立一个小型试验厂，于1951年6月往岩洞中注入17.6m^3汽油。5年后打开岩洞，经检验没有汽油流失，并且发现汽油的质量也未改变。

于是从1956年开始，人们在斯堪的纳维亚甚至全世界内开始建造地下无内衬岩洞油库，即利用水封的原理，岩洞建在稳定的地下水位以下。只要储存介质不与水溶合，且地下水渗入岩洞的速度缓慢，就可以实现岩洞储存。在岩洞储油之初，该原理为许多石油公司所接受。目前，地下岩洞储库在世界各国迅速发展，有数百个地下岩洞储库分布在各大洲，在斯堪的纳维亚地区最为发达。

2. 地下水封洞库发展现状

目前世界上仅用于储存天然气的地下库就有610多座，460多座利用废旧油气田，80座利用地下水藏，65座岩溶洞库，工作气量达320m^3。主要分布在俄罗斯、美国、法国、加拿大、德国、英国、西班牙、比利时、挪威、葡萄牙、波兰、阿拉伯联合酋长国、智利、土耳其、巴西、墨西哥、中国、印度、韩国、日本等国家和地区。

地下油库也在向大型化发展。苏联建成的一座地下气库仅工作气量就达到了 $100\times10^8m^3$；一般岩盐洞库在 $20\times10^4m^3$ 以上，西德一座油库容量超过 $1700\times10^4m^3$；岩洞储库最大的单罐容量已达 $100\times10^4m^3$，瑞典一油库容量达 $410\times10^4m^3$，还有更大容积的水封地下洞库在运行中。芬兰、挪威和瑞典 3 国建有 200 多座大型地下石油库。芬兰 Tehokaasu Oy 公司 1991 年开始在托尔尼奥分 3 期建设 LPG 地下洞库，总计库容为 $25\times10^4m^3$。瑞典、芬兰、挪威、法国等欧洲国家的大型炼化企业同时建有包括原油、成品油和 LPG 的地下水封洞库。芬兰 NESTE 公司在其一座炼油厂建设了近 20 座原油、成品油和 LPG 的地下储库。瑞典目前至少建有 5 座原油地下库，6 座 LPG 地下库，2 座汽油地下库，3 座航空油料地下库，1 座石脑油地下库，11 座柴油地下库等。

我国第一座地下水封洞库是黄岛地下水封石洞原油库，为 $15\times10^4m^3$ 原油库，储存胜利油田原油，油库建成后试运、水运后封存。1984 年 12 月经检修、整改后进油，至 1989 年 8 月共运行了 189 次，进、出原油 204×10^4t，随后停用。

在黄岛地下水封石洞原油库设计建设过程中，对国外水封洞库进行了大量的调研，国内有关院校进行了理论研究，研究单位进行了工程地质和水文地质试验，并针对施工过程中碰到的具体问题反复研究、试验，取得了一批具有实践意义的成果。特别是在围岩结构处理技术、围岩裂隙处理技术等方面较国外公司具有独到的见解，经多年应用证明，成效非常显著。该项目分别荣获国家科技进步奖、国家勘察金奖、石油工业部优秀设计奖。

3. 地下水封洞库发展趋势

地下洞库技术的发展主要是在现有技术上的改造和对其他行业技术的应用，如油气田勘探和开发技术及信息技术。对天然气的不同需求也促进了不同于传统储气技术的发展。

在现有技术中，压缩天然气在 50bar 的压力下无衬岩洞埋深达 600～700m，还要加上安全深度 100m。有两种减少深度的方法：利用水帘幕并添加地下水的压力，使其高于地下水静压力，埋深可减少到 300m；或者在岩壁上衬上不渗漏的衬里。瑞典 Sydgas 公司曾经设计了一个高压天然气储存设施，岩洞为立式圆柱形，成功在一个 $115m^3$ 试验岩洞中注入了约 15MPa 的空气（水压为 52MPa）。利用地下水封洞库储存空气、CO_2、H_2 等是各国科技工作

者下一步研究的目标。

五、地下水封洞库项目及施工特点

1. 地下水封洞库项目特点

一般建造地下水封岩洞储库单室容积大，无论是与地上常温储罐还是与大型低温储罐相比，都有较为明显的优势。对于大型储存基地来说，地下水封岩洞储库具有下述特点。

1）造价低

在工程地质、水文地质情况良好的地方建造地下储库，其造价明显低于储存能力相当的地上储罐。对建造地下库，影响造价的因素如下：

（1）储存产品的特征及操作要求。

（2）出库容量。

（3）工厂的工程地质和水文条件。

地下水封洞库，一般都可以建成容积较大的储罐，储罐的个数少，同时也减少了相应的设备，便于生产管理，经营费用低。另外，地下水封洞库坚固耐用，不易损坏，只有少量的地上设备，维修量少，维护费用低。一般可减少50%的运营管理费。

地面轻油库、地面重油库、地下水封洞库平均造价和储油费用对比见表1–2。

表1–2　不同类型储库造价与运行费用对比表

费用	储库类型		
	地面轻油库	地面重油库	地下水封洞库
平均造价，美元/m^3	23～33	10～13	7.8
储油费用，美元/m^3·a	0.63	0.49	0.35～0.41

一般$300\times10^4m^3$的原油地下水封洞库的投资要比地面库节省20%的费用。$5\times10^4m^3$的LPG地下水封洞库的投资要比地面库节省25%的费用。

2）节省钢材

钢材用量少是地下水封洞库显著的特点之一。同时能减少引进诸如低温钢之类的设备和材料数量，可以降低成本。

3）经营管理费用低

地下水封洞库一般都可建成容积较大的储罐，储罐的个数少，同时也减少了相应的设备，便于生产管理，经营费用低。另外，地下水封洞库坚固耐用，不易损坏，只有少量的地上设备，维修量小，维护费用低。一般可减少50%的运营管理费。

4）安全性高

地下水封洞库埋于地下，油气散失量小，大大降低了火灾和爆炸的危险性，安全可靠，消防设施简单；抗震能力强，不易损坏；抵抗爆炸，有利于战时防备。据试验，深6m且有覆盖物的油库就能承受一般炸弹的轰炸，深30m的地下油库可以承受各种炸弹的直接命中。所以地下储库战时很安全。据介绍，国外地下油库的保险费仅为地面油库的1/3。

5）占地面积小

地下水封洞库地面设施占地面积小，与周围设施的间距较地面储罐小，而地下洞库上面的土地还可以进行种植、绿化等。同时建造地下洞库时挖掘出的石渣还可以用作建筑材料。

6）环境效果好

地下水封洞库与地面油罐相比，由于占地面积小，可不破坏自然景观，操作运行时基本无油气排放，事故率低，有利于环境保护。

我国有漫长的海岸线，地质条件也比较好，适合大规模发展地下油库，特别是我国目前油品储备水平不高，已经不能适应现代化建设和社会主义市场经济发展的需求，需要提高燃料储备水平，因此，应考虑建造大型地下储备油库。我国地下水封洞库勘察、设计、施工、运行管理上已经有了较为丰富的经验，可以推广地下储存技术。

目前多家原油水封洞库和企业销售LPG储库在采用地下水封洞库上已经有了一定的规模，在石化企业采用地下水封洞库，具有更大的优势，在有关企业提高认识的基础上，将具有广阔的使用前景。

此外，在油田废料等废物处理上，利用废旧的矿井进行地下储存具备较大的优势。

2. 地下水封洞库施工特点

1）洞库断面大，施工交叉多

洞库开挖通常分为上、中、下三层进行，为大断面开挖施工。洞内施工交叉多，施工机械设备调配等施工组织难度大。

2）支护质量要求高

洞库利用洞室储油，建成运营后，洞库是一个完全密闭的容器，一般情况下不能再进入洞库内部。因此运营后洞室的稳定性非常重要，施工中必须保证开挖成形和支护质量。

3）注浆效果要求高

运营期间要严格控制渗入洞室的水量，同时要求水幕保持良好的工作状态，对注浆效果、耐久性及水幕钻孔技术有较高的要求。

4）施工组织难度大

工程结构复杂，洞室断面多变，竖井、交通巷道、水幕巷道、储油洞库相互交错，洞室开挖受地下水探测、注浆工序制约严重，因此要求总体施工安排科学合理，各工序施工工艺先进。

5）水位监测及控制至关重要，影响施工方案

地下洞库周围的水流条件是地下洞库能否在运营期满足密封的最重要的条件。在巷道及洞库开挖时会造成地下水的流失，有可能造成地下水位的严重下降。在施工及运营全过程均要进行水位的监测，并根据监测反馈的情况确定科学合理的施工方案。

6）施工风险较大

地下水封洞库施工在洞室爆破开挖、系统支护、密封塞施工、竖井施工等方面均有较高的质量风险和较大的安全风险。

六、地下水封洞库主要组成

1. 地下工程

地下水封洞库是在稳定的地下水位以下一定深度的天然岩体中，通过人工开挖的以岩体和岩体中的裂隙水共同构成的空间的一种特殊地下工程。由储油洞室、施工巷道、竖井（操作竖井）、泵坑、水幕系统等单元组成的洞库，如图 1-3 所示。

2. 地面工程

水封洞库地面工程主要包括地上生产区、辅助生产区和行政管理区。地

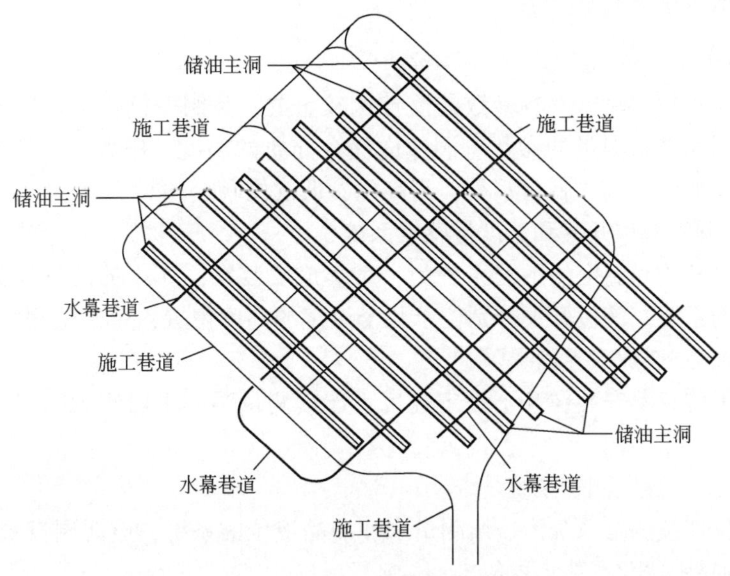

图 1-3　地下水封洞库示意图

上生产区通常包括：输油泵房、计量标定区、阀组区、竖井操作区、油气回收装置、地上油罐区等；辅助生产区通常包括：变配电所、消防设施、器材库、机修间、污水处理设施、控制室等；行政管理区通常包括：办公室、门卫室、车库等。

第二节　系统工程

一、工艺系统

工艺系统包括地下储库收发油工艺、储油洞室油气回收或焚烧处理工艺、氮气置换工艺、洞室内的微正压和水垫层设计工艺等。

二、监测、自动化控制技术

地下水封洞库项目需对运行期的地下洞室进行持续的安全监测，主要包括用于检测运行期间洞室稳定性的振动落石监测系统和监测地下水文情况的

地表和地下水文监测系统。

1. 洞库仪表

地下水封洞库内部各参数的监控比较重要，是洞库操作运行安全的必要保障。洞库需要测量的参数有洞库内储存介质的温度、压力、油气界面、油水界面及油位（高、低位报警，高高位、低低位联锁）。

1）洞库液位开关和温度传感器系统

液位开关和温度传感器系统为一个集成安装在洞库中的液位开关和温度传感器的系统。液位开关分别位于几个设定的高度位置，用于检测气相/液相界面和油品/裂隙水界面。

温度传感器安装在几个设定高度，连续测量洞库中监测点的液相和气相温度。

2）液位连续测量系统

液位连续测量系统为连续测量水和油品液位的系统，应能测量气相/液相界位和油品液相/裂隙水界位。

连续液位测量系统探头为超声波型。系统包含两个导波管，每一个导波管都装有一对传感器。其中一个导波管直接对着气相/液相界面，另一个直接对着水/油品液相界面。

3）压力测量系统

压力测量系统中的压力仪表为智能型压力变送器，安装在井口管道上，该管道连接至储油巷道顶部。

2. 安全监测系统

洞库安全监测系统包括永久水文地质监测系统和地震监测系统。

1）水文地质监测系统

水文地质监测用于监控洞库运行期间水文地质情况，使洞库中的产品始终保持水封状态。对洞库的水文地质应进行全过程监测，并保持完整的监测记录，从施工到投产运行不允许中断，监测结果应定期递交给主管部门进行分析和处理。

水文地质监测项目主要包括：

（1）地表水位观测孔、监测井和竖井的水位监测。

（2）根据压力传感器的压力数据监测水压。

（3）对水位观测孔、水幕、裂隙水水样进行化学和细菌分析，监控水幕注水质量符合标准情况。

水位观测孔（压力计井）自地面钻探，安装水位测量仪表和取样设备。水位观测孔位置由水文地质专业技术人员根据对洞库水文地质监控的需要确定。孔内水位压力计安装位置一般由地质专业技术人员确定。

孔隙水压力计及配套的电缆等的使用寿命应与洞库的生命周期相一致。孔隙压力传感器应安装在专用的钻孔中，目的是监控洞库周围裂隙水压力。地下压力传感器孔一般从水幕巷道或其他地下水平洞巷钻探，垂直或倾斜均可。压力传感器孔的数量、位置要根据施工期水文地质特性确定，在施工后期钻探。压力传感器应有良好的线性参数与长期稳定测量范围，应与深度相适应。

2）地震监测系统

地震监测系统是为了监测、验证洞罐在整个生命周期的整体稳定性，主要是不间断监测和记录洞罐巷道运行期间相关的地震数据。

地震监测系统设备分为三级：

（1）传感器网络，包括传感器和传感器前放大器之间的电缆。

（2）现场设备，包括前置放大器、滤波器、A/D 系统（模拟数字转换）和数字数据传递电缆。

（3）采集系统，包括计算机、外部设备、采集软件。

地震监测系统应具有以下性能：

（1）应能检测并记录 $0.5m^3$ 岩石从一洞室顶落下的地质事件。

（2）地震记录数据的精度必须达到至少是洞罐的半径。

（3）检测必须是永久性的，有效时间必须是总时间的 95%以上（以年为基础）。

（4）传感器及配套的电缆等的使用寿命同洞库生命周期相一致。

（5）传感器在洞罐周围按三维布置。

（6）传感器应安装在水幕巷道，避免在洞罐区范围外。

（7）地震检波器网络应设计并进行敏感性计算。

（8）所有的现场电子装置必须从采集站远程控制。

微震厂商负责培训运行监测人员，并提供微震监测使用手册，异常情况根据手册相应处理。

三、防腐系统

地下水封洞库竖井及泵坑内金属构筑物的防腐层是不可维护的，因此要求对其内的金属构筑物采取有效的防腐设计，使其使用寿命达到 50 年的地下

水封洞库正常使用年限。因此所采取的特殊环境下金属构筑物防腐蚀设计技术需具备很高的可靠性。

四、消防系统

水封洞库内可用于储存丙烷、丁烷、LPG 等，其火灾危险性属于甲 A 类。液化烃具有易燃、易爆的特点，其蒸发、燃烧、爆炸等理化特性显著。1kg 液化石油气爆炸威力相当于 4~10kgTNT 的爆炸当量，对邻近设施造成的破坏力极大。水封洞库的地面设施与地面常规的储运系统相同，采用管道密闭输送，但在阀门法兰等处仍存在介质泄漏的可能性。在日晒的条件下，封闭管段内的体积膨胀，引发管道内压力升高，也容易引发泄漏。

1. 主要危险因素

水封洞库的地下设施的主要危险因素包括：

（1）岩体自身坍塌。洞罐开挖前，岩体受三向应力，开挖之后引起应力重新分布，洞罐四周的围岩形成松动圈、应力增高区和原始应力区。岩体开挖后形成临空面后，洞壁岩石由原来的三向应力变为二向应力，如果施工过程中支护不及时，容易引发破坏。

（2）地震或重大的工程活动。洞罐围岩在地震波作用下可发生断裂，造成坍塌或大裂隙，导致储存介质的泄漏。地震同时往往诱发次生火灾，一旦引燃洞罐的泄漏介质，后果十分严重。

（3）地下水位不稳定。水封洞库依靠地下水进行封存。当地下水系统受工程活动或地震灾害而发生重大变化时，可导致水封系统失效，引发储存介质泄漏。

2. 消防设计

参照国内相关防火设计规范，结合国内已建和在建水封洞库项目中的实施经验，进行相关消防设计。

1）平面布置

水封洞库地面工程应严格按照国家的有关防火、安全卫生标准等进行布置，既要满足生产工艺要求，更要保证防火要求。连接地面设施与洞罐的操作竖井，因国内暂不具备专门适用的国家标准，建议按照自喷式井进行平面设计。水封洞库地下工程，在平面布置时，结合工程地质和水文条件等因素，合理确定施工巷道、洞罐等的平面位置及摆设角度。除满足相关标准要求外，应根据地下水情况做出水力保护区域规定。保护边界距洞罐投影不小于200m，禁止在该区域内进行取水打井作业。

2）水幕墙系统

水幕墙系统是一种可行的消防措施。液化烃泄漏，气化后容易形成爆炸性混合物，为避免爆炸带来的破坏性影响，通常使用喷雾水枪等驱散、聚集流动的气体。为防止气体向重要的目标、危险源等扩散，可采用水幕墙进行隔离。水幕墙系统应设在保护设施边界。

3）地下洞罐设计

洞罐是水封洞库的储存核心，在开挖过程及运营期间应注意：

（1）合理确定洞罐的设计参数。根据洞罐所在地理位置的岩石条件，确定洞室的截面积、长度、埋深和相邻洞室之间的距离，除满足洞室自身特有的大跨度、无内衬特点下的自稳，还要具备抵抗一定外力冲击而不发生破坏的性能。

（2）设置水幕及水幕补水系统。根据水封洞库的储存原理，洞罐围岩必须充满一定压力的裂隙水，洞罐上方设置水幕系统，确保洞罐封存介质所需的水封条件。水幕系统的水源补充不能只依托自然补给，应设置人工补水系统，确保在自然条件下未及时补水时，能够实现人工补水。

（3）设置液位测量系统和温度测量系统。洞罐储存容积大、埋深深，应选用适宜的测量系统，时时监测液位系统及温度变化。当液位或温度达到操作限制时，连锁关闭液化烃的接收和外输操作。

4）操作竖井设施

操作竖井的竖井管道应设置防腐措施，典型的设置包括：

（1）进出竖井的管道设有绝缘接头，确保外部的杂散电流不窜入洞内。

（2）竖井的套筒采用防腐涂层和牺牲阳极保护的联合防护。竖井管道是洞罐内介质的潜在泄漏点，竖井管道应设有防止洞罐内介质沿管道泄漏至地面的措施，典型设置有：竖井两端设置有切断阀，阀门和紧急切断阀宜与水封洞库工程的DCS或SIS系统连锁，在地面火灾或其他事故状态时，快速关闭阀门，防止洞罐内介质外泄；积水井内的竖井管道具有水封功能，工作状态液态烃通过竖井管道输出洞罐，事故状态通过注水井向积水井内紧急注水，对竖井管道实行水封，隔绝液态烃泄漏通道。

第三节　地下工程

一、施工巷道

地面与地下洞室间需建一条或几条通道，以便在洞室施工前及施工中，将挖掘设备，施工时需要的水、电、压缩空气、通风设备及人员运下去，并将挖掘的石渣、地下水排运至地面上。另外还要便于安装所需的管道及相应设备。

地面与地下洞室间的通道有两种方式——巷道或竖井。通道方案选择的主要依据有以下 4 点：

（1）地下有接近地表主导地质条件（岩质和渗透性）。

（2）洞穴挖掘的总体积。

（3）洞穴深度。

（4）施工巷道的性能。

1. 巷道

巷道应允许运输卡车或矿用运输车辆通行，其坡度应不大于 13%。用于运输土石的车辆数目可以根据土石方产出量的变化进行调配，以提高洞穴挖掘速度。用巷道运送土石时，也可以采用轨行车、传送带等。总之，巷道应便于施工设备安装及随时调整，人员行动灵活方便，施工巷道用管道不影响车辆及人员的通行。

通过巷道可以对洞区的岩层状况进行一次全面调查，并有助于优化挖掘、加固和灌浆，也便于水幕渠等辅助洞穴的施工。

但由于巷道是按照一定坡度往下延伸的，其挖掘长度是竖井的 6~7 倍，因此其岩石挖掘量比竖井要大许多，耗时长、费用大、处理工作量大，并仍需要一口独立的操作井。

2. 竖井通道

竖井通道中，土石外运只能用绳、缆线轨导向的大斗间断进行，土石产出量一般较小，由于竖井中大部分空间被运料设备占用，留给公用工程，人员、通风和地下运移设备的空间很小。在竖井中无论干哪项工作都会影响其他工作正常运行。

由于竖井工作面较小，在井底开挖横向巷道通常比较困难，会影响洞穴的挖掘速度，并且水幕渠等辅助洞穴的施工也会影响主导工期。为保证工作人员的安全，须再建第二口井，供人员出入。

在挖掘结束后如可能可以将挖掘井变为操作井。

3. 通道形式的选择

由上述比较可以看出，巷道与竖井两种方式各有优劣。巷道方式在其本身的挖掘上较竖井工作量大、工期长，但在洞穴挖掘上较竖井方便、速度快、工期短。巷道方式是国内外地下水封洞库建设中普遍采用的形式，特别是在坚硬的岩体中，考虑到我国技术及施工方法，以及在地下油库施工中积累的经验，我国建造地下水封洞库，采用巷道方式更为合理，不需要特殊的设备。

二、水幕系统

水幕巷道又称注水巷道，是为了改善岩体中裂隙水的分布状况及防止洞室间油品相互转移而特设的巷道，施工结束后，内部注满水。另外，专用施工巷道施工结束后也要注满水，该巷道也称注水巷道。水幕一般由水幕巷道、水平水幕组成。当一座地下水封洞库的不同洞室储存不同油品介质时，为了防止窜油，需要在洞室间设置垂直水幕。当外部水体对洞库造成影响时，也需要在洞库与外部水体之间设置垂直水幕。

常压储存的地下水封洞库，设置水幕主要出于环保安全的需要，特别是当地下水封洞库周围的水体条件不能满足长期饱和的情况下。当常压储存的地下水封洞库毗邻江、河、湖、海时，可以满足洞库围岩长期处于水饱和状态，裂隙水可以得到及时补充，此时不需要设置水幕来改善岩体的水力分布条件。由于油品处于常压状态，就像机械采油井一样，如果不靠泵提升，油品不会外溢，也不会泄漏。简单来说，就像敞口容器中的水一样，不会自动跑出来，再加一个盖子水汽也跑不出来。也就是说，常压储存的地下水封洞库是否设置水幕需要根据库址水文地质条件来确定，水幕并不是常压储存的地下水封洞库的必要条件。

压力储存的地下水封洞库，油气储存压力要求设置水幕，当然也是出于环保安全的需要。在地温条件下，LPG 或者液化烃只有储存在压力容器中才会保持液相状态，从而防止大量汽化和泄漏外溢。需要设置水幕来改善岩体的水力分布条件，确保岩体和裂隙共同构成一个相当于压力容器的洞罐。日常生活中的家用 LPG 瓶，只要打开一点，气体就会从瓶中释放出来，要将 LPG 封在瓶中，就必须有密封的阀门，阀门的密封压力要高于罐中气体的压力。同理，如果岩体裂隙中没有水，洞罐中的油气就有可能通过裂隙逐步泄漏到地面，若形成通道，则有可能全部挥发完。就像油田的自喷井或者气井，不需要外力提升，油气自动喷出地面，如果不引导到容器中，就会外溢泄漏。由于地下地质条件复杂，为了安全起见，一般设置水幕以确保岩体中的水力条件满足压力储存要求。简而言之，设置水幕是压力储存的地下水封洞库的必要条件。

在水幕巷道里打成排的钻孔，使岩体裂隙中充满水，从而改善岩体的水封条件。一般为了防止洞罐间不同产品的转移，丙烷洞罐和丁烷洞罐间的距离必须足够大，使得它们之间不发生水压干扰，否则就要设置水帘幕。在洞罐间打垂直孔，洞罐间形成一带状水帘，故称其为水帘幕，可用来防止油品的转移。由于罐体的开挖，地下水向罐内渗漏，破坏了罐体附近地下水的原始状态，在罐体上部还会形成一个水位降落，即通常所讲的水漏斗。因此为了保证油气的不渗漏，必须使岩体裂隙充水，以恢复和改善岩体的水封条件。如果有两个相邻洞罐距离较近，且不注水，就会使洞罐间岩石壁丧失水封条件。由于设置水幕，洞穴周围的地下水位和水压分布得以控制，可以通过减少水压分布及局部不均匀性来加强洞穴周围的水流流型。注水钻孔有些可以从施工巷道直接钻；这样可以在水幕巷道投用前，防止岩体减低饱和度。注水钻孔有竖向孔和斜向孔，在设计中可以单独使用，也可根据工程地质条件综合采用。注水钻孔一般应超出洞壁外壁足够的距离，一般在 10m 以上。

三、储油洞室

1. 基本概念

储油洞室是由储油巷道组成且经连接巷道连通的储油单元，相当于地面上的单个油罐。储油巷道是在地下岩体内开挖的水平隧道，为主要储油空间，也称为主巷道。连接巷道是将储油巷道连通的水平隧道，连通储油巷道的气相（上部连接巷道）、液相和水（下部连接巷道），在施工期间可通往储油巷道的不同水平面。

2. 施工方法

储油洞室按照新奥法原理进行施工。在施工过程中，应贯彻动态设计与信息化施工原则，及时对开挖面进行地质核对。应进行超前地质预报，根据相关信息对相应地段的围岩分级、施工开挖方法以及支护参数进行调整。已完成开挖的地段必须进行监控量测，以确保施工安全，为储油洞室动态设计提供支撑。

储油洞室施工开挖方法应根据地质条件、洞室埋深、断面形状及跨度、施工技术条件等因素综合分析后确定，遵循“安全、实用、经济、合理”的原则。当施工中遇到软弱地层、断层、破碎带、严重风化层等特殊地质条件时，应加强信息化手段，及时调整开挖方法，选择相应的辅助施工措施与支护结构，按照“短进尺，弱爆破，强支护，勤量测”的原则进行施工。开挖过程中，除按设计要求进行系统支护外，还应根据围岩特性对局部不稳定块体和部位进行随机支护。遇到松散、软弱破碎的岩体，应采用先护后挖、边挖边护等方法；或者采取一掘一支护，稳步前进，即开挖—循环先喷混凝土，然后打锚杆、挂网、再喷混凝土至设计厚度，如此循环掘进。围岩稳定性特别差时，爆破后应立即喷混凝土封闭岩面，出渣后，安设钢架，再打锚杆、挂网、喷混凝土，增加支护能力。

为维持开挖后围岩稳定，锚喷系统支护至掌子面距离 Q 的一般原则为：$Q \geqslant 10$ 时，锚喷系统支护不应滞后掌子面 20m 以外；$Q<10$ 时，锚喷系统支护不应滞后掌子面 10m 以外；$Q \leqslant 1$ 时，应采取一掘一支护，稳步前进。围岩较差地段的支护应向围岩较好地段延伸不小于 5m。

储油洞室开挖应采用光面爆破，爆破质量应符合国家标准《岩土锚杆与喷射混凝土支护工程技术规范》（GB 50086—2015）的有关规定。施工时，必须编制爆破设计，按爆破图表和说明书严格施工，并根据爆破效果及时修正有关参数。爆破时尽量减少对围岩的扰动，保证开挖成形质量，以充分发挥围岩的自承能力和减少超挖回填。储油洞室超挖部分，应采用 C25 混凝土或喷射混凝土回填密实。现场实际发生超挖过大时，应在回填混凝土内设置钢筋网片等加强措施，并与围岩可靠锚固。储油洞室施工开挖方法应根据岩体稳定程度、洞室跨度和机械设备等因素确定，一般采用全断面法或台阶法开挖，围岩较差时可采用导洞法或分部开挖法。

全长黏结型锚杆杆体使用前应平直、除锈、除油；注入的砂浆应拌和均匀，随伴随用。一次拌合的砂浆应在初凝前用完，并严防石块、杂物混入。在洞室横断面上，锚杆应与岩体主结构面成较大角度布置；当主结构面不明显时，可与洞室周边轮廓垂直布置。

喷射混凝土作业前，应清除开挖面的浮石和墙脚的岩渣、堆积物等；对遇

水易潮解、泥化的岩层，则应用高压风清扫岩面。喷射作业紧跟开挖工作面时，混凝土终凝到下一循环时间，不应小于 3h。钢架与围岩间的间隙必须用喷射混凝土充填密实，先喷射钢架与围岩之间的混凝土，后喷射钢架之间的混凝土，喷射顺序自下而上进行，喷混凝土应将钢架全部覆盖。锚杆和喷射混凝土、钢架等施工应按《岩土锚杆与喷射混凝土支护工程技术规范》（GB 50086—2015），《岩土锚杆（索）技术规程（附条文说明）》（CECS 22—2005）、《路基填筑工程连续压实控制技术规程》（Q/CR 9210—2015）等标准所列要求执行。当以上规范、标准有冲突时，应从严执行。

储油洞室施工必须进行现场监控量测，监测各施工阶段围岩动态，确保施工安全，同时为调整支护设计参数、确定钢架等施工作业时间提供反馈信息，并作为设计变更依据。施工时应尽可能利用机械开挖，超挖应控制在规定的范围内，做到少欠少挖。施工期间应结合现场实际量测数据对支护及围岩的稳定性进行区分，当围岩变形过大或异常时，应及时采取辅助工程措施，确保施工安全。施工承包商应特别重视拱顶部位找顶工作，认真找顶不仅对施工安全至关重要，而且可最大程度减少局部锚杆的数量。储油洞室垫层施工前，应将储油洞室内的杂物、垃圾清理干净，用高压水将顶拱、边墙、底面等冲洗干净，保证垫层与洞室底面的密实性和黏结性良好；垫层施工完成后应保持垫层顶面的清洁。

四、竖井

1. 操作竖井

操作竖井是从地面垂直向下开挖的圆形或方形通道，用于安装油品进出运输管道、排水管道、仪表、电缆等设施，是洞库与外界联系的唯一通道。地面管线及仪表信号线均通过操作竖井与洞罐相连，一般一个洞罐设一个操作竖井，也可设 2 个甚至 3 个竖井。竖井开挖成圆形，这种形状受力较好。根据进出洞罐工艺管线情况确定竖井直径，一般为 3~7m。

竖井由密封塞封闭，井口至密封塞间充满水，使洞罐完全密封。竖井中管线设套管，以便于设备检修。

在竖井下方洞罐底部设置泵坑，泵坑主要作用是收集裂隙水，并用泵将裂隙水排出洞库外。产品液下泵也放在泵坑内，以利于泵的冷却。安装泵时，装设套管、泵及出口管都安在套管内。泵坑结构断面尺寸一般与操作竖井相同，坑深一般根据泵的结构尺寸确定，通常为 15~30m。

2. 竖井管道

安装在竖井中的各种管道，主要由地下水封洞库工艺管道和仪表管道组成。由于受空间限制，检修困难、周期长，竖井管道的设计、制作、安装应满足其独特的要求，在满足流程、检测要求的同时，能够保证水封洞库长期安全正常运转。竖井内主要管道在满足工艺流程、监测要求的同时，能够保证水封洞库长期安全正常运转。竖井内主要管道和保持其稳定性的支撑钢结构简要介绍如下。

1）进料管

每座洞罐设一条垂直进料管进入洞罐内，在进料管道下部（混凝土封塞部位）安装限流设施，在设计流量下保证垂直管道内充满液体，防止两相流引起管线振动。

洞罐储存 LPG 时，在进料管限流孔板下部安装液压安全阀，防止在故障情况下 LPG 泄漏。

2）液下泵出库管线

洞罐设油品提升泵出库管线，将油品输送出洞罐，出库管线为法兰连接，由套管顶部法兰支撑，底部通过一个止回阀与液下泵相连。

储存 LPG 时，在液下泵底部安装液压安全阀，防止在故障情况下 LPG 从套管泄漏，液下泵及出库管线对应安装在各自的套管内。

3）裂隙水泵出库管线

洞罐设裂隙水提升泵及出库管线，将裂隙水输出以避免洞罐液位超高或超压，出库管线为法兰连接，由套管顶部法兰支撑，底部通过一个止回阀与液下泵相连，液下泵及出库管线对应安装在各自的套管内。

4）放空管线

洞罐设有仪器放空管线，各洞罐之间贯通，与地面油气回收设施相连。

储存 LPG 时，洞罐应设两条气相管，其中一条气相线连接洞罐与地面设施，装车和装船的气相返回地下洞库，同时与喷射器相连，使洞库中排出的气相凝结返回到地下洞罐中，以避免 LPG 槽船卸船时洞罐的压力升高。在竖井口另设一条气相平行线将洞罐与洞罐仪表的套管相连，以便精确测量洞罐的储存压力和液位，放空管线在混凝土封塞处装配气相液压安全阀。

5）仪表测量管线

仪表测量管线包括：液位测量管线、液位报警测量管线、油水界面自动控制仪线、温度测量管线、压力测量管线。

6）套管

套管是安装在液下泵、液位界面控制仪表及传感器等设备外的保护管，其作用是在液下泵或自控设备维护时将套管内充水使洞库液面与外界隔开，避免油气扩散，确保安全。

套管直径根据被保护的设备外径确定，设备检修时应确保能在套管内顺畅提升至地面。

在设备安装前，套管应在竖井内安装固定、顶部设置法兰及固定设备的法兰盖。

7）竖井钢结构

竖井钢结构的主要作用是支撑和固定竖井内管道、套管，设置时应考虑便于在竖井内进行组装。

3. 竖井工艺设备

地下水封洞库的主要工艺设备均安装在竖井中，通常称为竖井工艺设备或者竖井设备。为了便于检修，一般外部设有套管，检修时可利用套管注水进行置换和水封，将设备提出检修。下面介绍的设备为主要的竖井设备。

1）液下泵

地下水封洞库靠液下泵将油品提升至洞库外，液下泵是洞库操作过程中的关键设备之一，我国还没有完全掌握生产油品液下泵的技术，目前国内使用的油品液下泵均从国外进口。液下泵性能应满足：出口压力应克服地面管道阻力、洞罐内压力及提升高度、管道摩擦损失；排量满足装船、装车等输量的要求。

液下电动泵应满足以下安装条件及特殊要求：

（1）电动机在液下泵下方。

（2）电动机应安装必要的温度、压力或震动检测仪表。

（3）出口应安装止回阀。

（4）必要时，电动机底部应可以安装液压安全阀。

（5）所有电缆必须适用于在储存的油品及其气相空间里安装。

（6）除适应输送所储存的油品外，还应满足洞库首次进油时排水（海水），当有要求时，其材质应耐海水腐蚀。

（7）应采用机械密封，保持电动机里充满液体介质。

（8）泵的出口管嘴应承受所有负荷，包括泵和电动机重量、电缆和冷却系统作用力以及出口管液柱静压或液压冲击荷载。

（9）动力和控制电缆长度应自电动机至地面上部法兰以上至少10m，其材质必须耐碳氢化合物腐蚀。

液下泵一般采用多极离心泵。目前液下泵的生产厂家主要有德国KSB、德国FLOWSERVE、美国Schlumberger。

2）裂隙水泵

地下水封洞库靠裂隙水泵将裂隙水提升至洞库外，也是洞库操作过程中的关键设备之一。我国在多个行业中使用液下水泵，国内油罐泵厂已经完全掌握液下水泵的技术，具备独立开发和生产能力。裂隙水提升采用国产液下水泵已在国内某LPG地下水封洞库投用多年，使用性能很好。国产液下水泵已可以替代进口产品。近期设计的2座LPG地下水封洞库的裂隙水泵也都采用了国产液下水泵。

3）液压安全阀

液压安全阀是为了保证洞库及时与外界切断安全设备，一般在压力储存的地下水封洞库中使用。当洞库外部发生火灾等事故时，气动液压安全阀可以迅速关闭，防止洞库中的介质通过洞库与外界的唯一通道——竖井管道外漏。气相管道等通常安装在封塞处，目前均为进口产品。

五、密封塞

密封塞是设置在施工巷道和竖井底部的钢筋混凝土结构物，将施工巷道、竖井与洞罐隔离，使洞罐成为储存油品的密封容器。在少数工程中，水幕巷道口也设计了密封塞，将施工巷道和水幕巷道隔离。水幕巷道口的密封塞与施工巷道底的密封塞施工技术相似。密封塞采用钢筋混凝土实体浇筑，为大体混凝土结构。

施工巷道和连接巷道的密封塞厚度为6m（上部连接巷道密封塞PG-L12-1-1、PG-L12-1-2，厚度为7m）。巷道密封塞设置人孔，为施工期间的人员、物资通道。如果不设置也能满足施工组织和维抢修需要，也可不设置人孔。

进油竖井和储油竖井的密封塞厚度为4.5m。竖井密封塞均预埋工艺套管，用于原油进出管道、电缆等穿过。

1. 密封塞密封设计

密封塞实现密封性能，除了保证密封塞区域岩体的封闭能力外，重点应保证密封塞混凝土本身的密实性及密封塞与岩体接触的密封性。

在巷道密封塞浇筑混凝土初凝前及时对最上层空间（无法振捣浇筑的区域）采用免振捣的混凝土进行填充注浆，宜在拱顶设置至少6个填充注浆管，直径不小于50mm；填充注浆的同时需要在拱顶部位设置至少4个排气管，排气管的直径不应小于75mm。除填充注浆管、排气管外，应沿密封塞周边设置至少15个接触注浆管，直径不小于50mm，密封塞周边的接触注浆需在混凝土养护21天以后实施。

接触注浆应对填充注浆管、排气管、接触注浆管进行，注浆前应确保上述注浆管深入围岩至少10cm（穿过密封塞混凝土/围岩接触面，进入围岩至少10cm）。

竖井密封塞在混凝土养护21天以后实施接触注浆，接触注浆一般采用普通水泥。

2. 密封塞材料

密封塞采用无收缩混凝土，混凝土强度为C35、抗渗等级为P12、钢筋保护层厚度为70mm，保护层内设 $\phi8$@ 150×150 钢筋网片（在键槽面不设网片），钢筋网片保护层厚度为25mm。

钢筋除 $\phi8$@150×150 钢筋网片采用HPB300级钢筋外，其余均为HRB400级钢筋。

所用钢材除工艺套管由工艺图纸确定外，其余均采用Q235—B级结构钢。外露的混凝土预埋件在安装前均进行喷砂除锈（除锈等级为Sa2级），先喷涂环氧富锌底漆80μm，再喷涂无溶剂液态环氧涂料220μm作为面漆。

密封塞混凝土用水泥采用42.5级普通硅酸盐水泥；在配合比试验中可掺入粉煤灰、矿渣等减小水化热，为满足施工需求，还应根据不同部位混凝土的性能要求掺入膨胀剂、减水剂、引气剂、缓凝剂等外加剂。

注浆采用水泥浆液注浆，水泥的强度等级不低于42.5。但当岩层裂隙宽度小于0.2mm时，为达到规定的防水要求，可采用不低于42.5的超细水泥浆液。注浆材料应妥善保存，防止材料水化，损失原有的材料属性。尤其水泥应严格防潮并缩短存放时间，不得使用受潮结块的水泥。注浆涌水不应包含阻止膨润土水化和水泥凝结的物质，并应符合拌制水工混凝土用水的规定。注浆浆液中加入掺合料和外加剂的种类及数量，应通过室内浆材试验和现场注浆试验确定。

接触注浆浆液应采用无收缩水泥浆液，水灰比宜为0.8~1.0，不应掺入膨润土。5cm×5cm×5cm立方体试件28天抗压强度不应低于12MPa。

3. 密封塞施工方法

密封塞的施工过程控制和质量要求应符合《大体积混凝土施工标准》（GB 50496—2018）的规定。开工前应进行混凝土配合比、坍落度值、析水率等试验和测试，确定混凝土材料配合比。

为获得混凝土的温升曲线和降温措施的实验参数，为实际浇筑密封塞混凝土提供参考，开工前进行一次大体积混凝土养护试验，试件尺寸为1m×1m×1m，采用与密封塞施工方案相同的降温养护措施，在28天养护期内监测内部温度、表面温度和环境温度等参数，获得相应的温度曲线，根据试验结果，验证并优化密封塞的养护措施。

第四节　地面工程

一、线路工程

线路工程包括从测量放线到管道试压的全过程。

1. 施工放线

（1）测量放线应遵循管道转向处理原则。

（2）施工单位必须与设计人员进行中线控制桩的交接，对控制桩的位置进行确认。

（3）施工单位应组织有资质的测量人员根据控制桩进行管沟的测量放线工作，测量放线工作应明确标示出管沟边界并做好移桩工作。

（4）施工单位应在管沟开挖过程中加强检查，确保管沟开挖位置符合测量放线位置。施工单位应在验收之前对管沟位置进行复测。

（5）管道下沟后，施工单位应对管道中心线进行测量，并与施工图进行比对。若与施工图存在偏差，则施工单位应进行整改或与设计方联系进行变更，保证中线符合率达标；若设计变更，须保证符合主管部门的要求。

（6）工程完工后，管道成员企业可组织第三方对管道中线进行复核，复核结果与完工测量结果超出允许误差的，管道成员企业组织施工单位重新对超出允许误差的管道进行中线测量，确保中线成果的精度，费用由施工单位

承担。

2. 作业带清扫

(1) 作业带清扫长度按线路实长扣除单独出图穿越管道长度、顶管穿越的管道长度及中小型河流、沟渠、水塘、沼泽地、湿地管道穿越长度。

(2) 清扫项目主要包括：清理地面附着物（庄稼、树木、建筑物、沟渠堡坎等），平整作业带（含设计图纸给定数量以外的土石方量）。

(3) 承包商进行作业带扫线和施工便道修筑时，应针对当地地质灾害的特点，尽量减少土地扰动、削方，并采取措施，避免滑坡和塌方。

(4) 承包商须按照环评、水土保持评价报告以及相关专项环境保护方案要求，进行作业带清理工作。

3. 管口组对

(1) 管口组对时应充分考虑大直径钢管椭圆度给对口错边量造成的困难，应对管口进行椭圆度测量，进行管口组对级配，尽量减少错边。

(2) 考虑到存在冻土的情况，管道组对所用管墩应采用土墩土袋加软质材料的方式，最大限度保护防腐层不受损伤。

4. 管道焊接

(1) 管道成员企业应委托有资质的单位编制焊接工艺规程，用于施工的文件应为0版文件，文件升版应说明与0版文件的区别。

(2) 管道成员企业应向施工单位承包商提供现行有效版本的《焊接工艺规程》。

(3) 施工单位应组织具有资质的焊工进行相应焊接工艺规程的考试，考试合格取得上岗证书后方可进入现场从事焊接作业。严禁无资质或超资质作业，一经查出，全部做割口处理。施工单位应承担无资质或超资质作业引起的一切后果。

(4) 施焊焊材必须严格按对应的焊接工艺规程要求选用，焊材进场使用前必须完成报验及抽检合格，焊材不得随意替代，一经查出现场使用不符合焊接工艺规程要求的焊材，焊口全部做割口处理。

(5) 施工单位应严格执行焊接工艺纪律，对故意违反焊接工艺纪律的焊工应进行处罚直至清除出场。现场必须严格按照对应的焊接工艺规程施焊，凡违反焊接工艺规程的焊口，一经查出，全部做割口处理。

(6) 所有返修焊口必须上报监理批准，严禁私自返修焊口，一经查出现场私自返修焊口，返修焊口做割口处理，施焊焊工清出该项目。

（7）施工单位应严格落实“三检制”，通过上下道工序控制、自我控制及专门质量控制形成完整现场质量控制。

（8）施工单位应有相应焊接环境、参数记录表格，并确保所填信息真实有效。

5. 无损检测

（1）检测单位根据管道成员企业的委托要求，对所有焊缝实施无损检测。施工单位应按照无损检测程序文件的要求，配合检测单位工作。

（2）施工单位应对已焊接完成的焊口外观等进行检查，如焊口余高、错边、咬边、裂纹及清洁度等，外观检查合格后，向工程监理提出无损检测探伤申请。

（3）监理单位经确认后，向检测服务商发出检测指令。检测服务商收到监理单位的指令后进行检测，检测结果返回到监理单位，由监理通知施工单位检测结果。

（4）监理单位经确认后，向检测服务商发出检测指令。检测服务商收到监理单位的指令后进行检测，检测结果返回到监理单位，由监理通知施工单位检测结果。

（5）施工单位必须要客观描述焊口焊接完成时间，应具体到每日具体时间，便于无损检测单位组织实施现场无损检测工作。

（6）无损检测管理具体要求详见本章第三节内容。

6. 管道补口、补伤

（1）管道成员企业应委托有资质的单位完成防腐补口工艺评定试验，确定补口工艺规程。

（2）管道成员企业向施工单位提供防腐补口工艺规程，施工单位根据工艺规程开展现场补口作业。

（3）施工单位必须提前掌握所使用的防腐补口材料的厂家及型号，在正式使用前必须获得经具有检测资质的机构对相关指标检测并合格的报告，并对进场的热收缩带厂家产品进行外观和质量证明文件的检查。

（4）施工单位组织专业技术人员对各防腐机组人员进行防腐补口操作培训，经考试合格后，方可进入施工现场进行防腐补口作业，同时建立操作人员培训、考核等相关信息管理台账。

（5）工程开工前，施工单位应根据工艺规程编制防腐补口作业指导书。

（6）补口完成后进行外观检查，根据质量管理要求，对剥离强度进行检

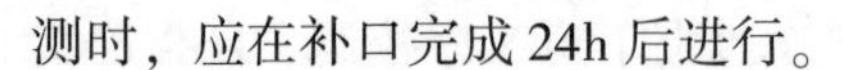

测时，应在补口完成24h后进行。

7. 管道开挖、下沟、回填

（1）管沟开挖应依照设计图纸，对开挖段的控制桩和标志桩、管线中心线进行验收和核对，确认无误后方可进行管沟开挖；管沟开挖应按管道中心灰线进行控制；管沟开挖后应由测量人员进行复测，直线段每50m测1点，纵向变坡及水平转角处每处应至少测3点。

（2）管沟开挖成型后，施工单位应自行组织测量人员进行自检，包括中线、沟底标高、管沟尺寸，自检合格后向监理提交验沟申请。监理根据管沟验收申请报告，按照施工图纸及施工规范要求，现场进行管沟验收，对现场验收不合格的管沟，施工单位要及时整改（3天内完成），直到合格。

（3）施工单位应对回填情况进行检查，每公里留有10处一次回填影像记录，监理要及时核查施工单位自检及现场回填情况，重点核实回填过程中的素土压实及回填土颗粒度等。

（4）回填完成后施工单位应对所有回填段的管道埋深、防腐层破损进行复验，复验时需监理全程监督、确认。施工单位在投产前必须向管道成员企业提供埋深、防腐层检测报告。

（5）施工单位需留存现场影像资料。管道成员企业、监理可随时核查工序质量标准执行情况。

8. 隐蔽工程

（1）隐蔽工程实施48h前，施工单位应通知监理隐蔽工程的位置和实施时间，监理按时到现场检查隐蔽工程实施过程；如监理因故不能按时到达现场，该工程又必须及时隐蔽时，施工单位可以在得到工程监理许可的情况下，经自验收合格后实施隐蔽，但必须保留现场影像资料。

（2）施工单位提出隐蔽工程验收申请，现场监理确认隐蔽工程验收申请，施工单位做好隐蔽工程验收记录，检查合格后，现场监理参加隐蔽工程验收，明确管道成员企业参与检查验收的隐蔽工程，由管道成员企业参加检查验收。监理按照规定的比例抽检，核实施工单位检查验收情况，符合要求后，确认隐蔽工程检查记录。不符合要求时，现场监理应向管道成员企业报告，由管道成员企业指令施工单位组织整改。

9. 连头口、金口

（1）在试压方案及段落批准后，必须严格按照预留的连头点组织实施，若变更金口位置需要得到监理审查、管道成员企业项目部的批准。

（2）施工单位应在开工前编制专项的关于连头口及金口的质量控制措施，确保焊接人员资质、数量及考试合格科目、材料型号、执行工艺、作业环境以及焊口组对符合相关规定要求，杜绝强力组对等各种违规焊接行为。

（3）建立连头口、金口焊接作业条件确认制。按照上述条件，连头口必须经现场质检员、机组长签字确认，连头口、金口除质检员、机组长签字确认外，还必须经工程监理签字确认且在监理到场进行旁站监督的情况下进行，否则不许作业。

10. 管道试压

（1）管道试压前，施工单位应做好试压准备工作，参与试压的封头必须进行焊缝无损检测和单独试压合格后方可使用，检测和试压合格标准与管道主体一致；试压封头与主管道的连接焊缝应满焊，且通过无损检测合格，检测合格标准与管道主体一致；无损检测和试压过程必须经监理现场见证。

（2）施工单位应严格审查试压方案，审查试压方案中试压段划分是否合理，吹扫、排水等措施是否满足要求。同时加强对试压头及试压头与管道焊接质量的管理，试压头必须进行报验并经监理审查同意才能使用，报验材料中应包括管材、封头合格证、焊缝无损检测报告、试压报告及已使用的次数等内容。

二、通信工程

1. 一般要求

通信与外购的成套设备控制连接是业主关注的问题。在设计技术规格书到位后，认真审图，核对技术参数。布放线缆的规格、路由、截面和位置应符合施工图的规定，线缆排列必须整齐，外皮无损伤。交流馈电电缆、直流馈电电缆、信号线缆、用户线缆、中继线缆分别应分离布放。线缆转弯均匀圆滑，弯曲半径应大于60mm。布放走道线缆必须绑扎，绑扎后的线缆应紧密靠拢，外观平直整齐，线扣间距均匀，松紧适度；用麻线扎线时需浸蜡。馈线的规格、型号、路由走向、接地方式等应符合设计要求；馈线进入机房前要有防雨水措施。接地装置的位置、接地体的埋深及尺寸应符合施工图，尽量避免安装在腐蚀性强的地带。接地引入线与接地体焊接牢固，焊缝处作防腐处理。接地汇集线排安装位置应符合设计规定，安装端正、牢固并有明显标志。出入局站的通信电缆应采取地下出入局站的方式，其电缆金属护套应在进线室作保护接地；缆内芯线应在引入设备前分别对地加装保安装置；当由楼顶引入机房时应选取具有金属护套的电缆，并采取相应防雷措施。

2. 缆线敷设

缆线敷设一般应符合下列要求：

（1）缆线布放前应核对规格、程式、路由及位置与设计规定是否相符。

（2）缆线布放应平直，不得产生扭绞、打圈等现象，不应受到外力的挤压和损伤。

（3）缆线在布放前两端应贴有标签，以表明起始和终端位置，标签书写应清晰、端正和正确。

（4）电源线、信号电缆、对绞电缆、光缆及建筑物内其他弱电系统的缆线应分离布放。各缆线间的最小净距应符合设计要求。

（5）缆线布放时应有冗余。在交接间、设备间对绞电缆预留长度一般为3~6m，工作区为0.3~0.6m；光缆在设备端预留长度一般为5~10m。有特殊要求的应按设计预留长度。

缆线的弯曲半径应符合下列规定：

（1）非屏蔽4对对绞电缆的弯曲半径应至少为电缆外径的4倍，在施工过程中应至少为8倍。

（2）屏蔽对绞电缆的弯曲半径应至少为电缆外径的6~10倍。

（3）主干对绞电缆的弯曲半径应至少为电缆外径的10倍。

（4）电缆的弯曲半径应至少为电缆外径的15倍，在施工过程中应至少为电缆外径的20倍。

（5）缆线布放，在牵引过程中，吊挂缆线的支点相间隔间距不应大于1.5m。

（6）布放缆线的牵引力，应小于缆线的允许张力的80%。

（7）缆线布放过程中，为避免受力和扭曲，应制作合格的牵引端头。如采用机械牵引时，应根据缆线牵引的长度、布放环境、牵引张力等因素选用集中牵引或分散牵引等方式。

（8）敷设暗管宜采用钢管或阻燃硬质PVC管。布放缆线时，直线管道的管径利用率为50%~60%，弯管道为40%~50%，暗管布放4对对绞电缆时，管道的截面利用率应为25%~30%。

（9）预埋线槽宜采用金属线槽，线槽的截面利用率不应超过40%。

3. 电缆穿放

电缆穿放之前，应检查布线管、槽安装是否到位并连通，管内应无杂物和浸水，管口光滑无毛刺。管道较长或有弯曲，应借助牵引线（引线器）进行，防止强拉，破坏线缆特性。管口应加护套，避免划伤电缆外皮。电缆两端编号标志要一致，以免造成标识混乱。布放后的电缆必须采取有效的保护措施，防止被人剪断，或因其他原因而损伤电缆。

4. 缆线终端

缆线在终端前必须检查标签颜色和数字含义，并按顺序终端。缆线中间不得产生接头现象。缆线终端应符合设计和厂家安装手册要求。对绞电缆和接插件连接应认准线号、线位色标，不得颠倒和错接。剥除护套均不得刮伤绝缘层，应使用专用工具剥除。

5. 工业电视系统设备安装

1）安装工艺流程

（1）开箱检验。

（2）摄像机、主机、辅助设备安装。

（3）接线，做线端标签。

（4）填写安装记录。

2）安装技术要求

（1）摄像机的安装。

摄像机是闭路监控系统中最精密的设备，必须在安全、整洁的环境下安装。

安装前每个摄像机均加电进行检测和调整，处于正常工作状态的摄像机方可安装。摄像机镜头避免强光直射，避免逆光安装；如逆光安装，应选择将监区的光对比度控制在最低限度范围内，当摄像机在其视野内明暗反差较大时，考虑对摄像机的设置、方向及照明条件进行改善。

（2）控制室设备的安装。

安装控制设备包括：控制台、监视器、矩阵切换控制器、键盘、硬盘录像机等。安装控制设备要符合施工图、安装接线图、说明书安装要求：

① 设备安装前应检查设备外形是否完整，内表面漆层是否完好。

② 检查设备的外形尺寸、设备内的主板及接线端口的型号、规格是否符

合设计规定。

③ 设备及设备构件连接紧密、牢固，安装用的坚固件应有防锈层。

④ 有底座的设备，其底座尺寸应与设备相符，设备底座安装时，机架与地面固定竖直平稳，其表面保持水平，垂直偏差、几台并排安装的设备前后偏差符合要求。

⑤ 按系统设计图检查主机设备之间的连接电缆型号以及连接方式是否正确，安装机架和控制台内的设备和部件时，设备应牢固端正，紧固件应紧固。

⑥ 接插件应接触可靠，内部接线符合设计要求。

⑦ 监视器安装位置使屏幕不受外来光的直射。

6. 工业电视系统的调试

1）单元设备的调试

（1）调试过程中调试人员都要严格执行相应的规范和标准。

（2）确保线路敷设，设备安装完成并经质量检验和验收后方可进行调试试车；单项设备调试一般应在设备安装之前进行检查；在现场进行调试。

2）系统调试

调试前要仔细确认每一台设备是否安装、连接正确，认真向施工人员询问施工遗留的可能影响使用的有关问题；调试前必须再次认真地阅读所有的设备说明书，仔细查阅设计图纸的标注和连接方式；调试前一定要确信供电线路和供电电压没有任何问题；调试前应该保证现场没有无关人员；调试前还要准备相应的仪器和工具。

（1）系统调试按功能或区域划分，难点在于传输系统解决每一条线要进行通、断、短路测量并做出标记，且需要解决噪声干扰和阻抗匹配问题。

（2）系统调试步骤：首先开通系统电源，其次开通电源控制箱上的各分电源开头，使系统进入工作状态。调试时前端设备处的调试人员应与控制室调试人员通过对讲机进行通信联系。耐心反复调整到最好为止。

（3）调试每个摄像机的图像清晰度。

（4）调试带云台摄像机的控制功能。

（5）编程调试中心控制矩阵的输入、输出、循环显示、报警显示、摄像机切换等功能。

7. 通信设备系统安装

1）设备验收

（1）设备到达后由施工单位、建设单位、设备厂商和商检局的代表共同进行验收。检查到达的设备、器材的规格程式是否符合施工图设计要求。

（2）若发现设备的器材受潮或破损时，由施工单位与建设单位等的代表共同进行技术鉴定，做好记录，必要时进行更换或由订货单位与生产厂家协商解决，对不符合设计要求的及厂家技术规定的设备、器材不得使用。

2）设备运输

（1）设备运输按施工进度计划和订货合同要求，按期运抵各施工现场。

（2）运输过程中，对怕磕碰的设备、器材须做好防护措施。

（3）存放过程中，注意存放方向和设备包装箱标注一致。

3）机房测量定位

（1）根据设计图纸的要求和尺寸，确定设备的正确安装位置。如发现与设计不符，应立即在图上修改；如变动过大，应与建设单位共同研究处理。

（2）设备的安装位置距前、后及侧墙要留有合适的距离，以便维护。

（3）设备的顶端有加固时，加固点应不影响门窗的开关和机房的美观。

4）设备安装

（1）安装要牢固、不晃动，做到横平竖直，误差不应超过2‰，如机架本身偏差较大时，应尽量想办法调整。

（2）同一列有两台以上不同尺寸的机架安装时，要以设备的面板平齐为准。

（3）两台设备之间应连接牢固。

（4）调整机架时要用橡皮锤或用锤子垫木块敲击机架底部，不准用力直接敲击机架和天线。

（5）数字配线架（DDF）和音频配线架（VDF）端子板的位置、安装排列及各种标志符合设计要求，各部件安装正确，牢固，方向一致，排列整齐，标志清晰。

（6）支架安装牢固，排列整齐，插接件接触良好。

5）电缆走道及槽道安装

（1）走道扁铁应平直，不应扭曲或倾斜。

（2）水平走道要与地面平行，垂直走道要与地面垂直，要做到横平竖直，无起伏不平或歪斜现象。

（3）如有垂直下楼走道，其位置应以电缆下楼孔为准。

（4）槽道安装时要保持平直和稳固。

（5）电缆走道及槽道的安装位置符合施工图要求，水平电缆走道边铁与柜架横梁保持平等，其水平偏差每米应小于2mm，垂直电缆走道与地面保持垂直，其垂直偏差小于3mm。

6）电缆布放和连接

（1）布放线缆的绝缘、规格程式、数量、路由走向、布放位置等应符合施工图设计要求。

（2）电缆的布放路由要正确，排列要整齐。

（3）电缆的捆绑要牢固，松紧适度，平直、端正，扎扣要整齐一致。

（4）电缆转弯要均匀、圆滑、一致，曲率半径不小于60mm。

（5）槽道内电缆要求竖直，无死弯，电缆不溢出槽道。

（6）电缆连接要正确、牢固、保证质量。

（7）出线方法应一致，要做到整齐、美观。

（8）电缆焊接时要牢固，不要烫伤线缆外皮，焊点要牢靠，光滑均匀，不得有冷焊、假焊、漏焊、错焊。

（9）电缆不得有中间接头。

（10）VDF、DDF架上的连线位置应按图纸仔细核对。

（11）线缆在机架内部布放时，应理顺，并做适当绑扎，不得影响原机内部线和支架安装。

（12）同轴电缆线径与同轴插头的规格须吻合。

（13）剥线使用相应的剥线钳，严禁损伤电缆内导体。

（14）组装同轴插头时，各种配件应组装齐全、位置正确、内导体焊接要牢固，采用恒温电烙铁。

（15）同轴插头焊接组接完毕后，使用专用紧压钳将同轴插头的外导体与电缆的外导体一次性压接牢固。同轴电缆成端完成后，用万用表检查芯与芯，外导体与外导体是否相通，内外导体间的绝缘是否良好，一般电阻不应小于100kΩ。

7）敷设机房电源线

（1）安装机房直流电源线的路由、路数、布放位置。使用导线的规格、器材绝缘强度及熔断丝的容量均应符合设计要求。

（2）电源线应采用整段线料，不得在中间接头。

（3）布放的电源线应平直、排列整齐，与设备连接应牢固、接触良好。

（4）安装后的电源线末端必须用胶带等绝缘物封头，电缆剖头处必须用胶带和护套封扎。

8）设备接地

（1）安装机房地线的路由、路数、布放位置。使用导线的规格、器材绝缘强度均应符合设计要求。

（2）地线应采用整段线料，不得在中间接头。

（3）布放的地线应平直、排列整齐，与设备连接应牢固、接触良好。

9）设备加电前检查

（1）加电前检查设备子架机盘的型号和机盘的安装位置是否符合设备说明书及设计图纸的要求。

（2）设备的所有端子插接正确，各部件间的连接电缆的连接正确，电接触可靠。

（3）设备的输入直流电源电压符合设备技术说明书的要求，极性正确。

（4）电源盘及机架的总容丝、分容丝容量应符合设备说明书规定。

（5）检查设备保护地线是否接牢，接地电阻应小于5Ω。

10）管道通信电缆、电视电缆、光缆敷设

管道通信电缆、电视电缆、光缆敷设采用人工牵引的方法施工。具体的施工步骤和注意事项如下：

（1）为安全敷设和减少牵引张力，一般在光缆路由的转弯、交叉以及出口处安装电缆、光缆引导装置或人工看护。

（2）电缆、光缆引入人孔要由缆盘上退下，引入人孔，随光缆牵引，不断退下逐渐送入人孔。退下速度与牵引速度要同步。

（3）引出人孔要尽量减小牵引力，以保证光缆的安全。

三、消防、给排水、暖通工程

排水管线的坡比、管内的清洁及严密试验是业主重点关心的问题。埋地管线的坡比按照不同的管线材质及不同的管径，根据施工规范规定的坡比进行施工。隐蔽或埋地的排水管道在隐蔽前必须做灌水试验，其灌水高度应不低于底层卫生器具的上边缘或底层地面高度。

检验方法是：满水15min水面下降后，再灌满观察5min，液面不降，管道及接口无渗漏为合格。雨水管道不得与生活污水管道相连接。

管道闭水试验水头以上游（上游指坡度的高端）检查井处设计水头加2m计，当超出上游检查井井口时，以井口高度为准。检查管段灌满水浸泡时间不应少于24h，在不断补水保持试验水头恒定的条件下，观测时间不少于30min，然后实测渗漏量。冬期进行管道水压及闭水试验时，应采取防冻措施。试验完毕后应及时放水。

1. 系统管网管线安装

1）管材及管件外观检查

管道施工前应对管材及管件进行外观检查，并应符合下列规定：

（1）管口表面无裂纹、气孔、夹渣、折皱、重皮和不超过壁厚负偏差的锈蚀或凹陷等缺陷，管口椭圆度符合要求。

（2）管道直线度在允许范围内。

（3）防腐层外观完整，无划伤、碰损，用电火花检漏，漏点在规定范围内；防腐层涂料符合设计要求，厚度检查合格，管端未防腐长度符合设计要求；每根防腐管有出厂合格证、检验报告和编号。

（4）材质单（原件或手抄件）、合格证、检验报告齐全，且符合设计技术规格书要求。

（5）弯头角度，管口圆度、垂直度，壁厚、折皱、平整度应符合要求，检测报告、材质单齐全。

（6）三通壁厚、管口圆度、几何尺寸、外观平整度、材质单、检测报告齐全。

2）现场控制桩或高程桩

现场控制桩或高程桩也可以从相邻建筑的相对位置引出坐标位置、高程。由设计人员交现场控制桩、高程桩，填写详细的交桩记录，采取措施保护好已交桩位，避免丢失。如发现丢失，根据交桩记录通过测量及时补桩。

3）测量放线

（1）依据控制桩、高程桩（或相对位置），采用GPS定位，经纬仪测量，测定出管线的中心线，并按照施工图纸要求设置如下辅助控制桩：阀门、消火栓、管道支线桩、管墩、管支架。依据设计图纸的尺寸，准确测出位置，埋设标记桩。

（2）标记高程，在测量埋设标记桩、控制桩时，要标出该点的设计高程。

(3) 三点拉线的方式：在管线的中心线上撒上白灰，同时根据施工图纸及管沟宽度尺寸放出管沟的边界线并撒上白灰；与线路中线等距垂直平移控制桩至弃土一侧靠近边界处0.3m，施工时注意保护线路标志桩，移桩时，做详细的记录。

(4) 画出放线简图，做好放线记录，标记各类桩号、坐标、高程，填写报验单，请监理检查、验收。

4) 管沟开挖

(1) 管沟开挖利用单斗挖掘机或人工进行。严格控制挖掘深度，不得超挖，扰动沟底原土。当遇石方段及大块石地带，一般应超挖0.2m，以便回填细土，当遇地下水位高的地段，应设降排水设施。当遇有地下光缆、管道及其他建构物时，应该人工挖，妥善保护已有设施。

(2) 管沟开挖前，应调查清楚管道通过地段地下电缆及建（构）筑物，并在地面上详细做出标记。

(3) 直线段管沟应保持顺直通畅。管沟开挖时管沟中心偏移、管沟标高放坡和底宽要符合表1-3有关规范规定。

表1-3　管沟开挖允许偏差

内容	管沟中心偏移	沟底标高	管沟底宽
允许偏差	±100	±100	±100

(4) 管沟开挖完毕后，应根据设计纵断面图要求先进行自检。合格后填写管沟报验单，请监理组织检查验收，验收合格后办理交接手续。

(5) 管沟开挖注意坡度要求，严格按施工图或施工规范要求进行。当设计无要求时，防火堤外管道坡度为2‰，坡向排水坑。

2. 采暖及通风空调工程

1) 采暖及空调水管道安装

(1) 当管道和设备采用法兰连接时，采用石棉橡胶垫。

(2) 保温管道支架采用木垫式管架，用膨胀螺栓固定。硬木卡瓦厚度同保温层厚度相同，宽度与支架横梁宽度一致，并用沥青浸泡防腐。支吊架安装位置正确，牢固可靠，一般立管支架层度小于5m时，每层设一个，层高大于或等于5m时，每层设两个。

(3) 管道安装，按先主管、立管，最后支管的顺序安装。

(4) 穿越墙、楼板时应设比管道大2#的钢套管，套管应和墙面发板底

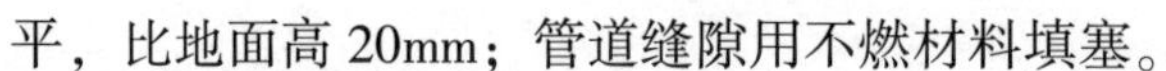

平，比地面高20mm；管道缝隙用不燃材料填塞。

（5）管径在150mm以上的主管、干管采用双吊链吊装，立管吊线安装，保证其垂直度偏差在规范允许范围之内。钢管敷设到位，调整对口间隙，沿管同点焊2~3点，精对后分层施焊，焊接完毕后用手锤轻敲焊口作外观检查，无咬角、裂纹、夹渣、气孔等外观缺陷，焊缝加强面高度，遮盖面宽度应符合规范要求。安装停顿期间，管道敞口作临时封闭，防止杂物堵塞管道。

2）采暖及通风管道试压、冲洗

（1）水管试压介质为自来水，用电动试压泵加压。

（2）先升压至试验压力，保持10min，如压力不降，且外观检查不渗漏为合格。

（3）分层分系统试压完毕后，待所有管道系统连接好后，进行综合试压，主要针对系统之间的接头部位进行检查，以保证系统的整体严密性符合要求。

（4）冲洗水使用自来水，连续进行冲洗，以排出口的水色和透明度与入口水目测一致、无污物为合格。施工前完成冲洗方案的编制。

3）采暖及通风空调系统防腐、保温

（1）可以在预制时进行第一遍防腐，涂刷底漆前，用钢丝刷清除表面的灰尘、污垢、锈斑、焊渣等杂物。

（2）涂刷油漆，厚度均匀，色泽一致，无流淌及污染现象。所有管道、管件及支架均刷两道防锈漆，第一道防锈漆在安装前已涂好，第二道防锈漆在试压合格后及时进行涂刷。

（3）保温前必须将管壁上的尘土和油污揊干净，将黏接剂分别涂抹在管壁和保温材料的黏接面上，稍后再将其粘上。

（4）一般情况下，当水管保温直径≤100mm的水管用管材保温材料，直径>100mm的水管用板材保温材料。管材保温接口时，两接口面均刷胶。

（5）保温层的水平接缝要设在上方，接缝处用胶带密封。

（6）支吊架木垫与保温材料接口时，两接口面必须都刷胶，并用胶带将接缝绑紧。同时做到保温角钢部分外漏，风阀处将手柄外漏，阀体用保温材料裹住。

（7）对于要求防冻的管道，内、外层均用板材进行防冻保温。两层材料的接头和接隙必须错开。外层的水平接缝要设在上方，接缝处用胶带密封。

3. 给水管道

（1）生活给水和消防给水管道采用国标热镀锌钢管，材料进场按规定送检合格后方能使用。

（2）镀锌钢管管径小于100mm的，一般采用螺纹连接，管道安装完毕要将螺纹填料处理干净，必须清除内部污垢和杂物，安装中断时管口要临时封闭；管端使用套扣机套扣，如有断丝或缺丝，不得大于螺纹全扣数的10%，套扣时破坏的镀锌层表面和外露的螺纹要做防腐处理，并在已完成套扣的管端加管箍保护。镀锌钢管管径大于100mm的，一般采用法兰连接，镀锌钢管与法兰的焊接处要进行二次镀锌。

（3）给水立管和装有配水点的支管始端要分别安装可拆卸连接件（活接头）；如果需要冷、热水管道平行安装时，则上、下平行安装时，冷水管在上，垂直平行安装时，冷水管在左侧，冷、热水管道间距严格按施工图控制。

（4）给水立管安装时，先按施工图要求找准平面尺寸位置、确定管位，经检查确定无误后，方可下料套扣，立管孔洞清理、吊线、安装管卡。套管与管道间要用阻燃密实材料填充密实，并且端面要光滑；管道的接口不能设在套管内。

（5）水平管道安装时，先确定管道平面位置、管道标高，管道坡度宜控制在2‰~5‰范围，并按验收规范水平管支架间距，确认支架定位正确后，制作及安装支架，保证与墙面和屋面垂直、平行，支架与管道接触处加垫3mm胶皮，用U形卡将管道、胶皮和支架卡紧。

（6）给水管道与排水管道平行安装时，给水引入管与排水管的水平净距不宜小于1.0m；室内给水管道与排水管道平行时，两管间的水平距离不宜小于0.5m，交叉时垂直距离不宜小于0.15m；给水管要在排水管的上面。

（7）管道支、吊、托架制作与安装：管道支架加工制作、安装过程中，角钢端部宜做倒角处理，三脚架焊接的焊缝要光滑且满足规范要求，并将倒角和焊缝打磨圆滑，用于U形卡具的开孔，用电钻开孔，加工完的支架要刷防锈漆一道。

（8）管道安装后要进行校正、调直，保证管道安装在支架的水平和垂直度（横平竖直），并用U形卡固定卡紧，管道安装完毕后首先进行自检、整改后，进行管线试压，并请监理工程师旁站监督，填写水压试验记录，报请监理工程师检查验收。

（9）管道试压：管道整体试验压力一般为1.5倍管道设计压力，稳压

10min 后观测压力降不大于 0.02MPa，然后降到工作压力，检查管道和管件无渗漏为合格。

（10）交付使用前要对管道冲洗、消毒，并进行通水试验。

4. 排水管道

（1）立管、横管安装固定与给水管道的安装相同，横管按设计要求坡度固定支架，支架与管道连接均用 U 形卡卡紧，水平管按规范留置坡度。

（2）管口接头使用专用管箍加密封胶连接；同时必须按规范要求安装伸缩节，伸缩节间距不大于 4m。

（3）立管安装前要核对设计图，进行定位、吊线、清理、设管卡，对管材、管件，要清理干净，并用塑料薄膜进行缠绕保护；管道安装完毕做闭水试验，请监理工程师旁站监督，做好试验记录，请监理工程师检查验收。

（4）按规范找好横向管道坡度，其他严格执行室内给排水施工验收规范。

（5）室外雨落管用 PVC 塑料管，在屋面保温施工前已安装完 PVC 塑料雨落斗的引水管（或弯头）；雨落斗边缘与屋面相连处要严密不漏，将 PVC 塑料雨落管插入 PVC 塑料雨落斗内，用专用卡具卡紧，将 PVC 塑料管插入钢管内，并用专用卡具固定 PVC 塑料管端。

（6）室内排水立管上每隔一层设置一个检查口，但在底层和有卫生器具的最高层必须设置；两层建筑仅在底层设置立管检查口。

（7）排水主立管及水平干管安装完成后要进行通球试验，通球球径不宜小于排水管道管径的 2/3，通球率必须达到 100%。

（8）卫生洁具的安装和质量控制严格执行《建筑给排水及采暖工程施工质量验收规范》（GB 50242—2002）；卫生洁具的规格、型号、色泽、品种要征求业主和使用单位的意见。

5. 暖气安装

（1）根据施工图和规范要求确定采暖的横管、立管的安装位置。

（2）由于本工程供暖系统是上供下回式采暖系统、散热设备采用四柱式铸铁散热器、采暖管线使用钢制管道（洗手间、卫生间使用 PPR 塑料管道），所以当管线变径连接时要顶平偏心连接。

（3）在管道干管上焊接垂直或水平分支管时，干管开孔所产生的钢渣及其他废弃物不能残留到管道内，并且分支管道在焊接时不能插入到干管内。

(4) 焊接钢管管径大于32mm的管道转弯一般要使用煨弯以利于膨胀、收缩要求；PPR塑料管要使用管道直接弯曲转弯（除要求必须使用直角弯头外）。

(5) 立管、横管安装与固定方法与给水管道方法基本相同，但干线长度超过30m时要增设张力弯。

(6) 四柱散热器组对要平直紧密，组对散热器垫片要使用成品，组对后垫片外露不大于1mm，散热器垫片材质按设计要求选用，如设计无要求时选用耐热橡胶。

(7) 四柱散热器组装后要进行充水试验，试验压力为工作压力的1.5倍，试验时间为2~3min，压力不降、不渗、不漏为合格，否则要重新组装、试压。

(8) 四柱散热器安装要端正摆放，其固定支架、托架位置要准确，支撑牢固。

(9) 四柱式散热器背面与装饰后的墙内表面安装距离要符合设计要求，如设计无要求时宜为30mm。散热器安装允许偏差为：散热器与墙内表面距离允许偏差一般为3mm；与窗台中心线或设计定位尺寸允许偏差一般为20mm；散热器垂直度允许偏差一般为3mm。

(10) 完成整体安装后，进行整体充水试压，清理管件毛刺，刷防锈漆一道、银粉两道，要保证附着良好、色泽均匀、无脱落、无起泡、无流淌、无漏涂等。

(11) 在同一房间内各类型的采暖设备、卫生器具及管道配件，除有特殊要求外要安装在同一高度上。

(12) 明装管道成排安装时，直线部分要互相平行。曲线部分：当管道水平或垂直并行时，要与直线部分保持等距；管道水平上下并行时，弯管部分的曲率半径要一致。

(13) 管道支、吊、托架安装要牢固，安装位置正确；固定支架与管道接触要紧密、牢靠；滑动支架要灵活，滑托与滑槽两侧间留有3~5mm间隙，纵向移动量要符合设计要求；无热伸长管道的吊架、吊杆要垂直安装，有热伸长管道的吊架、吊杆要向热膨胀的方向移动。

(14) 质量控制严格执行《建筑给排水及采暖工程施工质量验收规范》(GB 50242—2002)。

(15) 保证质量的措施如下：

① 严格按规范及设计要求施工，对设计不详的、施工图部分与实际不符

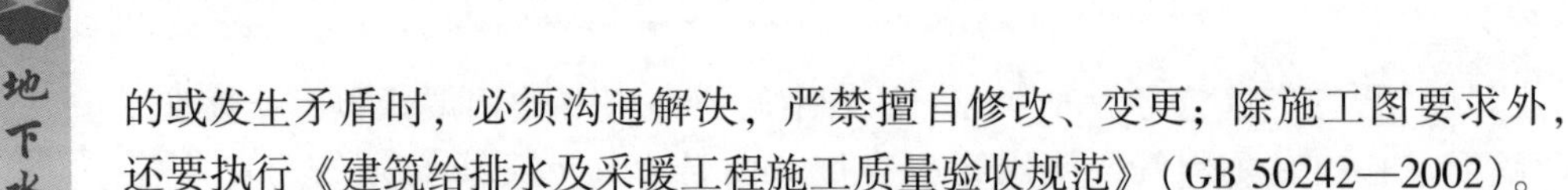

的或发生矛盾时，必须沟通解决，严禁擅自修改、变更；除施工图要求外，还要执行《建筑给排水及采暖工程施工质量验收规范》（GB 50242—2002）。

② 建立质量、安全施工记录档案，坚持质量“三检制度”，各工序完毕必须按施工工序进行各种验收记录与做好签证工作。

③ 把好材料、设备、器具等质量关，凡需送检的必须按规定送检，成品、半成品均要附有出厂合格证及检验证明书，不符合国家有关产品材质标准要求的不得使用，材料代用必须经设计人员同意。

④ 管道完成整体安装后进行整体充水试压，清理管件毛刺，刷防锈漆一道、银粉。

6. 消防管道

（1）消防管道采用镀锌钢管，管径小于100mm的管道接头用螺纹连接，管道安装完毕后要将螺纹填料处理干净，必须清除内部污垢和杂物，安装中断时管口要临时封闭；管端使用套扣机套扣，如有断丝或缺丝，不得大于螺纹全扣数的10%，套扣时破坏的镀锌层表面和外露的螺纹要做防腐处理，并在已完成套扣的管端加管箍保护；管径大于100mm的管道接头用法兰连接，管道和法兰焊接后，镀锌钢管与法兰焊接处必须做二次镀锌。

（2）管道安装时，先安装主管，再安装支管；管道安装，支、吊架设置与给水管的钢管安装方法相同。

（3）消火栓做成暗装，暗装时要注意消火栓口的安装方向并配合建筑主体确保消火栓与消防箱平面与建筑平面一致。

（4）安装消防栓水龙带，水龙带与水枪和快速接头绑扎好后，根据消防箱内构造将水龙带挂放在箱内的挂钉、托盘或支架上。

（5）安装箱式消防栓时，栓口要朝外，并不能安装在门轴侧。

7. 暖通工程

1）屋顶风机安装

（1）屋顶风机的安装需在屋顶施工完成后进行。

（2）屋顶风机的安装位置开孔（预留洞）要准确，尺寸合适。

（3）屋顶风机安装要稳固、牢靠。

（4）屋顶风机安装完成后进行孔隙的密封处理。

2）柜式风机安装

（1）首先核对现场柜式风机的型号是否与设计要求一致，检查无误后方可进行安装。

(2) 严格按照厂家安装说明书的要求进行安装。

3) 风管安装

(1) 按图纸预制风管管段。

(2) 风管安装在风机及空气过滤器安装后进行，安装前核对其安装的位置、标高、走向是否符合设计要求。

(3) 风管安装前，应清除内外杂物，并做好清洁和保护工作；再次检查风管的连接处，应完整无缺损、表面应平整，无明显扭曲。

(4) 连接风管时，法兰的螺栓应均匀拧紧，其螺母宜在同一侧；风管接口的连接应严密，采用40mm×4mm的角钢外加固，横向、纵向加固距离小于1m。垫片厚度不应小于3mm，且不应突入管内，不宜突出法兰外。

(5) 风口与风管的连接应严密、牢固，与装饰面相紧贴；表面平整、不变形，调节灵活、可靠。

(6) 安装防火阀时，应注意其方向及位置，使其符合设计要求。

(7) 风帽安装必须牢固，风管穿出屋面处应设有防雨装置，交接处不能渗水。

(8) 风管的连接应平直、不扭曲。

(9) 支、吊架的安装牢固。

4) 设备试运

(1) 设备试运前对照设计文件逐项、逐台检查，全部安装完毕、符合设计要求。

(2) 电气部分施工完毕、符合设计要求，达到送电条件。

(3) 对风机手工盘车检查。

5) 通电试验

(1) 测量电机的起动电流、电压符合要求。

(2) 检查转动部分应没有异常响声。

第二章　勘察设计管理

第一节　选址与勘察

一、选址方法

地下水封储油洞库的基本原理是在稳定的地下水位线以下一定深度，通过人为在地下水岩石打出一定容积的洞室，利用稳定地下水封作用密封储存在洞库中的石油（气体）。区域稳定性、岩体稳定性、水封条件为选址时应该考虑的三个主要地质问题。

地下水封储油洞库与一般地下工程相比有以下三个特点：地下洞室不衬砌，仅做少量的结构处理；一般比地下发电站小，相对于通常公路交通隧道较大；洞室处于地下水位以下。在洞库的选址上，首先要求洞室岩体完整坚硬，同时在洞室周围还要有稳定的地下水位。水封是保证地下水封洞库运营的必要条件。自然水封、人工水封以及两者的结合为地下储油库的三种水封形式。

在洞室开挖前，岩体裂隙中充满地下水，当洞室施工后，岩体中的裂隙水就向挖空的洞室流动。在往洞室中注入油品后，石油周围会存在一定的压力差，因此在任一油面上，地下水的压力都大于油品的压力，使得油品不能从围岩裂隙中泄漏。同时应用油的密度比水的密度小和油与水不能互溶的物理性质，流入洞内的水在洞库底部形成水床，并由泵站水泵抽出水床中的水，如图 2-1 所示。

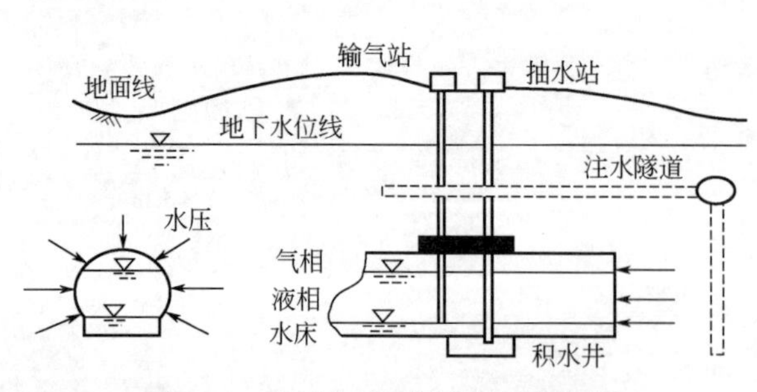

图 2-1　地下水封石洞库储油原理图

水封系统受到岩层的水理特性或有无相邻洞室等空洞布置以及地下水涵养量的影响，一旦地下水位不稳定或深度不足，则采用人工注水的形式。一般沿洞室周围打注水隧道，使之形成水幕，从而防止油品泄漏。

1. 区域稳定性

1）区域稳定性分析目的与意义

区域稳定性是指在内外动力作用下，一定区域的地壳表层相对稳定程度及其对工程建筑安全的影响程度。因此，区域稳定性和区域地壳稳定性是不同的概念，区域稳定性包含了后者。区域稳定性的研究，是伴随着大规模工程建筑与经济规划活动而开展的，在工程规划、选址阶段有局域战略意义。

地下水封储油（气）洞库对储存环境有着极其严格的要求，一旦油气泄漏或洞室发生失稳破坏，必将造成重大损失和严重后果，因此选址时应尽可能规避潜在的稳定风险。

2）区域稳定性分析原理和方法

区域稳定性属于区域工程地质学的范畴，主要包括区域地壳稳定性分析和区域稳定性分级分区等理论与方法。

（1）区域稳定性分析基本原理。

区域稳定性分析是指在全面研究分析一定地区地壳结构和地质灾害分布规律的基础上，结合内、外动力地质作用，岩土体介质条件和人类工程活动诱发或叠加的地质灾害对工程建筑物的相互作用和影响分析，评估不同地方现今地壳及其表层的稳定程度差异与潜在的危险性。因此，不同地方都有各自的区域地质背景特征和重点的地质灾害问题，作为区域稳定性评价的主要对象。

区域稳定性分析是一个综合性工作，以构造稳定性分析为重点，以地面稳定、岩土介质稳定性研究为辅。其直观结果就是稳定性分级与分区，这是区域稳定性分析的主要目标。区域稳定性分析的主要内容包括区域稳定性评价指标的确定、稳定性分区与分级原则、稳定性定量化模型的建立等。

（2）“安全岛”理论。

“安全岛”理论是地壳区域稳定性分析中的重要理论，最先由李四光于20世纪70年代提出。“安全岛”理论的基本观点是地震实际上是受构造所控制、沿着某些地带传播的。因此，在一定的区域范围里，既有不稳定的地区，也有相对稳定的地区。断裂带及其附近为不稳定地区，离活动地带较远的地区相对稳定，即“安全岛”。“安全岛”理论对于寻找相对稳定的场地具有指导行动的意义，在我国诸多重大工程的规划选址中得到广泛的应用。

（3）区域稳定性分析基本内容。

区域稳定性分析研究内容涉及面很广，包括了地壳及其表层的结构和组成、地壳及其表层的动力条件和动力作用的各个方面与各种表现形式。区域稳定性研究具体包括区域地壳结构与组成研究、区域新构造运动与应力场研究、区域断裂现今活动性研究、区域地震活动与火山活动研究、区域重大地质灾害研究5个方面。

3）区域稳定性影响因子

影响区域稳定性的因素很多，区域地壳结构、区域新构造运动、区域地震活动与火山活动、地震烈度、地层岩性、大地热流值、地应力分析情况、重大地质灾害等。由于目前掌握的我国东南沿海地区相关资料、数据十分有限，此外，所选研究区范围过大，对于地面地质灾害等因素难以一一考虑。同时，地应力分布情况与地质构造、地震烈度、大地热流值之间存在紧密的内在联系，是这些因素的综合体现，但区域性地应力分布情况的资料较为零散，难以全面获取。鉴于以上原因，现主要考虑以下三个对地下水封洞库区域稳定性影响较为敏感的因素。

（1）区域性断裂带。区域性断裂带尤其是新近活动层，属于不可抗拒力，一旦断层活动，将对工程区范围内地表及地下岩土体、建筑物造成毁灭性的毁坏，因此将该因素作为区域稳定性主要影响因素之一。

（2）地震强度。地震强度表示地震对地表及工程建筑物影响的强弱程度，直接影响到地下水洞库的稳定性。

（3）地层岩性。地下水封洞库对洞室岩体的稳定性和密闭性有着极高的要求，诸多工程实践表明，单从岩性的角度讲，岩性对地下洞室围岩的稳定性及岩体的透水性具有较大的影响。目前，国内外储存石油、天然气的形式主要有地下开挖洞室、枯竭油气田储存、含水层储气库、岩穴储存、废弃矿型等。为了明确哪些岩性适合于地下水封洞库建库，统计分析国内外已建或在建的31个大型地下水封洞库发现，地下水封储油（气）库预选场址多数是在花岗岩、花岗闪长岩、花岗片麻岩、片麻岩、凝灰岩、砂岩、石灰岩等岩体中，且围岩的质量等级多为Ⅰ类、Ⅱ类、Ⅲ类，见表2-1。

表 2-1 国内外主要地下水封石油（气）洞库地层岩性统计表

国别	洞库名称	库容	存储岩性
中国	山东黄岛地下水封油库	$15\times10^4m^3$	花岗岩、花岗片麻岩
中国	浙江象山地下水封油库	$4\times10^4m^3$	花岗岩
中国	汕头液化石油气储藏洞库	$20\times10^4m^3$	花岗岩
中国	宁波 LNG 库	$50\times10^4m^3$	凝灰岩
中国	黄岛水封洞库	$300\times10^4m^3$	花岗岩、花岗片麻岩
中国	锦州水封洞库	$300\times10^4m^3$	花岗岩
中国	大亚湾水封洞库	$400\times10^4m^3$	花岗岩
中国	廉江水封洞库	$500\times10^4m^3$	片麻状花岗岩、花岗闪长岩
中国	烟台液化烃洞库	$100\times10^4m^3$	花岗岩
中国	龙泽 LPG 库	$50\times10^4m^3$	花岗岩
津巴韦布	地下原油水封洞库	$36\times10^4m^3$	黑花岗岩
日本	菊间	$150\times10^4m^3$	花岗岩
新加坡	Bukit Timah	$400\times10^4m^3$	花岗岩
韩国	GEOJE	$429.3\times10^4m^3$	花岗闪长岩
韩国	PYONG TAEK LPG	$27.7\times10^4m^3$	花岗片麻岩
韩国	YEOSU	$620.1\times10^4m^3$	凝灰岩
韩国	L-1 LPG	$30\times10^4m^3$	安山岩
韩国	K-1 Gasoline	$23.1\times10^4m^3$	花岗岩
韩国	Yosu	$29\times10^4m^3$	安山岩、凝灰岩
韩国	Ulsan	$50\times10^4m^3$	砂岩、粉砂岩
韩国	K-1a	$15.9\times10^4m^3$	花岗岩
韩国	U-1	$445.2\times10^4m^3$	安山岩、凝灰岩
韩国	U-21 a	$190.8\times10^4m^3$	花岗闪长岩
韩国	L-1a	$31.5\times10^4m^3$	片麻岩
韩国	Y-2	$46.5\times10^4m^3$	片麻岩
沙特阿拉伯	利雅得	$200\times10^4m^3$	花岗片麻岩
挪威	斯达尔	$80\times10^4m^3$	片麻岩
挪威	蒙斯坦德	$130\times10^4m^3$	片麻岩
法国	Lavera LPG	—	石灰岩
希腊	ASPROFOS	$4\times10^4m^3$	石灰岩

2. 区域地质构造

区域地质构造包括库址所在区域构造板块的位置、形成时期和方式，库区断裂构造发育，以及结构面的发育情况。

1）结构面地质成因

结构面地质成因可以分为原生结构面、构造结构面、次生结构面三种：

（1）原生结构面，是指岩体在成岩过程中形成的结构面。沉积结构面是沉积岩在沉积和成岩过程中形成的，有层理面、软弱夹层、沉积间断面和不整合面等；岩浆结构面是岩浆侵入及冷凝过程中形成的结构面，包括岩浆岩体与围岩的接触面、各期岩浆岩之间的接触面和原生冷凝节理等；变质结构面在变质过程中形成，分为残留结构面和重结晶结构面。

（2）构造结构面，是岩体形成后在构造应力作用下形成的各种破裂面，包括断层、节理、劈理和层间错动面等。

（3）次生结构面，是岩体形成后在外应力作用下产生的结构面，包括卸荷裂隙、风化裂隙、次生夹泥层和泥化夹层等。

2）结构面规模

结构面按规模大小可以分为5级：

Ⅰ级，指大断层或区域性断层。控制工程建设区域的地壳稳定性直接影响工程岩体稳定性。

Ⅱ级，指延伸长而宽度不大的区域性地质界面。

Ⅲ级，指长度数十米至百米的断层、区域性节理、延伸较好的层面及层间错动等。Ⅱ、Ⅲ级结构面控制工程岩体力学作用的边界条件和破坏方式，它们的组合往往构成可能滑移掩体的边界面，直接威胁工程安全稳定性。

Ⅳ级，指延伸性较差的节理、层面、次生裂隙、小断层及较发育的片理和劈理面等，是构成岩块的边界面，能破坏岩体的完整性，影响岩体的物理力学性质及应力分布状态。Ⅳ级结构面主要控制岩体的结构、完整性和物理力学性质，数量多且随机性，其分布规律具统计规律，需用统计方法进行研究，在此基础上进行岩体结构面网络模拟。

Ⅴ级结构面，又称微结构面。常包含在岩块内，主要影响岩块的物理力学性质，控制岩块的力学性质。

3）结构面形态

结构面的形态可以用侧壁的起伏形态及粗糙度来反映。结构面侧壁的起伏形态分为平直的、波状的、锯齿状的、台阶状的和不规则形状的结构面的充填胶结构特征。表现为结构面胶结后力学性质有所增强，铁质胶结的强度最高，泥质与易容盐类胶结的结构面强度最低，且抗水性差。未胶结的结构面强度最低，且抗水性较差。未胶结的结构面，力学性质取决于其填充情况，可分为薄膜充填、断膜充填、连续充填及厚层充填4类：

（1）薄膜充填是结构面两壁附着一层极薄的矿物膜，厚度多小于1mm，明显降低结构面的强度。

（2）断续充填结构面的力学性质与填充物性质、壁岩性质及结构面的形态有关。

（3）连续充填结构面的力学性质主要取决于填充物性质。

（4）厚层充填的结构面的力学性质很差，主要取决于充填物性质，岩体往往易于沿这种结构面滑移而失稳。

4）结构面方位

结构面的方位是造成岩体力学特性各向异性的主要原因，一般来说平行结构面的变形模量大于垂直结构面的变形模量，在结构面组数较少时表现得最为明显。结构面密度也是影响岩体力学特征的主要因素，一般来说结构面密度越大，岩体的完整性越差，变形模量也越小。此外，结构面的张开度和填充特征对岩体的变形特性也有明显的影响，一般来说张开度大且无填充或填充物少时，岩体的变形模量相对较小。考虑到结构面的方位、空间展布形态的随机性及其力学特性的复杂，精确研究岩体结构面对其特性的影响十分困难。

地下水封洞库是具有特殊要求的地下岩石建筑。它以天然岩体为结构体，人工开挖洞库为储存空间，同时利用地下水的天然埋藏条件，并辅以人工水封系统，将油、气产品封存于洞库内，是典型的地质工程。同时由于储存的油气储品具有高度的敏感性，不允许外逸，与地下封存核废料要求一样，是各类地下建筑中最为复杂的两类工程。要求库址应尽量选择在结构面较少发育或发育不连续，且张开度较小的地区。

3. 水文条件

由于地下水封洞库的水封原理就是在洞库周围设置一个补水系统，避免储存的油、气产品逸出，要求对库区周围的地下水流动变化规律进行研究。从洞库的水封效果到建成运营控制，地下水的渗流特征和水位势分布都是十分重要的。因此，地下水封洞库选址区域岩石的渗透性是分析地下水渗流场特征的基本条件，对于分析选址区地下水流场的流动变化特征具有重要的参考价值。此外，水封洞库区域地下水水位的变化情况，以及水

封洞库所处地下水的渗流区域对于地下洞库长期运营条件下，地下水封效果具有很重要的影响。由于地下水封洞库中储存的油（气）品在运营期间可能会对当地的地下水水质造成一定的影响，需要对选址区地下水水质进行分析评价。

综上，对于选址区水文地质条件评价综合指标主要为渗透性、拟选库址所处水流系统位置、当地的地下水水质以及地下水水位。

1）区域渗透性

裂隙介质由岩块及孔隙组成，其中裂隙介质的孔隙又被分为两个部分，即裂隙网格中的隙缝以及岩块中的孔隙。通过水文地质研究查明：在裂隙介质总孔隙度方面，裂隙度相对于孔隙度小许多，甚至达到几十倍；在裂隙介质的渗透率方面，其裂隙隙缝的渗透度却比孔隙的渗透度要大几个数量级。裂隙介质与孔隙介质相比可知，由于裂隙发育、分布的方向性和不均匀性，其渗透具有很明显的各向异性以及不均一性的特点。

渗透系数是表示岩土透水性能的数量指标，主要取决于孔隙的大小、形状和连通性。利用等效连续介质渗流模型，将岩体裂隙中的水流等效地平均到各个岩体中，并将其模拟为具有对称渗透张量的各向异性的连续体，然后再利用经典的连续介质理论进行分析。

在等效连续体模型中，不考虑单个裂隙的物理结构，裂隙介质被看作多孔介质，裂隙介质被假定为具有足够多数目、产状随机且相互连通的裂隙，以使其在统计角度和平均的意义上定义每个点的平均性质成为可能。通过一定的水文地质试验手段测量出相应的等效渗流系数。但由于裂隙介质的非均匀各向异性的存在，裂隙岩体渗流系数存在着明显的尺度效应，因此不同的确定方法具有不同的适用性和测量尺度。

岩体渗透性能够反映岩体内裂隙的透水情况以及岩体内裂隙的连通性，并且对于施工期以及运营期间内的地下洞室涌水量具有一定的影响。岩体渗透性能好，表明岩体的裂隙连通情况较好，为地下水流动提供了较好的通道，在施工或者运营期间使得地下洞室涌水量较大；反之，其涌水量较小。因此，在选址过程中，通过相应尺度的水文地质试验，确定拟选库址区岩体渗透性能，对于分析与预测地下洞室施工以及运营条件下的涌水量具有很重要的作用。

对于洞库项目，洞库所在位置岩体的渗透性越小，对洞库的安全性和运营成本的降低越有利。

2）库区所在地下水流动系统位置

地下水流动系统的位置分为补给区、径流区、排泄区。地下水补给区是指含水层接收大气降水、地表水、汇渗（归）水以及其他含水层等入渗补给的地区。径流区是指地下水从补给区至排泄区的流经范围。排泄区是指含水层的地下水向外部排泄的范围。

通过收集气象资料、地表水文资料，以及进行现场实际水文地质调查和试验，查明天然地下水流场，并可通过数值模拟等手段，预测在洞库建成后的地下水流动状态。库区位置处于不同的水文地质单元，库区地下水降深漏斗以及洞室涌水量将有明显不同，直接影响能否保证稳定地下水位，以及在洞库施工、运营过程中的安全稳定和密封效果。

根据已有的工程经验分析，对于地下水封洞库来说，建在排泄区是相对有利的，可以减少对周围环境的影响，另外，排泄区水位相对稳定且比较充足，对洞库的安全性和经济性都是有利的方面。反之，如果将洞库建在补给区，对周围地下水流场的破坏相对较大，且水位变化不如排泄区稳定。

3）地下水水质研究

洞库在运行期间，基本为全封闭状态，对运行的生产设备、监控设备进行维修非常困难。各类浸入水中的设备能否在设计寿命（一般为50年）达到前保持正常状态，与地下水的组分有重要关系，因此需要对当地地下水进行水质研究与评价。

天然地下水在参与自然界水循环的过程中，从周围介质中获得各种成分，使它成为一种复杂的天然溶液。在物理性质上，绝大多数地下水透明无色、无嗅、无味；在化学组成上，天然地下水中发现有60多种元素，它们以离子、分子和胶体的形式出现，其中地下水中所含有的离子主要为Ca^{2+}、Mg^{2+}、Na^{+}、CO_3^{2-}、NH_4^{+}、Cl^{-}等。此外，加上人类活动对环境的干扰，某些地下水不仅含有天然来源的组分，而且含有人类生产的各种有机物和无机化合物，以及细菌病毒等，这都使地下水的组成成分更加复杂。地下水水质评价，应在查明地下水的物理性质、化学成分、卫生条件和变化规律的基础上进行，对与洞室开挖涉及的含水层有水力联系的其他含水层，以及能影响该层水质的地表水，均应进行综合评价。

针对地下水封洞库中地下水对于洞库施工以及运营中对监控设施的影响，选取相应指标，并且对其进行分析评价，选取的主要指标有：

（1）侵蚀性参数：包括pH值、侵蚀CO_2和HCO_3^{-}。其中pH值用于反映当地地下水的酸碱性。由于不同酸碱性下的地下洞室内的建筑物具有一定的腐蚀性，相应地，也对施工成本预算具有一定的影响。侵蚀性 CO_2 和 HCO_3^- 反映地下水中 CO_2 的含量，是评估地下水腐蚀性的一个重要指标。

（2）耗氧量：主要包括地下水体中进行氧化过程所消耗的氧量以及水体中微生物分解有机化合物过程中所消耗的溶解氧量，一定程度上反映了水体中有机污染的情况。

（3）氯化物与氨氮：反映地下水中无机物污染的一个指标。

（4）细菌：由于细菌生物化学作用，对于地下水中各个物质具有一定的影响，部分细菌超标容易对人体产生危害，因此，此类也是地下水封洞库中水质研究中的一个重要指标。

依据《岩土工程勘察规范》（GB 50021—2001）、《地下水封洞库岩土工程勘察规范》（SY/T 0610—2008），参考国外工程项目经验值，对这些水渗参数进行分类评价，见表 2-2。

表 2-2　水渗参数分类评价表

项目	分析项	合格	不合格
侵蚀性参数	pH 值	≥5.0	<5.0
	侵蚀性 CO_2	<30mg/L	≥30mg/L
	HCO_3^-	≥0.5mol/L	<0.5mmol/L
氧平衡参数	耗氧量	<12mg/L	≥12mg/L
无机污染物参数	氯化物	<500mg/L	≥500mg/L
	氨氮	<1500mg/L	≥1500mg/L
生物参数	好氧细菌	<1000 个/mL	≥1000 个/mL
	厌氧细菌	<1000 个/mL	≥1000 个/mL
	大肠杆菌	<3 个/mL	≥3 个/mL
	硫酸盐还原菌	0 个/mL	>0 个/mL
	黏细菌	0 个/mL	>0 个/mL

4）地下水水位

洞库在运行期间有较为稳定的地下水位，是保证其水封效果及安全运行的重要条件。从地下水封洞库原理出发，根据实际工作经验定义地下水封洞库设计地下水位是为设计洞库埋深而提供的区域性分布的理论最低地下水位，它永远低于实测的天然最低地下水位。通常取区域性地下水排泄基准面作为设计地下水位，而且所取区域排泄基准面必须不受天然或人为因素影响而发生变化，具有长期稳定的条件，如海平面等。

从地下水封洞库的原理出发，为达到预期的水封效果，地下油库以上的水头必须保持在某一相对稳定的设计地下水位线以上，保证地下洞库边墙和底板裂隙岩体中的水头压力大于洞库中的储油压力。如果洞室上方岩体中的地下水的水头不足，油气可能通过岩体中的裂隙进入大气中，污染大气并危害人体健康，甚至会造成安全事故。因此，确定最低地下水设计水位，弄清楚地下水水位的变化规律，对设计合理的洞室埋深、保证洞库的密封性和稳定性、准确估计洞库施工期及运营期的涌水量，以及最大限度地降低施工成本和运营成本等都有重大的意义。地下水水位对地下水封洞库影响主要体现在对洞室设计埋深的影响。如果地下水水位埋深较深，那么为了保证地下洞库正上方能够保持足够的压力来保证洞库的密封性，地下洞库的设计深度就会相对较大，那么施工成本就会相对较高；相反的，如果地下水水位埋深较浅，那么地下洞库的设计深度就可以相对小一点，施工成本较小。所以，总体来说，地下水埋深较浅对地下洞库的建设是比较有利的。不过地下水埋深大小相对来说对地下洞库的建立影响不是很大。

在自然和人为因素的影响之下，地下水位会随时间发生变化。地下水位的变化，实际上反映出潜水含水层中水量收入（补给）与支出（排泄）之间的关系。气候是影响水位动态变化最活跃的因素。雨季中，降水入渗补给使地下水位上升；雨季过后，蒸发和径流排泄使地下水水位逐渐下降，在第二年雨季前出现谷值。这种一年周期内周而复始的变化，称为地下水水位的季节变化。

从地下水封洞库的建设角度出发，如果库区地下水位在短时间内出现大幅上升或者下降，或者两个相邻钻孔之间的水位之间水位差过大，反映出地下水流场的不稳定性。从水封油库的原理考虑，水位动态变化越小，对洞库的安全性和密封性越有利。

二、勘察技术方法

1. 勘察阶段与目的

地下洞库类项目的勘察工作分为预可研阶段勘察、可研阶段勘察、初步设计阶段勘察、施工图设计及施工阶段勘察等阶段。各个阶段的勘察目的不同，因而采用的勘察技术手段也有所差异。

1）预可研阶段勘察

预可研阶段勘察的主要任务是选择符合水封洞库工程地质、水文地质条件要求的库址，为编制可行性研究报告提供依据。

（1）勘察主要目的及任务要求。

① 通过收集分析有关资料及实地调查研究，对工程场地及场地周边的区域地质、工程地质及水文地质条件进行综合评价，根据实际项目要求，在给定范围内选出2~3处面积不小于600m×600m工程地质条件、水文地质条件较好的区块，作为比选库址。

② 对比预选库址区及其邻近区域进行工程地质、水文地质调查与测绘。在调查测绘的基础上，进行针对性的工程物探、工程地质钻探，并结合适量的测试、试验工作，对比预选库址区进行建库条件的对比分析评价，根据评价结果择优推荐库址。

③ 对推荐库址的区域稳定性进行评价，对洞库围岩稳定性作估测性评价；对推荐库址的稳定地下水位、洞库涌水量、洞库埋深及主洞室展布方向提出初步评价和建议。

（2）勘察步骤。

① 搜集资料与室内研究。

② 现场地质勘察确定库址对比方案。

③ 在重点库址对比方案内投入必要的勘察工作量，根据勘察结果择优选择库址。

2）可研阶段勘察

可研勘查工作宜在预可研阶段勘察选定的库址上进行，初步查明库址的工程地质和水文地质条件，为最终确定库址和库区布置进行论证和提供可行性研究所需的勘察结果。

（1）勘察目的。

初步查明预可研阶段推荐库址区的工程地质和水文地质条件，初步划分岩体质量等级，提出适宜建库岩体范围，为确定洞库的平面位置、主洞室轴线方向及埋深范围提供地质建议。

（2）勘察任务。

通过合适的勘探、测试试验技术手段，初步查明推荐库址区的工程地质及水文地质条件。对库址区的岩体质量进行初步分级评价，分析洞库围岩稳定性，提出适宜建库的岩体范围，给出洞库平面位置、主洞室轴线方向及埋深范围的地质建议；初步确定设计地下水位标高，预测洞室掘进时突然涌水的可能性，估算最大涌水量，对洞库水封条件进行初步评价；对施工巷道、竖井布置及弃渣场地选择提出初步建议；分析洞库工程对地面设施的影响。

(3) 勘察方法。

目前我国大型地下水封洞库的工程勘察处于探索研究阶段，勘察除采用工程钻探、工程地质测绘、水文地质调查、工程物探、地应力测试、钻孔渗透性试验、室内岩石物理力学性质试验等传统工程勘探和测试方法外，还可以采用先进的只能钻孔电视成像技术。

工程钻探使用钻机，主要采用双管单动绳索取心方法进行钻进，工程物探主要采用高密度电阻率法。使用全波列声波测井仪进行全波列测井，使用数字式石英温度计进行地温测试，水文地质试验主要采用提水试验、压水试验、注水试验等渗透性试验，使用智能水位监测仪进行地下水位恢复测量监测。

3）初步设计阶段勘察

(1) 勘察目的。

在前期勘察结果的工作基础上，综合运用各种勘察手段与试验方法，基本查明洞库主洞室、施工巷道、竖井、水幕巷道等部位的工程地质条件，如岩性、岩体结构、构造、岩体物理力学指标等。分段划分围岩质量等级、围岩类别，评价洞体和围岩的整体稳定性和块体稳定性、岩体应力、应变特征。确定初步设计阶段交通巷道、水幕系统、主洞库位置的可行性，从工程地质方面确定竖井设置位置的适宜性。进一步查明建库区域岩体分类、破碎带、断层的分布范围，为洞室开挖和与支护设计提供数据与建议。基本查明库址的水文地质条件，如水文地质结构分段，地下水位、岩体、断层的富水性和渗透性，地下（表）水水化学特征。预测洞库围岩渗透稳定性、涌水量，进行水文地质评价。查明建库区域设计地下水位，预测洞库涌水量，为最终确定洞库设置位置提供依据。提供初步设计阶段所需的勘察结果，为施工图设计和施工方案提供地质资料和建议。

(2) 勘察内容。

针对本勘察阶段勘察的目的，采用工程地质和水文地质调查与测绘、工程地质钻探、工程物探、现场水文地质试验、孔内原位测试、室内试验等综合勘察和测试试验技术手段完成勘察任务，勘察主要工作内容如下：

① 基本查明库址的地形地貌条件、构造、岩性（层）、地应力、低温、岩石物理力学性质及不良地质发育的情况，根据重点地面调查、孔内电视成

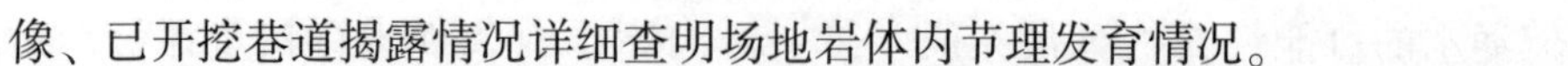

像、已开挖巷道揭露情况详细查明场地岩体内节理发育情况。

② 基本查明库址区水文地质条件、水文地质特征参数。基本查明库址区的栖霞水赋存条件及分布规律地下水位及动态特征、地下水补给、径流与排泄条件，岩体渗透性和水化学成分及对混凝土的侵蚀性和对储存介质质量的影响等。重点查明岩体富水性、透水性，涌水量丰富的含水层、汇水构造，强透水带以及影响洞库建设的断层、破碎带和节理裂隙密集带富水情况，预测洞室掘进时突然涌水的可能性及位置，估算最大涌水量。

③ 结合前期勘察结果，基本查明库址区的主要断层、破碎带和节理裂隙密集带的位置、产状、性状、规模及其组合关系，查明重点断层及破碎带、岩脉、蚀变岩体及洞库布置范围内可能存在的破碎带，节理裂隙密集带的分布位置、规模及性质。按照规范要求，根据岩体基本质量的定性特征和岩体基本质量指标，两者相结合进行洞窟岩体基本质量分级，并选取部分钻体进行Q法分级，对比两种分级方法，综合判断洞库岩体基本质量等级。

④ 进行围岩工程地质分段分类并建立适当的地质模型，对洞室整体围岩稳定性进行计算分析评价。根据围岩工程地质分类及模拟计算结果提出有关地下工程部署的优化建议，如洞轴线方向、洞跨、洞间距等。评价主洞室敏感部位（不同洞库主洞室与竖井连接处）岩体稳定性，提出处理建议。

⑤ 进行洞库围岩块体稳定分析与评价。评价洞顶、边墙、竖井和洞室交叉部位岩体的稳定性，提出处理建议。

⑥ 根据竖井钻孔钻探及孔内测试、试验成果，结合模拟计算评价竖井内可能的封塞位置及掩体的稳定性。

⑦ 预测评价库址区岩爆产生的可能性。

⑧ 对交通巷道、水幕巷道、竖井区域工程地质条件和水文地质条件进行分段评价。

4）施工图设计及施工阶段勘察

施工图设计及施工阶段勘察水文地质主要工作内容包括天然流场分析、施工期流场分析、渗透性规律分析、水封条件验证及水文监测网设计。具体工作方法及内容如下：

（1）充分利用现有的岩土工程勘察成果（含初勘、详勘及补充勘察阶段），进一步查明主要构造、破碎带、节理裂隙密集带等分布及产状信息。开展库区外围水文地质调查，认清库区及外围区的水文地质条件、地表水体与库区地下水力联系。重点对边界（海、河流等）的水力特性进行调查，如对河流丰、平、枯季水位及其他地下水的补给、径排关系，库区及沟谷去地下水潜流径流量等。

（2）利用长期观测孔水位监测资料分析库区及外围在丰、平、枯季地下水水位变化规律，地下水年最大水位变幅，库区及外围最低地下水水位，进一步确定洞库地下水设计水位标高。

（3）对勘察孔各试验阶段试验数据进行渗透系数等水文地质参数计算，分析库区岩体渗透性在空间上的规律，分析强渗透试段与裂隙发育的关系；结合各阶段钻孔揭露和地表测量的节理、岩脉分布和破碎带及断层等信息，预测库区施工及运营期间可能的渗漏出水点，分析其水文地质意义。根据明槽以及当前施工巷道开挖情况，结合已有的实际工程案例经验，确定施工阶段出水点注浆封堵类型、操作标准等。

（4）构建地下渗流值模型。根据科研设计的模拟结果扩大模拟区范围，重点对河流、流量边界及库区断裂破碎带、节理密集带的刻画。对水文地质参数（入渗参数、渗透系数、储水系数等）的赋值进行分区，依据现有的降雨、水位观测资料对模型进行参数反演计算，对边界进行敏感性分析，提高模型仿真度。

（5）根据平面布置图，对模型进行计算。研究施工巷道、水幕巷道、洞室等施工和洞库运营两种情况下库区渗流场的特征。对施工期各阶段和运营期阶段洞室地下水涌水量与水幕补水量进行预测，并对库区及外围含水层地下水位降深以及降落漏斗（压力）的分布范围与形态进行研究。评价洞库工程对外围水利边界、居民用水量的影响，外围及库区与地下水有关的活动对洞库工程水封性的影响，确定洞库水力保护边界范围。

（6）根据水幕系统方案，利用模型进行计算，预测各水幕方案下地下洞库的涌水量、补水量及漏斗分布范围，初步设计水幕系统效率测试方案。

（7）根据详勘新钻孔及揭露的节理密集带补充地下水水位、水质监测点，更新观测内容及观测井位置、数量等，确定地下水水位、水质控制标准及要求。

2. 地面调查（地质测绘）

在前期收集资料的基础上展开实地踏勘，实地走访、实测地面调查是各项工程项目中最基础、直观，被广泛应用的方法。调查对象包括地形地貌、地质构造、物理地质现象、水文地质现象（水井、机井、泉、溪沟的水位埋深和流量、地貌点、地质界线、岩性）、区域气象（降雨、蒸发）、水文（径流量）、经济（耕地面积、人口、地下水开发利用情况）等。

1）水文地质调查

（1）目的。

水文地质调查的目的是：调查分析洞库场址所在的相对完整水文地质单元内的主要含水层（带）的空间分布及水文地质特征，查清地下水的补给、径流、排泄特征及其动态变化规律，确定有代表性的水文地质参数，分析洞库经营条件下地下水冬天变化行为及对洞库工程的影响与环境效应，为洞库的安全、稳定运营提供水文地质专业角度的科学保证。

（2）任务。

水文地质调查主要任务包括水文地质单元圈划及水文地质条件分析。

确定洞库库址区所在的地下水流系统，详细查明系统内地下水的补给、径流、排泄条件，以及区域地下水对洞库的补给关系、主要进水通道及其渗透性。

详细查明系统内各透水层的岩性、厚度、产状，分布范围、埋藏条件，着重查明透水层的富水性、渗透性、水位、水质、水温，动态变化以及地下水流场的基本特征，确定流动系统水文地质边界。

其主要调查任务包括以下三点：

① 调查对洞室涌水量有影响的地表水汇水面积、分布范围、水位、流量、流速及其动态变化，历史上出现的最高洪水位、洪峰流量及淹没范围。查明地表水与系统内地下水的相互水力联系。

② 研究洞库工程对周边水文地质环境的影响（主要表现为是否会造成大范围的地下水位下降，能够像区内水井的采水功能和水源地的供水功能）。

③ 预测居民生活饮用水汲取地下水行为（包括洞库水源地的用水），是否对洞库的水封条件构成威胁。

（3）工作内容。

① 收集相关历史资料，掌握区域地形、地貌及地质、水文地质背景条件，包括宏观地层、构造的空间分布特点，地下水的基本类型，埋藏条件，以及地下水的基本补给、径流和排泄情况。

② 在研究前期岩土工程勘查成果的基础上，根据区内已经展开的水文地质勘察的精细程度与相关水文地质现象的暴露程度，有目的地补充钻探、物探勘察等手段，重点查明区内的富水构造及地段，以库区为中心遴选勘察井位置，进行水文地质试验，获取相关水文地质参数。

③ 对区内的地表水体、地下水以及大气降水进行取样，并进行相关水化

学分析和水质评价，结合对区内的地表水体、地下水以及大气降水进行取样，并进行相关水化学分析和水质评价，结合历史资料与野外勘察资料，建立研究区地下水流动概念模型。

④ 在洞库厂区布设地下水观测井，并进行一定周期的地下水动态监测。

⑤ 在地下水流动系统概念模型的基础上，利用数值模拟技术，建立研究区内地下水流动的数值模型；并将工程活动概化成可模拟要素（主要反映在介质空间特征变化及内部边界类型等方面），模拟评价洞库运营条件下的水流场变化特征。

⑥ 针对工程活动可能出现的环境地质负面效应，提出合理可行的防治对策，并通过数值模拟模型分析对策效果，确定可行的运营方案。

2）统计

统计包括很多种方法，对于地下水封储油洞库，统计主要采用地表节理统计法。由于地表大部分被第四系覆盖，天然露头一般只是零星分布在厂区内，绝大部分露头呈球形风化或产生位移，很难准确地测量其节理要素，即便可以准确测量，也会因样本数过少而造成误判，一般需采用统计方法整理分析。

3. 物探

物探是地球物理勘探的简称，它是以地下岩土层（或地质体）的物性差异为基础，通过仪器观测自然或人工物理场的变化，确定地下地质体的空间展布范围（大小、形状、埋深等）并可测定岩土体的物性参数，达到解决地质问题的一种物理勘探方法。

按照勘探对象的不同，物探技术又分为三大分支，即石油物探、固体矿物探和水工环物探（简称工程物探），在水封洞库勘察中使用的多为工程物探。

工程物探技术方法门类众多，依据的原理和使用的设备也各不同，随着科学技术的进步，物探技术发展日趋成熟，而且新的方法技术不断涌现，几年前还认为无法解决的问题，几年后由于某种新方法、新技术、新仪器的出现迎刃而解的实例是常见的。物探技术是地质科学中一门新兴的、十分活跃、发展很快的学科，又是工程勘察的重要方法之一，在某种程度上讲，物探技术的应用与发展已成为衡量地质勘察现代化水平的重要标志。

在地下洞库工程项目中，工程物探是一种十分重要且应用广泛的勘察方法。

1）主要勘察目的和任务

（1）采用高密度电法查明测线下主要断裂和破碎带及主要岩脉的分布情况。

（2）采用地震折射法获取测线下速度分布情况，查明测线下的速度分布情况。

（3）采用井中充电法获取井中指定破碎带的主要参数。

2）勘察要求

（1）高密度电法：点距5.0m，勘探深度不小于90.0m。

（2）地震折射法：点距5.0m，勘探深度不小于160.0m。

（3）井中充电法：对一定数量（具体数量视实际工程情况而定）的钻孔进行主要破碎带参数及地下水流向探测的有效性试验研究。

3）勘察方法

所有地球物理方法均是利用介质的物理性差异从事勘探的，由于所利用介质的物理性质不同，从而形成了不同的地球物理勘探方法。用于工程地质勘探的方法主要有浅层地震法和电法两类。浅层地震法是利用介质的波阻抗差异，而电法是利用介质的电性差异。根据物理场的特性和地球物理方法可以归纳为平面和体积勘探两类，浅层地震法归属于平面（即射线平面）勘探范畴，而电法归属于体积勘探范畴。浅层地震法反映由激发点、接收点和射线构成的平面内的信息，可分辨物体的大小与总体积比，分辨率随深度的增大而明显降低，局部小范围异常难以被探测。因此，应采用高密度电法、地震折射波法和井中充电综合物探方法进行勘察。

第二节　设计与管理

一、概述

地下水封洞库是具有特殊要求的地下岩石建筑。它以天然岩体为结构体，人工开挖洞库为储存空间，同时利用地下水的天然埋藏条件并辅以人工水封系统，将油、气产品封存于洞库内，即地下水封石洞库油气库。它是以地质体作为建筑材料，以地质环境为建筑环境修建的一种特殊工程，是典型的地质工程。

由于储存的油气储品具有高度的敏感性，不允许外溢，与地下封存核废料要求一样，是各类地下建筑中最为复杂的两类工程。地下水封洞库结构设计的原则就要最大限度地利用和保护围岩的自稳定能力，减少岩体裂隙水在施工期间的流失，保护库区天然的地下水环境，即保证了地下洞库的液密封性和气密封性。

地下水封洞库施工采用钢筋混凝土封塞将其与外部空间完全隔绝密封，在运行期间人员设备无法进入。运行期间库内温度、洞库水密封性、围岩稳定状态等一系列相关参数完全依靠特定的监控系统进行自动监控及专门的软件进行监控数据分析，以判断地下洞库是否为正常工作状态，对检测到的异常状态数据进行分析判断，提前进行干预，防止环境灾难事故的发生。

按照国内设计审批程序及洞库设计施工特点，地下水封洞库的设计可分为两个阶段：基础设计阶段和详细设计阶段。在基础设计阶段，根据水文、地质勘察结果，对洞库的详细位置布置、各结构物的详细尺寸、支护的基本形式、设备的配置等进行设计，设计深度基本达到地面建构筑物施工图的深度，并且可以依据基础设计内容进行地下工程部分的招标。在详细设计阶段，可在基础设计基础上，结合实际施工勘察及监测数据，对基础大合集内容进行动态的优化，详细设计贯穿整个洞库施工过程，即做到施工全过程的动态设计。

二、设计依据及内容要求

地下水封洞库地质条件复杂，不可见因素多，工程建设困难重重，为此可研阶段需详尽考虑后续施工中的难点及关键技术，确保项目顺利运作，其主要包括：洞库选址、水文地质条件勘察分析、大型洞室群洞室稳定性分析计算、地下洞室结构布置、支护设计、水文地质监测等。

地下水封洞库选址原则如下：

（1）库址选择应符合国家石油战略整体布局要求，符合产业规划、环境保护、安全和卫生的要求，并应根据所在地区的气象、水文、交通、供水、通信以及可用土地等条件确定。

（2）库址选择应依托现有码头、油库、管道等储运设施，库址宜选择在油品需求量大、加工进口油较为集中的地区。

（3）选择在坚硬、完整性好的块状岩体区，并具有弱透水性。最好是结晶状、未风化或微风化花岗岩，岩体级别Ⅰ或Ⅱ级。

(4) 具有相对稳定的地下水位，地下岩体渗透系数应小于0.001m/d。

(5) 封堵后洞库涌水量每$100×10^4m^3$库容不宜大于$100m^3/d$。

(6) 符合环保、安全标准；有可靠的水源、电源条件，节约用地。

为确保库区水文环境始终处于满足水封条件的稳定状态，实现水封储油的功能，前期的区域水文勘察、施工期和运行期的水文监测、分析和控制尤为重要。其中主要包括：水幕系统设计、施工期间水幕系统功效验证和优化调整、优化注浆方案等。

地下储库工艺技术、流程复杂，合理设计尤为重要。工艺技术主要包括：地下储库收发油工艺、储油洞室油气回收或焚烧处理技术、氮气置换技术、洞室内的微正压和水垫层设计技术等。

操作竖井是连接地面设施和地下洞室的唯一通道，是设计关键环节，主要包括：潜油泵和潜水泵的设备选型，液位、界位和温度的仪表自动化设备设计和选型，竖井内管路安装等。

地下水封储库项目需对运行期的地下洞室进行持续的安全监测，主要包括：用于检测运行期间洞室稳定性的震动落石监测系统和监测地下水文情况的地表、地下水文监测系统。

地下水封洞库竖井及泵坑内金属构筑物的防腐层是不可维护的，因此所采取的特殊环境下金属构筑物防腐蚀设计需具备很高的可靠度，使其使用寿命满足正常使用年限（50年）。

针对不同地质条件采取的开挖爆破及支护形式和先后施工顺序、渗水处理方式等，必须制定详尽方案，并在施工中不断优化和调整。

三、设计管理过程

工程设计是整个工程建设的前期和基础，一个工程的进度、投资、质量以及工程建成投产后的经济效益能否达到业主的要求，其社会效益能否满足相关的标准和需要，在很大程度上取决于工程设计的优劣。工程设计管理主要包括初步设计管理与施工图设计管理。

1. 初步设计管理

初步设计管理过程主要包括：

(1) 根据PMC合同的约定，协助业主选定初步设计承包商，监督、管理设计承包商的初步设计工作。

（2）审查初步设计与可研报告的一致性，协调设计进度，核查初步设计概算，使投资偏差控制在业主允许的范围内，监督设计质量。

（3）发挥PMC技术咨询服务优势，对设计承包商进行全面而综合的审查，对重大方案进行重点审查，确保初步设计达到业主的预期目的；初步设计要达到可以进行施工图设计的深度，并符合约定的进度、投资、质量和HSE要求。

（4）协助业主将初步设计上报审批。

2. 施工图设计管理

施工图设计管理过程主要包括：

（1）依据PMC项目总体规划和项目实施计划编制设计管理程序。

（2）进行设计条件资料的确认，协助业主解决初步设计审批后出现的漏项和问题，并与EPC总承包商协商，提出解决措施及资金处理意见。

（3）定期检查，审查施工图设计与初步设计的一致性，以及施工图设计的进度控制、投资控制、质量控制情况。

（4）审查EPC总承包商提出的各类设计成果文件，审核EPC总承包商的设计分包工作。

（5）审查EPC总承包商提交的项目设计统一规定及关键设备的请购文件。

（6）进行施工图设计变更情况，向EPC总承包商传达业主提出的设计变更，审查EPC总承包商提出的设计变更。

四、设计管理要点

工程地质勘察应与设计阶段相适应，预可行性研究阶段应进行选址勘察，可行性研究阶段应进行初步勘察，基础设计阶段应进行详细勘察，详细设计与施工阶段应进行施工勘察。施工前各勘察阶段应对岩体质量进行分级，施工勘察阶段应验证所确定的岩体质量分级，并应进行动态调整。

1. 初步勘察管理要点

初步勘察应初步查明选定库址的工程地质和水文地质条件。初步勘察报告应包括下列内容：

（1）库址的地形地貌条件和物理地质现象。

(2) 库址区的岩性（层）、构造，岩层的产状，主要断层、破碎带和节理裂隙密集带的位置、产状、规模及其组合关系。

(3) 库址区的地下水位、渗透系数和水化学成分等水文参数。

(4) 库址区岩体质量预分级、渗透系数和水化学成分等水文参数。

(5) 初步确定稳定地下水位标高，提出洞罐埋深建议。

(6) 岩（土）体的物理力学指标。

(7) 洞库涌水量的估算、地下水数值分析模拟、洞室岩体稳定性分析。

2. 详细勘察管理要点

详细勘察应基本查明确定库址的工程地质和水文地质条件。详细勘察报告应包括下列内容：

(1) 施工巷道口边坡、仰坡的稳定性分析。

(2) 库址区的岩性（层）、构造，岩层的产状，主要断层、破碎带和节理裂隙密集带的位置、产状、规模及其组合关系。

(3) 地下水位、渗透系数和水化学成分等水文参数、地下水监测成果，预测掘进时突然涌水的可能性，估算最大涌水量。

(4) 主要软弱结构面的分布和组合情况，并结合岩体应力评价洞顶、边墙和洞室交叉部位岩体的稳定性，提出处理建议。

(5) 竖井的岩体结构、节理性质、岩体（块）特性、岩（土）体的物理力学指标。

(6) 岩体质量分级并建立地质模型。

(7) 按岩体质量分级结果确定建库岩体范围，提出洞室轴线方向、跨度、间距、巷道口位置等的建议。

(8) 确定稳定的地下水位标高，提出洞罐埋深建议。

(9) 库址岩体质量分段分级及范围、洞室稳定性分析评价。

3. 施工勘察管理要点

施工勘察应在详细勘察的基础上，结合施工开挖所暴露的实际地质情况进行实时勘察。施工勘察应包括下列内容。

(1) 编制巷道、竖井、洞室的地质展示图和洞室顶、壁、底板基岩地质图以及洞室围岩含水实况展示图等。

(2) 测定岩体爆破松动圈及岩体应力。

(3) 进行超前地质预报。

(4) 实测洞库涌水量，预测洞库投产后地下水位恢复情况。

(5) 对复杂地质问题应进行工程地质论证，提出施工方案建议，必要时进行补充勘察。

4. 勘察设计管理关键点

勘察设计管理的关键点在于保证和提升地下工程勘察精度、勘察质量，包括水文地质条件勘察分析、大型洞室群稳定性分析计算、地下洞室支护设计、洞内止水注浆设计、密封塞设计等。

因此，通过采用以下措施，使得上述关键点得到保证：

(1) 充分利用岩土工程勘探技术，特别是孔内超声波成像、综合水文地质试验等技术，提高勘察精度，建立一套完整、合理的地下水封洞库勘察流程。

(2) 加强对三维地质模型建立的方法研究，通过三维空间展示地质方法，使节理、裂隙、断层、岩脉等地下工程控制信息得到准确判定。

(3) 加强支护精细化设计，根据实际不利围岩的范围确定采取强支护的范围，尽可能保证采用强支护的准确和有效，尽量避免过度支护的情况发生。

(4) 水幕系统分阶段施作，充分分析围岩节理与水幕孔位置的关系，在设计文件中细化对施工成孔的要求，尽可能实现每个水幕孔作用效果的最大化。实行水幕孔系统分阶段施作和分阶段试验的方法，确保水幕孔增设的合理性。

(5) 确定合理的洞室涌水量指标。涌水量指标应结合标准规范，并根据地下水环境和围岩渗透特性结合运行期洞室压力综合确定，涌水指标是至关重要的指标，其合理性将直接影响注浆的难度、费用和工期。

(6) 细化注浆技术要求，针对岩体富水和不良地质相伴出现的特点，充分发挥超前注浆对围岩加固和止水封堵的双重功效，在止水的同时降低支护风险。

五、运行期的安全监测设计

地下水封储油洞库最显著的特点就是运行期的高安全性及低廉的运行维修费用。同时，也因为洞库埋深地下，一旦封闭任何人员都无法进去实施检修。但是设计使用期的50年内不可避免地会有不可预见的地质事件发生。如果没有任何检测手段能了解洞库围岩安全及水密封性的真实状态，将是一件非常危险的事情。对于人员无法进入的完全封闭的地下水封洞库实施三维全方位的安全监控，是为地下水封洞库长期、安全运行提供的最

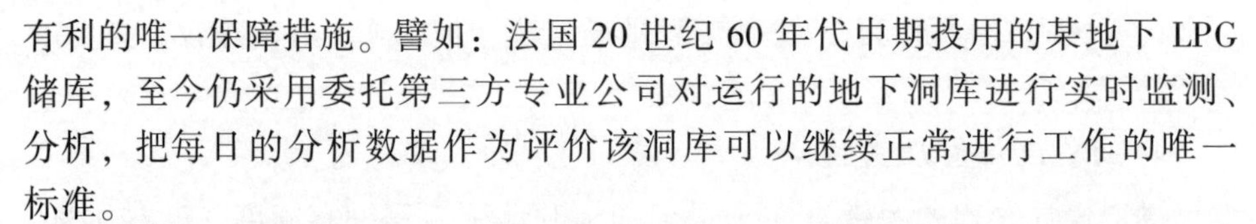

有利的唯一保障措施。譬如：法国20世纪60年代中期投用的某地下LPG储库，至今仍采用委托第三方专业公司对运行的地下洞库进行实时监测、分析，把每日的分析数据作为评价该洞库可以继续正常进行工作的唯一标准。

地下洞库运行期间的安全监测主要是对地下洞库岩体的裂隙水压力、洞库的温度、水幕巷道内的水位、岩体的微振动影响效应进行实时监测；并通过专用的分析软件，对监测数据进行不利影响分析，对需要采用干预措施的事件发出预警信号，为运行管理方采取正确的管理措施赢得宝贵时间。

上述的微震监测系统如果能在洞室施工期就提前安装在水幕巷道内，还可以对洞室开挖过程中岩体的变形、掉块、塌方等事件进行三维立体全覆盖的实时监测，并可对未开挖不良地质地段进行监测、分析和预警。

第三节　地下水封洞库工程关键技术

一、地下工程勘察设计技术

地下工程是地下水封岩洞储油项目的主体。地下工程设计尤为关键，这其中主要包括洞库选址、水文地质条件勘察分析、大型洞室群洞室稳定性分析计算、地下洞室结构布置、地下洞室的支护设计、洞内防水注浆设计、混凝土密封塞设计及施工期、运营期、水文地质监测等。同时地下工程设计方案要与施工紧密结合，考虑施工机具的使用、施工方法的选择，保证地下工程方案在实施过程的可行性、安全性、合理性和经济性。

二、地下水封洞库水封技术

基于地下水封岩洞储油原理，为确保库区水文环境始终处于满足水封条件的稳定状态，实现水封储油的功能，前期的区域水文勘察、施工期和运行期的水文监测、分析和控制等技术尤为重要。这其中主要包括水幕系统设计(渗流场模拟分析、水幕系统设计布置等)，施工期间水幕系统的效果验证和优化调整，通过对施工期水文数据监测来分析推算运行期洞室涌水量和优化注浆方案等。

三、地下水封洞库工艺技术

地下水封洞库工艺技术包括地下储库收发油工艺、储油洞室油气回收或焚烧处理技术、氮气置换技术、洞室内的微正压和水垫层设计技术等。

四、地下水封洞库操作竖井技术

操作竖井是连接地面设施和地下洞室的唯一通道，通过它来实现地下洞库进油和出油操作，是设计关键环节。与其相关的关键技术包括潜油泵和潜水泵（安装于操作竖井正下方的储油洞室泵坑内）的设备选型，液位、界位和温度的仪表自动化设备设计和选型，竖井内管路安装等。

五、地下水封洞库监测、自动化控制技术

地下水封储库项目需对运行期的地下洞室进行持续的安全监测，主要包括用于检测运行期间洞室稳定性的振动落石监测系统和监测地下水文情况的地表、地下水文监测系统。

六、地下水封洞库设计寿命的防腐蚀设计

地下水封洞库竖井及泵坑内金属构筑物的防腐层是不可维护的，因此要求对其内的金属构筑物采取有效的防腐设计，使其使用寿命达到50年的地下水封洞库正常使用年限。因此所采取的特殊环境下金属构筑物防腐蚀设计技术需具备很高的可靠度。

第三章　施工管理

地下水封洞库施工管理根据工程分布情况及项目特点，一般将项目划分为监测预报、洞库施工、综合作业和竖井施工几个部分；分别由各作业班组负责施工，采用流水作业与平行作业相结合的方式组织施工，水幕系统和主储库是本工程的重点，以“先探后掘、以堵为主、统筹安排、优质安全环保”为原则，确保工程总工期。

水封洞库工程施工通常建议先施工洞口明槽段，再施工巷道口至水幕巷道交叉处，接着施工水幕巷道和水幕孔，在施工水幕巷道的同时，施工巷道继续往前施工。在水幕系统完成后，平行施工四条储油洞室，储油洞室分上、中、下三层施工。最后进行储油洞室地面找平层、泵坑、密封塞施工。

第一节　施工组织

一、指导思想

1. 主要指导思想

质量管理工作本着“落实过程精品，强化岗位责任，切实提高质量管理水平”的指导思想，提高工程质量，降低施工成本，降低质量事故发生率，是质量管理工作的战略目标。因此项目部需要加强质量管理体系的建设，重点从项目的质量管理体系框架合理性和适应性、质量管理职责、领导作用的落实情况、质量管理体系文件的有效性等几个方面入手，切实保证项目质量管理体系正常运行。项目部应把创造良好的安全质量环境和程序管理作为强化安全质量管理的中心，积极推行现场标准化、规范化管理，狠抓重点工程、重点工序、重点工种的薄弱环节和重大隐患的治理。夯实技术质量基础工作，完善监督考核约束机制，全面实施名牌战略和科技创新方案，全力打造精品工程。

2. 施工指导思想

(1) 施工总体指导思想是：科学组织、合理投入、高速优质、不留后患。

(2) 各分项工程采用平行作业与流水作业相结合的方法组织施工。施工巷道、水幕巷道东段及主洞库开挖是本工程的施工重点，以“重点优先、全面展开、先后有序、统筹安排”为原则，确保工程总工期。竖井与其他巷道平行作业。

(3) 坚持技术先行，为保证洞库实现快速施工和确保工程质量，对施工技术进行系统、深入的研究，确保施工方案的可行性、先进性和可靠性。

(4) 自始至终把“环境保护”和安全生产工作放在日常管理工作的重要位置，常抓不懈。

二、工程质量管理组织安排

1. 项目组织管理机构

地下水封洞库工程管理一般采取项目法施工管理模式，按照“集中管理、统一指挥、责任明确、精干高效”的原则组织施工。一般需要下设“六部、二室、一组”，分别为：工程部、安质环保部、物资部、机电部、合约部、财务部、试验室、综合办公室、预报与监测组。为确保项目管理层的总体管理思路、理念和各种技术方案的顺利执行，作业层按班组化组建，共设置九个作业班组，班组根据工序及专业进行划分。九个作业班组分别为：开挖班、支护班、钻机班、注浆班、装运班、衬砌班、管道班、电工班、机修班。根据施工进度计划安排，劳动力采取分阶段进行增减；设现场领工员、安全员24h轮流带班作业和安全监控。业主项目部应成立“质量管理领导小组”，成员由主要领导、分管领导、技术负责人和有关部门负责人组成，负责本单位的质量管理工作。质量保证体系如图3-1所示。

项目的质量监管主责部门为安全质量管理部。项目部应设立质量管理部门，配足质量管理人员，保证质量管理工作的正常开展。质量管理人员必须由责任心强、能坚持原则、秉公办事，从事专业技术工作3年以上，具有一定施工技术水平和质量管理经验的员工担任，经培训合格取得有效资格证书后，方可上岗作业。工程质量管理机构和人员应保持相对稳定，不得随意撤并机构和调换人员，以保持质量管理工作连续性。确需变动时，必须以书面报告形式征得上级质量管理部门同意。

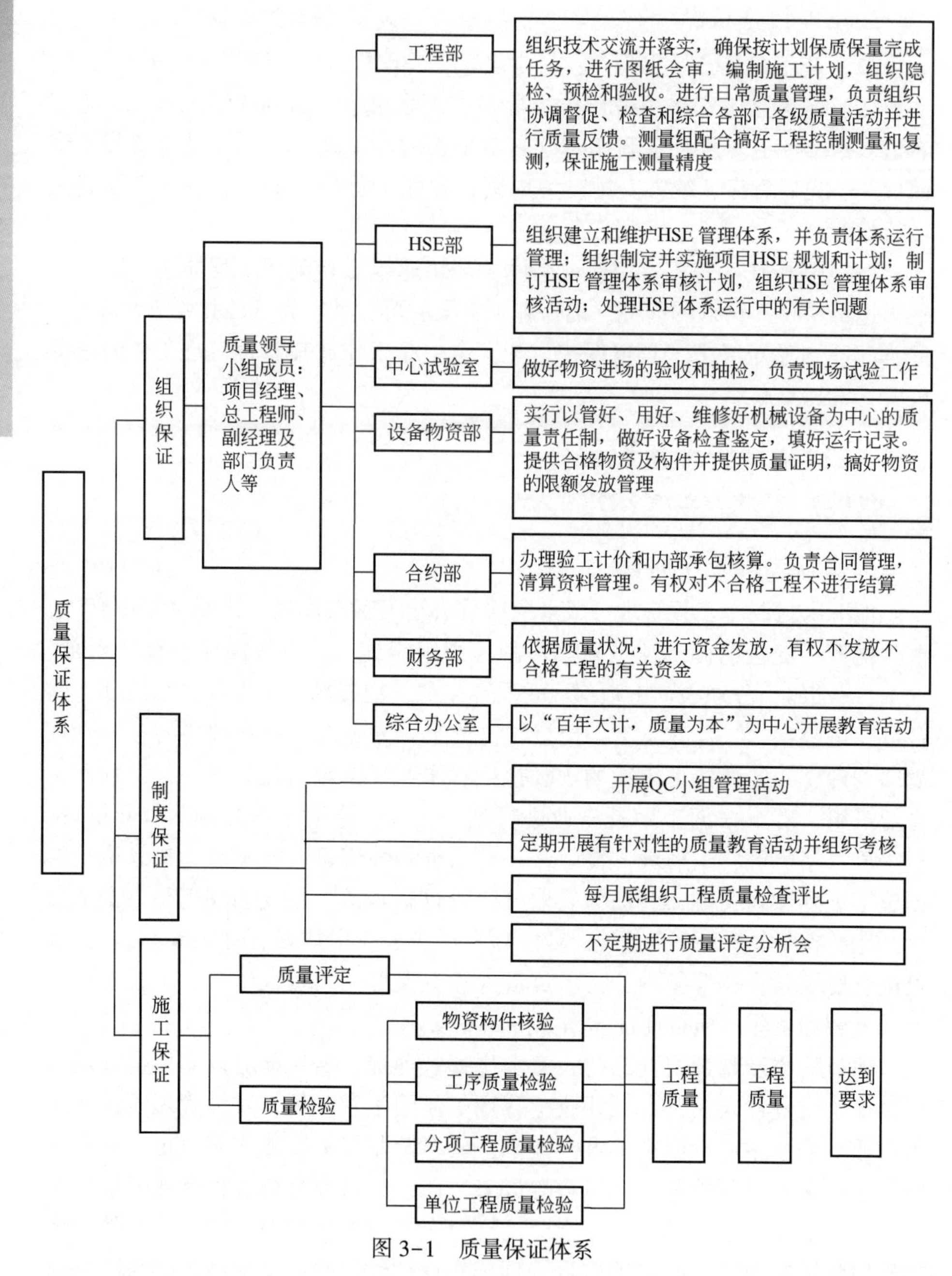
质量保证体系
组织保证
质量领导小组成员：项目经理、总工程师、副经理及部门负责人等
工程部
组织技术交流并落实，确保按计划保质保量完成任务，进行图纸会审，编制施工计划，组织隐检、预检和验收。进行日常质量管理，负责组织协调督促、检查和综合各部门各级质量活动并进行质量反馈。测量组配合搞好工程控制测量和复测，保证施工测量精度
HSE部
组织建立和维护HSE管理体系，并负责体系运行管理；组织制定并实施项目HSE规划和计划；制订HSE管理体系审核计划，组织HSE管理体系审核活动；处理HSE体系运行中的有关问题
中心试验室
做好物资进场的验收和抽检，负责现场试验工作
设备物资部
实行以管好、用好、维修好机械设备为中心的质量责任制，做好设备检查鉴定，填好运行记录。提供合格物资及构件并提供质量证明，搞好物资的限额发放管理
合约部
办理验工计价和内部承包核算。负责合同管理，清算资料管理。有权对不合格工程不进行结算
财务部
依据质量状况，进行资金发放，有权不发放不合格工程的有关资金
综合办公室
以“百年大计，质量为本”为中心开展教育活动
制度保证
开展QC小组管理活动
定期开展有针对性的质量教育活动并组织考核
每月底组织工程质量检查评比
不定期进行质量评定分析会
施工保证
质量评定
质量检验
物资构件核验
工序质量检验
分项工程质量检验
单位工程质量检验
工程质量
工程质量
达到要求
图 3-1　质量保证体系

2. 施工组织安排

根据工程的特点和实际需要，需成立地下水封洞库工程项目库外管道及地面工程项目部，项目部领导应包括项目经理、项目副经理、总工程师、安全总监等人。项目部一般需要设6个部门：工程部、HSE部、控制部、采办部、财务部和行政部，负责整个工程现场项目施工管理工作。按各阶段施工时间安排专业化施工机组负责整个项目的施工任务。项目采用动态管理、目标控制、节点考核的管理办法组织施工，实施ISO 9001—2015标准质量管理模式；实施HSE管理模式，安全第一、以人为本、环保优先、遵章守法、履行责任、创新管理，保证人员健康、安全，不污染环境。确保工程安全、优质按期顺利投产，争创国家优质工程。

项目部主要管理人员按照满足人员需要、调度灵活的原则，建立高效的指挥控制系统，对项目全面负责，围绕项目合同目标，履行计划、组织协调、控制等职能，对工程项目进行管理。

各职能部门岗位人员的设置应适应目标管理的需要，管理人员相对稳定。项目作业层以机组为基本单位，按专业和系统实行项目集中管理，统一指挥。

3. 各岗位职责及各部门工作职责

1）项目经理

项目经理根据单位法定代表人的授权，代表单位履行合同规定的权利和义务，对项目的质量、安全、进度负责。认真贯彻执行国家和工程所在地政府的有关法律、法规和政策，执行企业的各项管理制度。对工程项目施工进行有效控制，执行有关技术规范和标准，积极推广应用新技术，确保工程质量和工期，实现安全、文明生产，努力提高经济效益。

项目经理全面负责协调与业主、监理及地方政府的关系，为正常施工创造良好的条件。全面负责项目部的施工生产及经营管理工作，对项目部生产经营活动进行组织、协调、控制，对本项目的HSE、费用、质量、工期负第一责任。负责处理施工生产中出现的重大问题，保证各机组施工生产有序开展。组织有关部门制定项目部各项管理制度，提高管理水平，优化资源配置。

2）项目副经理（生产）

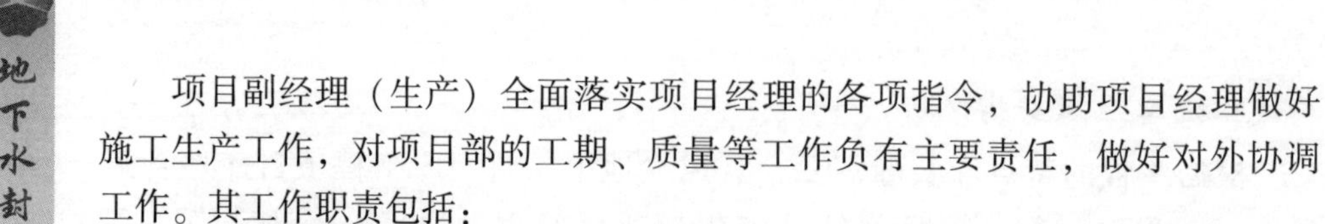

项目副经理（生产）全面落实项目经理的各项指令，协助项目经理做好施工生产工作，对项目部的工期、质量等工作负有主要责任，做好对外协调工作。其工作职责包括：

（1）具体负责日常人员、设备机具调动，权衡项目生产资源。

（2）对项目部施工生产进行组织、协调、控制，及时处理施工现场出现的问题，使项目施工生产有序进行。

（3）掌握施工生产动态，研究解决施工生产中出现的问题。

（4）及时向项目经理汇报施工生产中的难点及需要研究解决的问题。

（5）协助项目经理加强质量管理工作，优质、高效地开展施工生产。

（6）抓好项目各营地建设，为工程施工做好后勤保障工作。

3）项目副经理（经营）

项目副经理（经营）全面落实项目经理的各项指令，协助项目经理做好费用控制，对项目部的成本控制、预/结算管理等工作负有主要责任。主管项目的合同管理、变更、索赔、等工作。负责组织项目范围的招标工作，负责工程各专业的进度计划管理。

4）项目副经理（外协）

项目副经理（外协）主管项目部整体对外协调工作。负责协调与业主项目部及监理部的工作关系，负责对外协调办理各种施工手续。

5）总工程师

总工程师对项目的施工、技术管理工作全面负责。在项目经理的领导下，对工程质量负全面技术责任。在本职范围内，对技术和质量有权做出决定和处理。贯彻执行国家有关技术政策、法规和现行施工技术规范、标准、规程、质量标准；贯彻执行业主规定的技术标准、技术规范及操作规程等文件，并监督实施执行情况。参加设计技术交底，主持图纸会审签认，对现场情况进行调查核对，如有出入应按规定及时上报监理。协助项目经理负责项目管理体系的建立、运行、审核、改进等各项工作，在质量管理和质量保证方面对项目经理负责。

6）安全总监

安全总监协助项目经理管理项目整体安全生产工作，分析项目安全生产状况，制订安全生产计划。负责组织制定和审查项目部 HSE 两书一表、安全生产规章制度、奖惩方案、安全技术措施计划、重大事故隐患的整改计划和方案，并组织或督促实施。其工作职责包括：

（1）组织检查各项目部门、各机组安全职责履行情况和安全生产规章制度执行情况，及时协调解决存在的重大问题。组织开展安全生产检查，协调开展安全生产专业检查。

（2）审查重大危险源的控制措施和应急预案，并按要求督促实施。协调组织项目安全事故的调查处理。

（3）制定安全生产措施，并督促落实，定期向项目经理提交安全工作报告，完成项目经理交办的其他安全生产工作。

7）工程部

工程部参与组织有关施工准备工作，包括：组织设备维修、人员培训；组织营地建设和人员设备调迁；组织内部图纸会审和技术交底；编制施工组织设计和施工技术措施。其工作职责包括：

（1）组织协调施工，协助外协副经理工作，合理调配施工力量，解决现场施工问题，检查监督技术规范、标准的执行。

（2）办理工程变更，处理现场技术问题，参与质量事故的分析与处理。

（3）检查、监督施工机组的原始技术资料填写及现场签证情况。

（4）组织工程检查、验交，参与组织保投产工作，整理、汇编竣工资料。负责项目质量的策划，明确各个体系要素的责任部门。

（5）编写项目质量手册、质量计划和质量程序文件，确定项目质量方针、组织机构、管理职责、合同评审等全部质量体系要素的控制原则。对整个施工过程进行质量控制。

（6）建立健全严格的质量奖惩制度。组织对施工人员进行质量培训，定期组织各机组召开质量分析会议，解决施工中出现的质量问题。收集质量信息，为处理质量问题、提高施工质量提供依据。

8）HSE 部

HSE 部负责建立 HSE 管理网络，将 HSE 管理职能和管理活动按照不同的级别进行分工，使之能够有效地开展。根据工程所在地的具体情况，编写有针对性且实用的项目 HSE 体系文件。全面负责整个项目的 HSE 培训、审核和监督检查。制定并实施工程应急反应计划，对项目交通安全进行严格管理。

9）控制部

控制部对整个项目的进度和费用进行控制。在控制概念上做到进度和费用控制的集合控制；在控制机理上做到进度和进度款的实时控制。其工作职责包括：

（1）负责工程的预决算编制及管理，保证按计划成本（费用）完成工程，防止成本超支和费用增加，达到盈利的目的。

（2）编写施工计划，搞好计划管理，按预定进度计划实施工程，按期交付工程，防止工程拖延。

（3）负责合同起草、签订及管理工作。

（4）培养整个项目施工人员的合同意识，使施工人员能在合同实施过程中自觉、认真、严格地按合同要求行使权利、履行义务。

10）财务部

财务部应严格执行国家的各项财务政策和上级有关规定。做好现金收付和银行结算工作。制定项目目标成本控制计划并负责具体实施。参与组织经营活动分析，并提出改进措施。

11）采办部

采办部负责编制项目物资管理计划，并负责具体实施。严格按上级物资管理办法的规定进行物资的采购、验收、保管与发放。实行限额领料制度，按计划发放各种工程用料。监督检查各机组材料的保管及使用情况。组织物资的统计与核销，并及时上报。

12）行政部

行政部协助项目经理处理好与业主、监理及地方政府的关系。参与组织施工人员的调迁工作。制定项目经济责任制，并负责具体实施。按项目部有关规定做好人员选聘、考核培训及日常劳资管理。安排项目部组织召开的各类会议，负责项目部日常招待工作。负责工程项目的宣传报道工作。全面负责整个项目部的文件控制和信息管理工作，在项目部建立严格的文件控制制度，规范收发文程序。

三、施工任务划分

1. 地下工程部分

地下工程部分施工一般划分为监测预报、洞库施工、综合作业和竖井施工几个部分；分别由各作业班组负责施工，采用流水作业与平行作业相结合的方式组织施工，水幕系统和主储库作为工程的重点，以“先探后掘、以堵为主、统筹安排、优质安全环保”为原则，确保工程总工期。具体任务划分见表3-1。

表3-1 地下工程施工任务表

队伍任务划分	施工巷道	水幕巷道	主洞库	竖井
洞库作业队	凿岩台车开挖	水幕钻孔	凿岩台车开挖、机械手喷射混凝土等作业	—
竖井作业队	—	—	—	人工风钻开挖、井下出渣运输、锚喷支护、施工排水
综合作业队	凿岩台车开挖、出渣运输、锚喷支护、各种注浆、施工排水、混凝土等作业	人工风钻开挖、出渣运输、锚喷支护、各种注浆、施工排水、水幕运营维护等作业	锚杆支护、出渣运输、各种注浆、施工排水、混凝土等作业	各种注浆、混凝土等作业
监测预报队	水位监测、地质预报等工作	水位监测、地质预报等工作	水位监测、地质预报等工作	水位监测、地质预报等工作

2. 地面工程部分

地面工程按项目的时间要求和先后开工顺序，一般需要投入17个专业化施工机组，分别为：

（1）库区围墙、场坪施工：土建机组。

（2）库外管道施工：运输机组、土石方机组、焊接机组、防腐机组、穿越机组、下沟机组、清管、试压机组。

（3）库区土建施工：土建机组。

（4）库区安装施工：工艺设备安装机组、电气安装机组、阴保机组、外电线路机组、仪表安装机组、通信安装机组、阀室带压开孔施工机组、阀室动火连头机组。

投产试运时单独组建投产保运小组并配备专业人员进行工程保运、保修工作。具体任务划分见表3-2。

表 3-2　地面工程施工任务表

单位名称	主要施工任务
项目部	总体协调，管理施工，对工程质量、HSE、进度等负全面责任。负责与业主、监理、地方政府部门的协调联系工作；负责材料的购置、运输和保管
土建机组	负责库区围墙、场坪施工，临建、临时道路施工
运输机组	负责线路和阀室工艺管道的防腐管、阀门等以及施工设备的运输
土石方机组	负责线路工程和阀室工艺管道的测量放线、扫线、管沟开挖、回填、水保、地貌恢复等
焊接机组	负责线路工程和阀室工艺管道的组对、焊接、返修补口、阴保等工序的施工
防腐机组	负责线路工程和阀室工艺管道的防腐施工
穿越机组	负责库外线路的公路、铁路、水渠、地下障碍物穿越施工
下沟机组	负责线路工程和阀室工艺管道的管线下沟施工
清管、试压机组	负责线路工程和阀室工艺管道的清管、试压施工
土建机组	负责库区内的总图工程、建（构）筑物以及各种配套设备、阀门、工艺管道管墩基础及阀室土建施工
工艺、设备安装机组	负责库区内配套工艺管道、消防给排水管道、采暖通风管道、设备、各种阀门、管件、管段，标定装置设备安装，竖井管线安装施工；管沟开挖、焊接、防腐、回填、清管试压施工
电气安装机组	负责库区电气施工
阴保机组	负责库区阴保施工
外电机组	负责外电施工和临时用电外电施工
仪表安装机组	负责库区仪表安装施工
通信安装机组	负责库区通信专业施工
阀室带压开孔施工机组	负责阀室带压开孔施工
阀室动火连头施工机组	负责阀室的动火连头施工

四、施工设备选型

地下水封洞库施工以高强度开挖、钻孔、喷混凝土、装载及运输、注浆等地下部分作业为主，主要设备的适用性和可靠性对工程顺利推进至关重要。因此，本部分主要介绍地下工程施工环节的相关设备。目前国内外同类工程中应用较成功的主要施工设备如下：

（1）水平钻孔设备。目前应用较广的水平钻孔设备有三台岩凿车，Atlas（阿特拉斯）353E 系列、Sandrik（Tamrock）山特维克 TII 系列。地下作业应优先选择全液压系统，能较好适应潮湿、多尘的作业环境，全液压系统稳定性、可靠性高，易维护，元配件成本相对较低，部分可自加工，对中硬岩（饱和抗压强度为 80～100MPa）的适应性较好。该品牌凿岩台车由电液系统类型，其特点是控制系统为电磁阀先导控制，电路系统较复杂，电子控制模块多，成本高。地下潮湿、多尘环境下电路系统易老化、失效，综合维护成本相对全液压系统较高，维护人员的综合业务素质，特别是电路系统水平要求较高。

（2）竖直钻孔设备。潜孔钻成熟品牌较多，Atlas、日本古河等潜钻孔设备稳定，效率高，综合经济性较好，在地下洞库受限空间高强度作业环境下，应配置自动换钻杆和孔口捕尘系统。

（3）混凝土湿喷机械手。目前应用较成熟、性能稳定的混凝土湿喷机械手有大象（麦斯特 MEYC0Potenza），阿利瓦（SIKA-PM500），CIFA、挪曼尔特（NORMET）等，均适应地下混凝土作业环境。

（4）通风机。优先选择变频通风机，该类型通风机可根据作业面空气质量自行调节风机运行速度，具有既保证作业面空气质量又实时控制功率，节能高效的特点。顶级调速通风机具有调速功能，但最多四级，每级定速运转，节能效果差。

（5）装载机。目前国产成熟品牌有柳工 ZLC 系列、徐工系列和厦工系列，可满足地下洞库装渣作业要求，但长期高强度、特硬岩环境中设备磨损快，铲斗等部件已损坏，三年期设备故障率高、维修作业量大，影响施工效率。

（6）出渣大车。国内成熟品牌较多，应选功率 280kW 以上的双后轿自卸式，有效载重 25t，车厢容积 $12m^3$ 以上的出渣大车。

（7）高空作业平台车。优先选用结构简单、轮式行走、作业升高 10～12m、工作载荷 400kg 以上的平台车。

五、施工进度及计划管理

针对地下水封洞库，项目进度管理主要包括以下主要内容：

（1）协助业主编制项目总体进度计划。

（2）审查、协调、批准 EPC 总承包商的进度计划，并监督其执行。

（3）跟踪检查进度计划的执行情况，收集相关信息，完成各类进度报告，并上报业主审批。

（4）审查 EPC 总承包商的各类进度报告。

（5）做好进度预警。

（6）调整进度计划。

（7）做好各项进度管理的备案工作。

1. 劳动生产率测算

劳动生产率按大型机械化配套施工组织方式进行测算，各项目具体作业环境和工程设计不尽相同，需根据项目自身特点进行调整。开挖作业是施工关键工序，当顶层或梯段主要施工设备凿岩台车按 2 台/队，承担 3 个以上作业面配置 60 人（三班制设备操作和装药爆破）施工任务为测算基础，除正常保养时间外连续作业，单队最高每天可完成钻爆开挖 2000m^3。梯段开挖以潜孔钻为主的组织方式下，单队作业人员可减少至 40 人，最高每天可完成钻爆开挖 5500m^3 以上。

开挖面后方的支护、注浆等工序作业可动态调整，作业随开挖进展变化。

2. 施工计划及主要节点目标

施工计划按合同工期、土建工期、设备安装工期综合考虑，在科学、合理的生产效率基础上编制项目总进度计划，需充分考虑关键线路上受可能对不良地质进行注浆等处理的影响。

地下水封洞库建设期可按关键线路可划分为以下主要管理节点：

正式开工（明槽开工）→施工巷道进洞→水幕巷道进洞→首批水幕钻孔→主洞库分层开挖→地板铺筑→竖井设备安装→堵塞施工→施工巷道清理、设备拆除。

不同项目主要的洞室空间布局不尽相同，管理节点随施工组织和资源安排确定。

3. 施工计划管理、修正

地下水封洞库群施工作业面受限，施工进度受不良地质、超前地质勘察和超前注浆等影响较大，且基本无法通过增加资源等方式进行赶工，故关键线路的施工计划管理对进度尤为重要。需安排专人在总进度计划的基础上分解年度、季度、月度计划指导施工管理及资源调配，统计周、月、季实际进度完成情况，及时分析原因，调整资源和组织形式，提高资源利用效率，保证高产稳产。应按半年周期对关键线路进度计划进行合理修正，为后续相应工序施工安排提供较为准确的进度决策信息。

六、施工人员配置

施工人员配置根据各项目不同实际，应组建相应的装载班负责装渣作业、综合队负责工程用电、用水、部分自加工材料等作业，人数按工程数量测算安排。

1. 施工人员配置原则

根据工程的工程特点、施工进度计划及实际情况，组织有隧道、洞库施工经验的人员进驻现场，科学合理地组织施工人员，各专业、工种之间合理搭配，发挥各自优势，全面完成工期计划。根据实际进度合理、分批补充施工人员。

2. 施工人员安排计划

1）现场施工管理人员安排计划

项目部需要组建一批理论水平高、实践经验丰富、业务素质高、综合能力强，并有良好敬业精神的施工管理和施工技术管理人员共同组成的项目管理层。

2）现场施工人员安排计划

根据施工进度计划安排，计算计划工期内的高峰期人数，作业队专业技术工种人数等。根据施工进度情况及各工序需用工种的人数，合理组织，有计划地调配人员，分批进入本工程施工现场，实行动态管理。

对所需的特殊工种如爆破工、起重工、电工、电焊工、驾驶员等持证上岗，在施工期间严格按 ISO9001 贯标要求，对所有人员进行标识，实行挂牌持证上岗。

3. 施工人员保证措施

在施工过程中进行劳动竞赛，建立多劳多得的奖励机制，职工收入与工作成绩挂钩，激发职工的建设热情。

充分发挥工会职能，关心职工及协作队伍员工的思想动态和生活状况，维护其合法权益，丰富职工的业余生活，为职工提供娱乐和休闲场所。不定期举行文体比赛，丰富职工生活，激发工作热情。

第二节 施工关键技术

一、重点分部工程施工方法

地下水封洞库地下部分的重点分部工程包括：施工巷道、水幕系统、储油洞室、竖井及泵坑、密封塞等。

地上部分重点分部工程包括：泵站、计量标定区、阀组区、竖井操作区、油气回收装置、火炬、通气管、地上油罐区、油品装卸设施等。

1. 施工巷道施工方法

施工巷道进洞洞口采用一定的长管棚进行超前支护，洞身不良地质段采用超前小导管超前支护，钢架锚网喷支护，采用预留核心土台阶法开挖，简易台架，风钻打眼，松动爆破。上台阶采用挖掘机扒渣至下台阶，采用装载机配合自卸汽车运输。

围岩较好地段采用全断面开挖爆破开挖，前期采用人工风钻打眼，后期采用凿岩台车钻眼，锚网喷支护，装载机配合自卸汽车进行石碴装运。

1）钢架、锚杆、钢筋网支护

钢架统一在加工场使用冷弯机进行加工，并对加工单元进行标记，使用装载机转运到施工现场进行安装。锚杆施工采用锚杆机进行成孔，其施工工艺流程为：钻孔→清孔→装药卷→插入杆体。

钢筋网片以及锚杆在加工场集中加工，采用施工平台车进行挂网施工。

2）喷射混凝土支护

喷射混凝土采用湿喷工艺，台阶法施工一般采用湿喷机进行喷射混凝土施工，全断面施工段一般采用喷射机械手进行混凝土喷射作业，喷浆料拌和站集中拌和，混凝土运输罐车运输到喷射工作面。

喷射混凝土时按照施工工艺段、分片，由下而上依次进行。一次喷射混凝土的最大厚度，拱部不得超过10cm，边墙不得超过15cm。分层喷射混凝土时，后一层喷射应在前一层混凝土终凝后进行。

喷射混凝土养护需注意：喷射混凝土终凝2h后，应喷水养护；一般工程的养护时间不得少于7d，重要工程不得少于14d；气温低于5℃时，不得喷水养护。

3）衬砌混凝土施工

衬砌施工采用工字钢加工简易台架，外加固组合钢模板组合简易模板台车，混凝土集中拌和，混凝土罐车运输，采用输送泵泵送入模，人工振捣。

4）铺底

为降低行车难度和安全风险，交通巷道底板采用混凝土进行铺底。开挖一段后，将交通巷道分成左右两个半幅，先浇筑半幅的铺底混凝土，另半幅留作开挖面交通。待浇筑的半幅混凝土养护以后，将开挖面交通道改为混凝土面上，再浇筑先前留的半幅的混凝土。如此交替浇筑混凝土，做到既不影响前方开挖面施工，也能持续进行混凝土铺底。

2. 水幕系统施工方法

1）水幕巷道开挖

因水幕巷道断面较小、交叉较多，三臂凿岩台车等大型设备无法进入施工，故水幕巷道采用人工借助多功能作业台架风钻钻孔，全断面爆破开挖，周边光面爆破，装载机装渣，自卸大车运渣。

2）水幕巷道支护

（1）锚杆以及钢筋网施工。

锚杆以及钢筋网采用简易多功能台阶施工，锚杆采用风钻成孔，其他施工工艺和方法同施工巷道锚杆以及钢筋网施工。

（2）喷射混凝土施工。

喷射混凝土采用湿喷机进行喷射混凝土作业，施工工艺以及施工方法同施工巷道台阶法施工。

（3）水幕孔施工。

垂直水幕孔采用地质钻机进行钻孔，水平水幕孔采用全液压坑道钻机进行钻孔。

① 开孔及钻进。

开孔及钻进一般采用较设计孔径大一级的钻具开孔，以便在安装防灭尘装置和钻孔导向装置（即孔口管），冲击钻具能从装置中顺利出入。钻进工程中一般每 10m 观测出水情况，出水量较大及时采用栓塞封孔，防止地下水大量排出影响水位。

② 冲击钻进操作要点。

在钻进过程中，始终要保持孔内无渣状态。应根据进尺速度和进尺量间

断性的将冲击器提离孔底一定距离，使全部空气通过中心孔排出，进行清孔强吹。

提高冲击钻头的使用寿命和保持高效率地钻进，取决于轴压和转速的适当配合。施加于冲击器的轴压，最低是以冲击器工作时不产生反跳为宜。转速可根据单位时间进尺量的大小进行调整。冲击器和钻杆严禁在钻孔中反方向转动，以防造成脱扣落孔事故。

在一个回次进尺完后，应将冲击器提离孔底排渣，然后加钻杆继续钻进。当终孔时，不能立即停止回转和向冲击器供气，应将冲击器提离孔底强吹，待孔中不再有岩渣及岩粉排出时再停气，然后再停止回转。

3）水幕系统建立以及运营

（1）水试验。

每个钻孔完成后，应将孔冲洗干净，安装孔口装置，进行定时流量、压力测试。初始测量时，每5min测试一次，共测9次，再每分钟测试一次，直至流量值、压力值稳定；试压测试时间不小于1h，流量值、压力值波动范围在设计规定值5%内为合格。

地下水位不影响水幕系统施工时，应尽可能减少水幕巷道开挖施工期间的注浆工作。当水幕孔的水注入后水位仍继续下降到设计标准以下时，应该对水幕孔进行注浆处理。

（2）水幕效率试验。

一个区域的钻孔完成并进行水试验后，将供水管道与水幕孔相连，进行水幕效率试验。

效率试验分三步：第一步是先关闭所有阀门，记录每孔的压力；第二步是打开偶数水幕孔阀门，奇数孔关闭，记录偶数孔的压力和流量；第三步与第二步相反，关闭偶数孔，打开奇数孔，记录压力和流量。试验完成后提交试验记录。如有必要，可再根据有效试验情况确定是否增加水幕孔。

（3）水幕系统注水。

施工期间的水幕系统注水为独立的注水管道系统，其直径和注水压力应满足设计文件的要求。制定详尽的水幕系统注水方案和突发情况的应急措施，确保水幕系统在整个储油洞室开挖期间连续不间断的供水；并对供水水质进行定期监测，确保水质各项指标满足要求。

3. 储油洞室施工方法

1）储油洞室开挖

为减小爆破振动以及主洞库自身的结构安全，主洞库分顶层、1层台阶、

2 层台阶共分三部施工，各台阶开挖高度分别为 8m、8m、8m。采用大型机械化配套施工，液压凿岩台车进行钻孔，平台作业车辅助人工进行装药，采用非电毫秒雷管光面爆破。普通水泥砂浆锚杆采用液压凿岩台车钻孔，平台作业车辅助人工进行注浆与安装。喷混凝土机械手湿喷混凝土。装渣由侧卸式装载机装渣，自卸汽车运渣。渗水较大部位采用凿岩台车钻孔，双液注浆机进行注浆。洞库底板采用混凝土铺底。

2）储油洞室支护

在局部地质不良段，在喷射混凝土前先铺挂金属网。金属网分为两种，一种为普通钢筋网，另一种为用钢丝制作的钢丝网。因钢丝网强度大、重量轻、操作方便等原因，在洞库工程中运用较多。

在设计铺挂的部位，先施作锚杆，将金属网固定与外露的锚杆头上。锚杆密度较小时，需要用小型冲击钻（孔径为 6~8mm）在岩面上钻孔，安装加固钢筋桩，将网片固定在钢筋桩上，固定点不少于 3 个/m^2。网片应随岩面起伏铺设，搭接长度、保护层满足规范要求。

储油洞室内其他支护施工方法以及施工工艺同施工巷道。

3）储油洞室衬砌

储油洞室内围岩 Q 小于 0.1 时，而围岩又不过于破碎可以成洞地段设计采用 100cm 厚钢筋混凝土衬砌进行加强支护。钢筋绑扎按浇筑混凝土部位进行施工，预留钢筋接头，采用 6m 模板台车，混凝土集中拌合，混凝土输送泵运输泵送入模，每组浇筑长度按 6m 进行施工。

4. 竖井施工方法

竖井是主洞库运营期间出入原材料的唯一通道，是主洞库密封最薄弱的地方。竖井采用传统矿山法施工，井口布置 1 个井架、提升机组成提升系统。竖井在施工前，先要做中心地质钻孔，根据钻孔情况进行注浆等加固措施。竖井靠近井口段需要做钢筋混凝土锁口，在保证施工安全的同时为后续的管道安装提供支撑。

1）中心地质钻孔

在竖井开挖前，必须先在中心钻一地质钻孔，用于验证竖井的设计位置的合理性。中心地质钻孔要超过主洞库底板下的泵坑深度。通过地质钻孔，也可以提前确定超前注浆、加固等措施。地质钻孔采用地质钻机钻孔，需要全孔取心进行地质编录，并分段进行压水试验。

2）注浆加固

根据中心地质钻孔的情况，在开挖前尽量从井口进行注浆。

3）竖井开挖

竖井采用自上向下进行开挖，人工风钻钻孔，全断面光面爆破开挖，周边采用光面爆破。全风化段采用人工风镐开挖。施工顺序如下：

测量放线→钻孔→装药→爆破→通风→排险→出渣→支护→下个循环。

4）支护

根据围岩地质情况依设计进行锚喷支护。锚杆采用人工风钻钻孔并安装，喷射混凝土采用潮喷工艺。混凝土、钢筋、金属网等材料通过提升吊桶送入井下；施工人员通过提升吊桶送入。井下需用的动力风、施工用水、电等均从井壁安装至作业面。

5）竖井设备

竖井采用提升系统辅助施工，施工工序为单工序作业。例如 ϕ3m 的竖井，提升系统主要由 1 台 ϕ1.2m 直径的绞车、2 台 5t 稳车，1 个煤矿标准井架、1 个直径 ϕ1.2m 的绞车天轮、2 个直径 ϕ0.6m 的稳车天轮组，1 个 1.0m^3 侧翻式吊桶、1 个吊桶侧卸滑架、1 个 1.5m^3 侧翻式箕斗矿车、封口盘和吊盘等组成。ϕ1.2m 直径的绞车为主提升设备，提升吊桶来运送洞渣、材料以及施工人员。5t 稳车为吊桶提升提供稳绳，同时起到提升吊盘的作用。在标准井架上，安装绞车和稳车的天轮，钢丝绳通过天轮导入竖井内。吊桶用于出渣提升，矿车用于从吊桶到临时弃渣场转渣。另设有安全梯 1 个，22kW 轴流风机，通风机配置直径 ϕ500mm 的软风管通风。

竖井设备必须为具有相应资质的厂家按照《煤矿安全规程》的要求生产，设备现场安装也要由有经验的工程师进行专项设计，并负责指导实施，确保各项参数均能满足安全要求。

5. 密封塞施工方法

在交通巷道、竖井与主洞库相连接处附近，采用钢筋混凝土将洞库与其隔离，从而使洞库成为密闭的容器。由于竖井内安装了各种套管，套管均需从封塞中通过。封塞的施工应在交通巷道、竖井开挖超过设计位置后，再根据现场围岩情况进行确定。在设计封塞附近，要提前采用注浆措施加固围岩。

1）施工工序

交通洞封和竖井封塞由于所处的部位不同，其施工工艺也有所不同。

2）施工方法

（1）封塞座开挖。

选择布孔时，要考虑岩体特性和节理走向，采用光面爆破，避免超、欠挖以及对围岩体的损害，形成光滑的拱部和边墙面。

（2）安设锚杆。

根据图纸所示详图安设锚杆。根据节理走向可以在一定范围内调整锚杆钻孔方向；钻孔前正确标出每个钻孔点，使锚杆安放位置精确。

（3）围岩加固注浆。

注浆孔的数量、方向、长度和角度满足设计图纸要求。

（4）钢筋的制作及安装。

按照设计图纸，钢筋先在加工场内加工成形。加工好的钢筋运至作业面安装。在超挖部位安设钢筋的形状调整到实际开挖的形状相近。钢筋采用焊接固定。

（5）预埋件安装。

按照设计图纸，将回填注浆管、接触注浆管、温度测定探头、循环水管等进行安装。

（6）模板。

模板采用12mm以上的防水胶合板，用方木、锚杆、型钢等支撑牢固。模板与岩体接触的模板面应与岩面形状相似，以便岩面与模板面之间没有空隙。竖井只需做底模板。交通巷道要做两面模板，两面模板要用拉杆对拉牢固。

（7）浇筑混凝土。

浇筑混凝土前，将开挖好岩面清洗干净。竖井封塞采用分层浇筑，每层浇筑高度低于1m，层间结合面应凿毛或冲毛处理。交通巷道封塞要一次浇筑到顶，避免因分次浇筑产生不利的施工缝。竖井混凝土采用吊桶从井口送入井下作业面浇筑。

交通巷道采用混凝土输送泵泵送入仓。为了使混凝土密实，使用振捣器振捣，使混凝土达到密实效果。

封塞混凝土要按照水化热控制要求进行配合比试验，配合比试验满足要求的混凝土方可用于浇筑。为使浇筑过程及浇筑后水化热始终不超过60℃，交通巷道要采用预埋的循环水管来进行冷却，冷却时间要持续到浇筑完成后48h。竖井封塞由于采用了分层浇筑，采用洒水养护冷却即可。

（8）回填注浆。

交通巷道封塞顶部由于高于模板，无法将混凝土浇筑饱满，需要在混凝土浇筑后对该部位进行回填注浆。注浆前，可用喷射混凝土在封塞与巷道拱顶之间部位喷射一层，使连接部位密封较好，以便在回填注浆时出现大量水泥浆漏出而失败。

用水灰比 0.5∶1 的“水泥+膨润土”浆液。注浆顺序从低孔到高孔，当从低孔注浆后高孔漏浆时，可关闭底处孔的阀门，换到高处孔注浆，直到所有孔均完成注浆。终孔注浆压力以 0.5MPa 控制即可。

（9）接触注浆。

钻孔：通过封塞中预埋的注浆导管，在岩石中钻不小于 1.0m 长的孔，然后洗孔直到清水流出，孔位按照设计布置。

注浆：用浆液水灰比为 1∶1 的“水泥+膨润土”浆液，为使注浆效果较好，最好采用超细水泥。注浆终孔压力为 2.0MPa。

3）人孔的安装及封闭

交通巷道封塞中设计有用于人员进出的人孔。人孔要在加工厂制作并经过防腐处理，人工运至作业面后，采用手动葫芦吊装就位。在封塞混凝土浇筑完成，主洞库验收完成后，对人孔进行混凝土封闭。人工回填混凝土时，要在顶部设放空管。所有外露的管头均要采取防腐措施。

6. 库区外管道施工

库区外线路工程的施工内容包括：线路交桩放线、施工便道、堆管场地、作业带清理、防腐管运输、布管、管沟开挖、组装焊接、补口补伤、细土拉运、稳管、下沟回填、三桩埋设、地貌恢复、水工保护、弃渣处理以及标段内清管测径、分段试压、联合试运；阀室工艺管网安装等。

1）布管

布管流程为：

准备工作→布管作业→布管顺序检验→填写布管记录→下道工序。

重点控制内容包括：

（1）布管时防腐管的吊装必须采用专用的尾钩或管子专用吊带、吊篮，尾钩与管子接触面的曲率应与管子相同，宽度不小于 60mm。

（2）布管时，短距离运输的工具与管子接触处要有橡胶制品垫层。

（3）布管时必须采用吊具吊装，严禁摔、撬等野蛮施工行为发生。

（4）每根防腐管两端底部必须垫有软垫层，软垫层下设置垫堆。

2）管口组对

组对流程为：

准备工作→清管、找圆、修口→管口组对及检查→填写施工记录→下道工序。

重点控制内容包括：

(1) 管口组对时控制错边量及对口间隙，管口组对严禁使用锤击。

(2) 两管口螺旋焊缝或直缝错开间距大于或等于 100mm 弧长。

(3) 任何两条相邻环向焊缝间的距离大于 1 倍的钢管直径。

(4) 不同壁厚管子连接，只能相邻两级管子连接，否则必须加中间壁厚的过渡管。

(5) 采用内对口器对口，根焊道必须全焊完之后才能撤离内对口器，采用外对口器对口，根焊必须完成 50% 方可以拆卸，完成的根焊要分为多段且均匀分布，吊装设备必须根焊全部完成后撤离。

(6) 组对完成，管工严格按照规范要求进行质量自检，与焊工进行互检，并办理交接手续，填写相关记录，监理复查合格后方可进行焊接。

3) 焊接与检验

焊接与检验流程为：

准备工作→焊接→焊缝清理→外观检查→填写施工记录→下道工序。

重点控制内容包括：

(1) 根焊开始后，对错口不得进行任何形式的矫正。

(2) 施焊时不能在坡口以外的关管壁上引弧。

(3) 焊接前在防腐层两端缠绕一周宽度 800mm 的保护层，防止焊接飞溅灼伤。

(4) 参加焊接的所有焊工必须取得焊接合格证书及本工程的上岗证书。

(5) 管道焊接时，必须严格按焊接工艺评定指导书的要求进行，各层焊接作业焊工应随时掌握本层的焊接参数。

(6) 当天施工结束时，当日不能完成的焊口必须完成 50% 以上并不少于三层。未焊接完的接头应用干燥、防水、隔热的材料覆盖好，次日焊接时预热到工艺要求的温度。

(7) 对已焊完的管段，每天收工前用临时管帽封堵。

4) 管线下沟

管线下沟流程为：

准备工作→管沟清理→成沟检查→管段下沟→下沟后检查→填写施工记录→下道工序。

重点控制内容包括：

（1）管沟内的杂物必须清除干净，石方段沟底细土垫层平整、密实。

（2）管沟复测结果要符合设计要求。

（3）下沟前对准备下沟的管道进行100%电火花检漏。

（4）管道下沟起吊用具采用尼龙吊带，避免管道碰撞沟壁，防止损坏防腐层。

（5）管道轴线与管沟中心线偏离必须符合规范规定要求。

（6）管道在沟内不得存在悬空现象。

二、重点施工工序控制要点

1. 爆破施工

根据工程地质情况和采用的掘进方式，硬岩及中硬岩采用光面爆破的方法进行，爆破施工时要本着适当减少残眼率、提高单位用药量、周边采用光面爆破、中空斜眼掏槽、辅助眼提高炸药单耗的原则进行预设计，在具体施工实施中再行调整，根据实际情况随时调整爆破参数。

爆破施工控制要点如下：

（1）钻爆作业按照钻爆设计进行钻眼、装药、接线和引爆。各断面爆破除周边眼采用空气柱间隔装药外，其余各炮眼均采用孔底大药卷连续装药，并将雷管置于孔底倒数第二节药卷上，进行反向起爆。

（2）主洞库采用分部开挖，以创造多临空面条件，每部分又分多段位起爆，控制爆破规模和循环进尺，以达到控制质点振动速度的目的。

（3）炮眼按浅密原则布置，控制单眼装药量，使有限的装药量均匀地分布在被爆破体中，采用非电毫秒不对称起爆网路降低洞室爆破的地震动强度。

（4）减震降噪爆破参数的确定采用理论计算方法、工程类比法与现场试爆相结合，在保证爆破振动速度符合安全规定的前提下，提高洞室开挖成型质量和施工进度。

（5）爆破设计的炮眼深度主要受爆破地震动强度控制，设计炮眼深度根据爆破部位不同和控制标准经计算后确定。

2. 超前支护

超前支护控制要点如下：

（1）施工中的钢管在安装前必须逐孔、逐根进行编号，按编号顺序接管推进，不得混接。

（2）管棚的有孔钢花管眼必须用电钻打眼，严禁用电焊烧孔。

（3）钢管按头必须采用螺纹连接，螺纹长15cm，严禁用电焊焊接。

（4）管棚应按设计位置施工，应先打编号为奇数的有孔眼钢花管，注浆后再打编号为偶数的无孔钢管，以便检查管检查注浆质量。

（5）注浆前应先进行注浆现场试验，以确定符合现场实际情况的注浆参数，按规范和施工技术措施进行注浆施工，现场注浆人员必须为经过培训合格后的持证上岗人员。

（6）注浆采用分段注浆，浆液扩散半径不小于0.5m，务求达到加固围岩的效果。

（7）注浆结束后及时清除管内浆液，并用30号水泥砂浆紧密充填，增强管棚的刚度和强度，注浆后对注浆效果进行检查，确认注浆质量。

（8）超前小导管每隔3榀钢架设置一环，每根小导管间距按照0.4m布置，两环小导管之间的注浆搭接长度不小于1m。

（9）每一道工序施工完毕必须经自检合格后，再报监理工程师检验，该道工序合格后，方可进行下道工序的施工。

3. 注浆施工

钻孔注浆工程主要分布主洞库中，在各交通巷道、各水幕巷道中一般用于较大涌水的封堵。注浆的种类有渗漏水控制注浆、固结注浆、回填注浆及接触注浆等。

1）注浆施工控制要点

（1）注浆前，应检查设备运行状况。

（2）注浆前，首先应对注浆孔进行压水清孔，清洗过水通道中的泥渣，以减少浆液扩散时的阻力。

（3）为了穿过含水节理，在确定了钻孔位置和方向后，钻孔前应正确画出注浆孔位置。

（4）注浆设备应根据规范要求安装连接使用，在充分准备好栓塞时，应考虑到注浆量，测量每个钻孔的渗漏量，应做好记录。

（5）注浆期间，须仔细观察并记录渗漏量的变化和渗漏点的转移，记录好注浆压力、流量、水灰比等数据。

（6）为了不发生漏浆，注浆用的管子和栓塞应结合紧密，在注浆前用最大压力来确认。为了防止水泥浆液过量溢流于岩面上，应准备水玻璃以配置双液注浆。

（7）注浆时间、注浆压力、浆液配合比应根据实际情况的变化进行适时调整。

（8）量测注浆量，以便调整注浆压力，在注浆钻孔前或注浆期间应通过掌握附近岩石质量，仔细观察由钻孔和注浆压力产生的裂隙或落石的可能性，以免伤人。注浆期间，应根据现场条件的变化正确控制配合比、注浆压力和注浆时间。

（9）注浆后，应量测渗漏量，并与注浆前比较，清理注浆设备和周围环境，做好文明施工。

（10）注浆完毕时，注浆设备必须进行清洗，以防余浆凝固使管道堵塞。

2）注浆工艺

渗漏水控制注浆是为了控制洞内地下水渗漏，良好的注浆效果可以减少开挖期间的渗漏水，控制洞室壁面的渗水量，保持洞室必要的水位以封闭裂隙，是注浆施工的重点。

固结注浆是为了在封塞、竖井口及洞库内局部地质破碎带加强围岩的整体性；回填注浆主要是在交通巷道封塞混凝土施作后的顶部空隙和大的节理空隙；接触注浆是为了使混凝土封堵和岩石之间紧密接触，确保混凝土封堵和围岩之间接触良好。

渗漏控制注浆分预注浆和后注浆两种操作类型：预注浆分探孔注浆和扇形注浆；后注浆是对工作面以后部分残余渗透或为进一步减小渗透对水文地质流态模式的影响而进行的附加注浆。

注浆所用浆液，根据具体需要分为单液浆和双液浆，单液浆又有纯水泥浆和膨润土—水泥浆。现场注浆以膨润土—水泥浆为主，纯水泥浆为辅，双液浆在特殊情况下使用。单液浆所用的浆材一般为普通水泥，即纯水泥浆；在需要性能稳定的水泥浆时，可以添加一定量的膨润土与水泥混合配制成稳定的浆液，即膨润土—水泥浆；双液浆是将纯水泥浆和水玻璃按一定的比例混合而配制的浆液，在跑浆严重的围岩浅层封闭注浆等特殊情况下使用。

3）注浆作业

（1）渗漏控制注浆。

如果探孔出水量 Q 小于 2L/min，则无须注浆。可在开挖之后，根据实际情况决定是否进行后注浆；如果探孔出水量 Q 大于 2L/min 而小于 20L/min，则需要立即停止开挖与钻孔，安装栓塞，进行探孔注浆；如果探孔出水量 Q 大于 20L/min，一旦发现此种类型，应立即对探孔用水泥进行封闭，并保证密封不排水。根据现场情况和地质情况，进行扇形注浆（超前周边注浆、超前局部注浆或全断面超前预注浆）。

（2）探孔注浆。

在一次新的钻爆施工之前，必须交替布置探水孔。探孔直径一般为ϕ40mm～ϕ70mm，不必取心，在钻孔过程中对孔内出水流量及冲洗出来的岩粉、钻杆旋进速度等参数进行记录。

探孔注浆时，必须根据规定的工艺流程注浆，注浆完成后，在探孔附近根据围岩情况增加效果检查孔，其深度与探孔的深度一样，测算其涌水量。如果出水量 Q 仍大于 2L/min，则仍进行注浆，直至孔内的涌水量 Q 小于 2L/min，才能结束注浆。否则，应继续进行注浆。注浆孔应尽量布置在较好的岩石上，并穿过尽量多的含水节理。注浆材料以水泥单液浆为主，辅以其他浆液。

（3）扇形注浆。

当探孔出现较大涌水，较大水压时进行扇形注浆。如果渗水量 Q 小于 2L/min，方可结束本循环的注浆。否则，应继续进行注浆，直至 Q 小于 2L/min。

扇形注浆孔的孔位布置及其外插角都是较为重要的因素。一般来说，浆液在围岩中的扩散半径以 1.5m 为宜，孔与孔之间的间隔不能超出此值，即使得浆液存在一个交叠互渗区域带。孔的定位尽量靠拢开挖截面的轮廓线，与洞室的中心线有个必要的 15°～20°的正向夹角（即外插角），使扇形注浆结石体成型为扇形般的形态。典型的扇形注浆有三种，即超前周边注浆、超前局部注浆、全断面超前预注浆。注浆材料以水泥单液浆为主，辅以其他浆液。

（4）后注浆。

开挖后的洞室如果仍有明显的渗水，需要进行后注浆，即残余注浆。由于水泥注浆材料颗粒较大、可灌性差、易析水分层、浆液扩散不远或出现常见的“跑浆、漏浆”，或浆液从这里注进去，水从其他地方出来，浆液从哪里注进去，水从这里出来等现象。所以，注浆时多采用水泥—水玻璃双浆液为主，辅以其他浆液。

（5）注浆及探测孔。

探测孔主要目的有两个：一是调查掌握了面附近的地下水情况，为注浆提供依据；二是检查注浆效果。探测孔直径 ϕ40mm～70mm，不需要取心，可采用液压凿岩台车、地质钻机、风钻等钻进。施作探测孔时，应记录并做探孔报告。探孔报告主要包括探测孔的水流量、水压力、特殊事件、水分析报告。

探测孔数量和长度按照设计施作，一般情况下：主洞库顶层开挖时要求2孔，孔深20m；主洞库顶层、梯段分层开挖时要求2孔，孔深20m；交通巷道和水幕巷道要求2孔，孔深20m。

（6）回填注浆。

在开挖探明围岩中存在较大的裂隙或空洞时，可以根据情况采用孔隙充填注浆，注浆材料以纯水泥浓浆为主，也可以根据情况采用水泥砂浆等材料。如孔内有地下水流出，注浆的极限压力一般为（1.0MPa+水力静压头），注浆压力达极限压力时，可停止注浆。如果孔内无水流出，就要根据现场情况判断孔隙是否已充满，一般的注浆压力达到1~2MPa时，即可结束注浆。

（7）接触注浆。

交通巷道封塞混凝土浇筑后立即开始洒水养护，2天后开始拆模。2周后且混凝土内部温度与环境温度相差小于5℃时，开始回填注浆。回填注浆完成21天后，用快凝砂浆等封闭封塞与岩壁间的缝隙，开始接触注浆。接触注浆分两次进行，第一次注浆12h后，从上部放空管进行第二次注浆。竖井封塞混凝土分2次浇筑，第一次浇筑高度为1.2m。封塞接触注浆施工方法与交通巷道相同。

接触注浆需要穿过嵌入混凝土的导管钻接触注浆孔，注浆时要使浆液最大限度地扩散到所有孔隙，浆液配合比应根据试验来确定。接触注浆分二序施工，通过预埋的注浆导管，在钻孔的长度伸入围岩不小于1.0m，孔底间距一般不超过3m。注浆压力控制在0.5~1.0MPa。

（8）固结注浆。

固结注浆是对特殊段围岩进行加固注浆，通过注浆达到固结岩体的作用，使注浆段的围岩情况达到理想状态。在封塞开挖前按照设计对围岩先进行固结注浆。在洞室开挖至封塞前3m左右时，停止向前开挖，进行超前注浆。在注浆完成后，方可进行封塞部位的开挖。钻孔孔位按照设计进行，注浆压力控制在1.0~1.5MPa，注浆材料主要为单液浆。

4. 库区土建施工

1）模板支护

（1）模板及支撑系统必须具有足够的强度、刚度和稳定性。

（2）模板的接缝不大于2.5mm。

（3）模板的实测允许有偏差，其合格率应控制在90%以上。

（4）模板的下部留有清理孔，便于清理垃圾。

（5）模板工程轴线应符合图纸要求。

（6）模板必须支撑牢固，防止变形，侧模板斜撑的底部和立柱底部加设垫土。

2）混凝土浇筑

（1）混凝土浇筑前，要对模板、支架、钢筋、穿线管、接线盒、套管、预留孔、预埋件等会同各专业进行细致检查，并做自检和工序交接记录及各专业会签。大型设备基础浇筑前，还要会同工艺安装专业进行综合检查。钢筋上的泥土、油污、模板内的垃圾杂务清理干净，木模板部分要洒水润湿，涂刷脱模剂，模板间的缝隙堵严。

（2）混凝土浇筑自落高度超过3m时，要增设串筒以防止粗骨料浇筑集中或分层离析现象，并在浇筑前用与混凝土配比相同的水泥砂浆润滑输送泵管道和串筒，水泥砂浆在模板内均匀敷设，禁止集中堆放。

（3）混凝土浇筑要分段、分层进行，每层厚度不宜超过300mm；混凝土浇筑要连续进行，如浇筑期间需要间歇，则间歇时间不得超过150min。

（4）多层框架混凝土浇筑要按结构层次和结构平面分层、分段流水作业，水平方向以伸缩缝、结构不受力或受力小的部位分段，垂直方向以楼层分段，每层先浇柱子，后浇梁、板。

（5）框架柱浇筑时沿高度方向一次浇筑完成，柱高超过3.5m要采用串筒下料或在柱的侧面开窗口做浇筑口，分段浇筑每段高度不超过2m；浇筑一排柱子要从两端向中间推进，以免其上部安装的模板或操作跳板吸水膨胀产生水平推力造成柱子弯曲变形。

（6）梁、板要同时浇筑混凝土，先将梁的混凝土浇筑成阶梯形向前推进，当达到板底标高时，再与板的混凝土一起浇筑、振捣。

（7）浇筑柱、梁及主、次梁交接处时，由于钢筋密集，要加强振捣，以保证密实，必要时此部分混凝土可采用同强度等级细石混凝土浇筑，采用片式振捣棒或小直径振捣棒并辅以人工加强振捣、保证密实。

5. 工艺设备及管线安装

地下水封洞库工艺管网基本采用低墩敷设，并采用自然补偿和π型补偿方式，消除管线热变形。输油泵房、计量标定间外工艺管网考虑工艺安装需要局部采用埋地（或管沟）敷设。

1）管道焊接

（1）定位焊应采用和根部焊道等同的焊接材料和焊接工艺，并由合格焊工施焊，定位焊缝长度为10～15mm，且厚度不超过壁厚的2/3，定位焊缝基本均匀分布，保证在正式焊接过程中接头不致开裂。正式焊接前，焊工应对定位焊缝进行检查，发现缺陷时应及时处理，合格后方可焊接。

（2）正式焊接时，起焊点应在两定位焊缝之间，注意保证焊缝起弧和收弧处的质量。例如可以采用划圈收弧和回焊收弧法将弧坑填满，以减少弧坑裂纹的发生。

（3）多层焊接时，层间接头应相互错开，每焊完一层必须彻底清除熔渣，并对焊缝进行目视检查，确认无缺陷时，再进行焊接。对于不锈钢而言，要待焊缝冷却后，再焊接下一层焊道。

（4）严禁在坡口以外的部位引弧，接地线应与焊件紧密连接，防止母材被电弧擦伤。

（5）除工艺或检验要求需分次焊接以外，每条焊缝宜一次连续焊完，当因故中断焊接时，应根据规范要求采取消氢或后热等措施，防止裂纹产生。再次焊接前应检查焊层表面，确认无裂纹后，方可按工艺要求继续施焊。

2）管道安装

管道安装应符合以下规定：

（1）与管道有关的土建工程（管架基础、管廊）已检验合格，满足安装条件，并已办交接手续。

（2）与管道连接的动静设备已找正合格，固定完毕，已办交接手续。

（3）管道组成件及管道支承件等已检验合格。

（4）管道预制段已按要求检验完毕，安装件内部已清理干净，无杂物。在管道安装前必须完成的脱脂、内部防腐及衬里等有关工序已进行完毕。

（5）管道穿越道路、墙体或构筑物时，应加套管或其他有效保护措施。

（6）埋地管道试压防腐后办理隐蔽工程验收，应及时回填土，分层夯实，做好隐蔽工程（封闭）记录。

3）阀门安装

（1）阀门规格型号、把手方向必须和图纸一致。

(2) 法兰连接阀门安装过程中注意阀门封堵保护，保护阀门内部清洁，法兰面采用黄油保护。注意不得损伤法兰密封面。

(3) 大型阀门安装前，预先安装好阀门支架，防止将阀门重量附加在设备或管道上。

三、施工阶段管理对策

1. 地下工程勘察设计和施工的结合

地下工程有很多不确定因素，如地质条件的不确定性，地下部分勘察设计和施工的有效衔接和融合是关键，采取措施如下：

(1) 动态设计、动态施工。地下水封洞库工程是多学科、多专业的综合性工程，施工期间施工巷道、水幕巷道、主洞库等支护形式随出露围岩状况需作适当调整，洞室结构可能随水位变化等作局部修改，施工方案可依现场实际情况进行调整。

(2) 结合设计，优化施工方案。现场根据超前地质预报、开挖后揭示的围岩性状，及时组织业主、设计、监理、施工单位进行四方会勘，调整支护和注浆的设计方案，并通过对超前地质预报和监控量测跟踪分析以及必要的数值反演计算，提供项目优化调整方案。

2. 掘进开挖和系统支护的衔接

做好爆破掘进和系统支护的衔接，是保证洞室开挖、支护质量和安全的关键。采取措施如下：

(1) 加强超前地质预报，采用各种地质预报手段探明掌子面前方地质和地下水情况。

(2) 根据探明的地质和地下水情况制定相应的方案和技术措施。

(3) 加强初期支护。主要方法有增加喷射混凝土的厚度、加密加长锚杆、增设钢筋网或使用喷射钢纤维混凝土，在储油洞室侧壁增加锚索等。

(4) 洞室开挖采用“短进尺、弱爆破、强支护、勤量测”的施工原则，爆破后及时喷混凝土封闭岩面。

(5) 加强围岩量测。发现围岩变形或异常情况，及时采取紧急措施处理。

(6) 设置完善的排水系统，配备足够的抽水设备，一旦出现涌水能够及时将涌水排出洞外。

3. 注浆施工质量和控制

注浆是控制洞库渗漏水的关键工序，良好的注浆效果可以减少开挖期间的渗漏水、控制洞室壁面的渗水量，有利于保持必要的水位线，有利于封闭裂隙。在洞室开挖过程中遇到突然涌水时，也需采用注浆技术进行堵水。由于洞库部位地下水压力大，需根据不同地质、水文情况及施工阶段和部位确定注浆类型。因此，注浆止水和项目成败直接相关，也直接影响进度和费用。采取措施如下：

（1）除在设计阶段要细化对注浆技术要求，在施工阶段要根据不同的注浆作用和注浆部位，划分不同的注浆类型，主要有渗漏控制注浆、固结注浆、接触注浆等，其中渗漏控制注浆是注浆中的“重中之重”。

（2）根据探孔孔深和渗水量的大小，选择顶水注浆、周边预注浆和全断面预注浆等超前注浆方式。

（3）选择合理的注浆参数。为有效穿过含水节理带，钻孔布置，孔向、孔深、注浆塞设置，注浆压力、浆液配比等要结合节理的形状现场决定。

4. 通风的管理和控制

通风方案设计和通风管理是关键，洞库位于地表以下近百米，各洞室大小、长度不一，多条巷道相互连通条件下空气流向不易控制，施工期间爆破、机械作业等活动产生大量有害气体不易排出，易在局部产生回流风。采取措施如下：

（1）请相关专家做好通风设计，在竖井未完成之前，可采用独头压入式通风方式；竖井完成后，采用竖井进风，射流风机送风的巷道式通风方式。

（2）通风管理要到位，设备配置要到位，要求施工中建立专业的通风班组，负责通风机操作及维护。

（3）施工工序管理至关重要，多作业面开挖后，需要加强施工管理和调度，避免多个工作面同时爆破，并根据施工顺序调整风机布设位置，控制洞库内气流方向。

（4）合理选择施工方法及施工顺序，利用竖井尽快形成巷道式通风，提高通风效果。

（5）加强对洞内有害气体监测，对施工进度、施工安全、通风强度有决定作用。

（6）爆破开挖工艺的合理选择，是通风方案确定不容忽视的因素。

5. 水幕系统施工质量控制

水幕系统是确保水封洞库成败的关键环节，水幕系统施工期运行及监测对水幕孔的优化设置、水幕系统的有效性起到关键作用。

地面水位观测及检查井的保护，是水幕系统正常运行不容忽视的工作，应在施工过程中予以高度重视。采取措施如下：

（1）地面监测井，应设立明显的保护标志。

（2）加强监控数据采集管理，确定采集数据及时准确。水幕系统在施工期内监测数据采集工作量较大，为减少数据采集误差和错误，建议采取自动记录装置。

6. 密封塞施工质量控制

密封塞是本工程工序最后也是最重要的关键结构物，封塞的施工质量对洞库运营期间的密闭性有重要影响，事关整个工程成败。封塞施工时需一次性连续浇筑完成，属大体积混凝土，混凝土浇筑后产生大量水化热，使混凝土内部温度升高，可能导致混凝土表面产生温度裂缝，影响封塞的封闭效果，采取措施如下：

（1）封塞座开挖采用减震控制爆破技术，减小爆破震动对基座围岩的损害。

（2）严格按设计对封塞座部位围岩进行预注浆加固。

（3）密封塞混凝土选用合适的水泥材料、添加剂。混凝土配合比的确定是否合理，对降低密封塞施工风险具有关键作用。

（4）在封塞内设置循环冷却水管、混凝土养护过程中温度监测、循环水控制等是有效降低混凝土温度必要措施。

（5）要有性能良好的设备，并有备用的机械设备。竖井封塞混凝土分两层浇筑，以减低混凝土的水化热。

（6）混凝土浇筑后，要根据混凝土的温度来科学选择回填注浆、接触注浆、人孔注浆等。

7. 竖井施工管理和控制

（1）研究和制定合理的竖井施工工艺，制定合理安全的竖井提升方案、安全防护措施。

（2）竖井安装应做好井口作业平台安装、竖井内钢支撑安装、管线预制焊接（二接一或三接一）、焊口无损检测、防腐补口、吊装与组对焊接、试压等工序及衔接，竖井内其他管路安装等。

8. 不良地质段施工管理和控制

在施工时首先采取超前地质预报和地质验证工作，针对不同的地质情况，采取针对性的施工方法和措施，并经过专家组论证后方可实施。

根据施工期现场地质情况及时调整支护参数，动态施工，保证围岩稳定。对不良地质洞段、节理密集带和软弱的岩脉密集带，严格按“早预报、先治水、管超前、短进尺、弱爆破、强支护、快封闭、勤量测，步步为营，稳步前进”的原则组织施工。

储油洞室对于由软弱结构面形成的局部不稳定块体，应根据节理裂隙、岩脉、断层等组合情况，确定不稳定体的边界条件和不稳定块体的范围，对重点部位加长加密锚杆，必要时设置预应力锚索加固。洞室顶部局部锚杆的布置方向应有利于锚杆受拉，即尽量垂直裂隙面进行安装锚杆。边墙的局部锚杆布置方向应有利于提高抗滑力，所有锚杆均应锚固可靠，充分发挥锚杆材料的作用，提供有效地支护抗力，阻止不稳定岩块的坠落。如遇到大范围岩体质量极差地段、成洞条件很差时，可考虑采用局部减小洞室断面的措施，待围岩变好后再恢复原设计断面。

施工巷道、水幕巷道以及连接巷道等不良地质洞段主要为局部断层破碎带、节理裂隙密集带、渗漏水严重部位等，Q 值一般小于 0.1。处理原则为：一般将锚喷支护参数适当提高，加强支护，局部位置采用超前小导管和钢拱架联合支护。不良地质地段施工加强以下 3 方面工作。

1）超前地质预报

采用开挖面地质素描、TSP203 地震反射法、HSP 水平声波反射法、地质雷达、红外探水和超前钻探进行超前地质预报。对围岩的破碎和富水程度进行预测和验证。及时进行信息收集处理反馈，以调整施工方案和施工方法。

2）施工方法

（1）注浆。根据超前地质预报所揭示地质断层及地下水的水量情况按设计采取超前预注浆、局部注浆、开挖后径向注浆和超前小导管注浆等注浆方式，确定注浆的范围。注浆结束后，对注浆效果进行检查，决定是否进行补注浆，是否可以开挖。

（2）开挖。根据现有资料针对不同断层采取不同的开挖方法，在开挖过程中根据实际情况适时进行调整，并根据实际揭露围岩情况调整爆破施工参数。

（3）初期支护。采用喷、锚、网、喷支护紧跟、钢架支护，喷射混凝土厚度符合设计要求。加强监控量测工作，根据位移量测结果，评价支护的可靠性和围岩的稳定状态，及时调整支护参数，确保施工安全。钢架紧跟开挖施作，及时封闭成环。辅助支护施工措施根据实际进行设计变更以及现场施工安全需要进行施作。

（4）仰拱超前，衬砌适度紧跟。施工巷道仰拱超前施工，衬砌适度紧跟，形成封闭结构，提高衬砌结构的承载力；施工缝、沉降缝做特殊处理。

3）施工技术措施

（1）初期支护严格按设计和施工规范施工，确保支护质量。

（2）提高开挖质量是保证支护质量的关键。

（3）确保喷混凝土与围岩密贴，并保证喷混凝土厚度和密实度。钢架后部用同级混凝土喷填密实，喷混凝土将钢架包住。

（4）钢架间距符合设计，安装位置正确，保证接头处的等强连接，钢架连接处和脚趾处采用锁脚锚杆锁定。

（5）锚杆和径向注浆孔的长度、间距符合设计要求，锚杆孔内轨内浆液饱满，注浆孔注浆达到设计要求标准。

（6）加强监控量测，加密量测断面和量测频率，及时反馈围岩和支护的变形信息，根据位移量测结果，评价支护的可靠性和围岩的稳定状态。指导施工，及时调整支护参数。

9. 安全施工管理和控制

洞室内空间受限，涉及爆破、运输、基坑作业等，安全细节管理是关键环节。采取措施如下：

（1）对项目全周期进行安全风险评估，制定安全管理方案和应急预案。

（2）结合地下工程和矿山的要求，重点做好安全爆破的安全管理，制定炸药出库、运输、装药、起爆等各环节管理规定，严格实施作业票管理，确保安全落实到位。

（3）及时对围岩地质情况进行分析，对易发生冒顶坍塌段，制定合理安全的开挖支护措施和防控预案是保证施工安全有效手段。

（4）洞库内空间狭小，出渣运输、材料供应等运输量大，设置安全岛、防溜车墙、限速、密集提示等多种措施，保证交通运输安全。

（5）做好进出洞登记管理。

10. 施工期的环境保护

洞室开挖、爆破、污水排放是环境保护关键环节，采取措施如下：

（1）洞室开挖爆破，影响地面沉降，对地表及地面建筑影响较大，应进行爆破震动监测，确定适宜的爆破参数，减少对地面影响。库区周边有居民的还应考虑噪声扰民问题，采取相应措施。

（2）洞室开挖碴石量巨大，应制定科学合理的运输方案和碴石堆存方案，防止污染环境、产生不良地质灾害。

（3）地下开挖施工期污水排放量大，必须配置严格污水沉淀和处理设施，确保污水达标排放，避免对地表水体造成污染。

四、爆破施工

地下储油洞库同其他大型地下洞室一样，具有边墙高、跨度大、结构复杂（包括主洞室、施工巷道、水幕巷道、水幕孔等部分）等特点。地下储油洞库的两个显著特点是：一是洞库无衬砌，这就要求围岩较完整和强度较高；二是周围水压力大于洞室内油压力，则洞室应具有一定的埋置深度，从而满足洞库的密封性和可用性的要求。

爆破开挖是建设地下洞室的施工中最重要的工序，它的成败与好坏直接影响到围岩的稳定，以及后续工序的正常进行和施工速度，因此，爆破是地下洞室建设非常重要的组成部分。

对一般岩石隧道而言，除用传统的矿山法爆破开挖外，采用掘进机也在许多国家得到应用。但是，就已有的大多数工程实践来看，掘进机一般适用于长隧道，对于地下水封储油洞室的开挖并不经济。而且，由于掘进机在坚硬岩石中开挖隧道时效率不高，以及它固有的设备投资巨大、动力消耗量大、部件大而笨重、运输组装困难等问题，而且断面变化困难，因此，钻爆法仍将是地下水封式储油洞库的主要施工方法。

目前，水封式储油洞库开挖一般采用钻爆法施工。钻爆法施工对岩层地质适用性强、开挖成本低，尤其适合坚硬岩石洞室、破碎洞室及长度相对较短的洞室的施工。在岩石的钻爆开挖过程中，由于爆炸应力波的作用，在洞室开挖完毕后，岩体轮廓线外表层存在爆破影响区。在该区域内，由于许多新生或被再次扩展的微裂纹，导致该区内岩石力学参数的劣化，主要表现在弹模、声波速度、岩石强度等参数的降低，同时因孔隙率的增大而导致岩石渗透性的增大。这种岩石力学参数的劣化，给岩体及其岩体建筑物的安全运行留下了隐患。因此，岩石洞室开挖过程中的爆破控制是岩石工程中的关键技术问题，它涉及岩石力学、工程爆破、爆炸力学及损伤力学等多个科学领域，对岩体的爆破设计理论及岩石稳定性分析方法的建立具有重要的指导意义。钻爆法作业循环如图 3-2 所示。

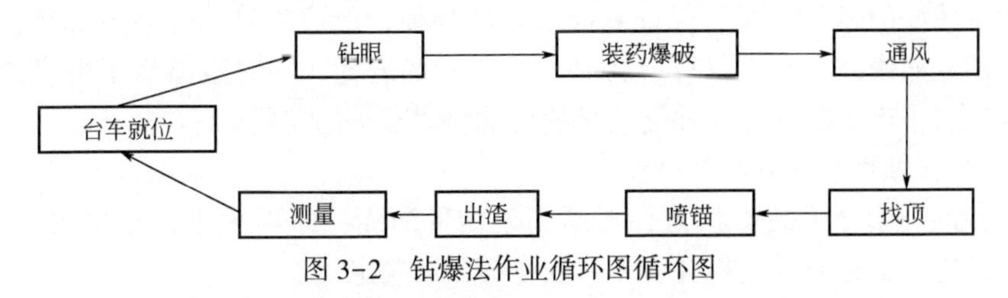

图 3-2 钻爆法作业循环图循环图

1. 水封洞库的控制爆破技术

根据隧道开挖施工的经验，开挖作业占整个隧道施工量的比重较大，其造价占 20%~40%，由于水封式储油洞库建设在较坚硬的岩体中，施工工程量和造价均比一般隧道施工所占的比例要高。从施工作业面的角度来看，洞库开挖可分为两类：一类是一个作业面的隧道开挖，另一类是多个作业面的隧道开挖。开挖作业包括钻眼、装药、爆破等几项工作内容，对于水封式储油洞库的开挖作业应做到下面四点要求：

(1) 因地下照明、潮湿空气、通风、噪声、粉尘及渗水等影响，钻爆作业条件差；钻爆工作与支护、出渣运输等工作交叉进行，使爆破施工场面受到限制，施工难度增大，必须选择合理的爆破方式，保证爆破作业的正常进行。

(2) 爆破临空面少，岩石的夹制作用大，增大了破碎岩石的难度，并致使岩石爆破的单位耗药量提高。

(3) 钻孔和爆破质量要求高。对洞室断面的轮廓形成一般均有严格的标准，不允许过大的超、欠挖；必须防止飞石、空气冲击波对洞室内有关设施及结构的损坏。

(4) 爆破在充分发挥其能力的前提下，减少对围岩的振动破坏，减少对施工用机具设备及支护结构的破坏，并尽量节省爆破器材消耗。

2. 水封洞库的爆破设计

水封洞库的爆破设计主要考虑因素有围岩的类别、尺寸大小、掘进方法、钻孔设备、炸药和雷管的类型、爆破对周围邻近建筑物的影响、地下洞室位置的高低以及裂隙水是否丰富。在地下洞室爆破设计中，通常根据地下洞室围岩的类别和尺寸大小选择采用全断面掘进还是台阶法掘进的施工方法。一般地，对于尺寸较小的地下洞室，优先采用全断面掘进；而对于尺寸较大的地下洞室，则采用台阶法掘进。另外，地下洞室爆破设计的一个重要任务是根据掌子面上出露的岩石情况，通过优化爆破参数，弥补围岩缺陷或者不足，以取得较好的爆破效果，保证断面形状的规模，形成良好的爆破轮廓线，通常采用光面爆破。它不仅可以得到一个光滑的岩面，同时也减少了围岩的扰动及围岩中产生的裂隙，并能满足随后的喷锚支护的需要。

1）大断面洞库导洞的开挖

储油洞库导洞的形状为梯形断面或矩形断面，断面大小根据地质条件、运输条件、支撑条件、机具设备、安全等因素确定。

导坑开挖的关键是掏槽，即在只有一个临空面的条件下（全断面一次开挖时也是一个临空面）首先开挖出一个槽口，作为其余部分的新的临空面，提高爆破效果。先开槽口就称为掏槽，掏槽的好坏直接影响爆破效果，它是爆破掘进的关键。因此，必须合理选择掏槽形式和装药量。

大断面洞库导坑的开挖，除掏槽眼外，炮眼还有辅助眼、周边眼和底板眼。

2）扩大爆破开挖

扩大爆破时要按设计要求开挖出隧道断面。在水封式洞库施工中对超挖、欠挖应有控制。超挖增加了荷载，因此超挖不宜太大；欠挖过多则会影响储油洞库的储量。一般规定拱脚附近不允许欠挖，以保证拱圈的承载能力。

3）分层爆破各台阶的开挖

由于分层开挖的顶层空间已形成，下部各台面爆破具有良好的自由面，爆破危害效应尤其是爆破振动的控制相对容易，台阶开挖可采用钻凿水平和竖向孔。对中间且具有正梯形的台阶开挖可采用竖向孔爆破；为避免洞室底部的裂隙扩展和不必要的超挖，对最下部台阶和不具备正梯形（倒梯形、侧墙为折线或曲线）的台阶宜采用水平孔爆破。无论采用哪种爆破方式，都要充分考虑钻孔设备进出作业面的通道和管线等接至作业面的条件以及最大一段齐爆炸药量。

采用竖向孔爆破施工时，可实现钻孔和出渣的平行作业，加快施工进度，同时不像水平孔爆破需要克服岩石重力而增加炸药量，有利于抛掷，但是易出现爆堆分散、底部装药集中、表层岩石块度过大而造成装（运）渣困难，以及平行作业造成的设备过于集中使作业面附近的空气质量变差。

另外，竖向钻孔爆破时，要考虑设备的进出道路及必要的躲炮的距离，增加了施工难度。水平向钻孔爆破时由于钻孔、出渣等所有作业均在台阶下进行，只能按照“先钻孔爆破，后出渣”的顺序作业，对施工进度有所影响。装药量虽有所增加但由于岩石的重力作用有利于岩石的空中二次破碎和爆堆集中，有利于石渣的装运。综上所述，台阶开挖采用水平向钻孔或竖向钻孔爆破，要根据实际情况进行比选。在具备先进高效的钻孔设备时，可优先考虑采用水平向钻孔台阶爆破。

竖向孔爆破可参考露天浅孔台阶爆破的爆破参数进行施工；水平孔爆破可采用单耗不变、孔网参数较露天浅孔台阶爆破孔间（排）距较密或者相同孔网参数、适当增加炸药单耗的两种方法进行施工。

4）竖井扩挖爆破开挖

竖井采用反井法开挖较为经济、安全，推荐采用反井法施工。采用反井法施工时，大直径的竖井由反井钻施工，竖井仅进行扩挖即可。

3. 爆破振动检测及围岩损伤控制方法

1）爆破振动检测方法

在实际工程中，爆破振动作用下地下洞室安全稳定性的分析方法和相应的安全标准，主要有：

（1）质点振速法。质点振速法是实际工程中最常用的控制标准，该法 20 世纪 60 年代起普遍作为地面建筑的安全判据，作为地下建筑物的判据是一种沿用。因为爆破区与地下洞库处于同一岩体时，爆破对洞库的破坏作用主要由应力波在孔洞周边产生反射和绕射所致，而应力大小则与质点振速成正比。所以，人们普遍认为岩石洞库的破坏与质点速度直接相关。在我国一般通过试验监测，利用萨道夫斯基经验公式，回归得到与最大单响药量和爆心距相关的振速经验公式。

（2）安全距离法。这一估算方法是从水平临空面向上抛掷爆破时药包对基岩的破坏范围估算中得到的，未能反映多药包爆破和复杂临空面的影响，也未考虑爆破的方向和洞室的相对位置；同时也未考虑洞室结构的动力特性和破坏特点。

2）施工中控制围岩操作的方法

当爆破冲击波和爆炸生成物在高温高压的直接作用下，围岩受震动将出现破坏圈，这个破坏圈内的围岩应力超过了围岩强度时，将引起岩体膨胀和变形，而光面控制爆破是当前爆破方法中对围岩破坏最小的，且合理利用炸

药能量瞬间切断岩石的爆破技术，故多采用光面爆破的方法控制围岩的损伤。光面控制爆破主要有以下 3 种形式：

(1) 轮廓线钻眼法。这种方法是在巷道轮廓线上，预先打好一排不装药的密集的空眼，经与相邻的一排眼装药爆破后将巷道与围岩切开的一种方法。这种方法效果好，但费工费时，费用高。

(2) 修边爆破法。此法是使周边眼通过缓冲装药，并预留光面层，在其他炮眼爆破后，再爆破周边眼的一种方法。它可分为全断面一次爆破与预留光爆层两种，预留光爆层法分两次起爆，即周边眼以里的所有炮眼首先起爆，周边眼最后一次起爆。预留光爆层法光爆效果好，大断面巷道经常使用此法。

(3) 周边眼预先爆破法。在巷道轮廓线上打一排较密集的炮眼，并装有少量的药，先放周边眼再放其他眼，使巷道与应爆破下来的岩体预先切开分离，以确保其他炮眼爆破时不至于破坏巷道围岩的稳定性。此法打眼较多，对埋深较大的地下洞库爆破，尽量避免采用。

另外，进行光面爆破时，必须要依据光面的爆破技术要求，按照岩石的发育状况以及岩层合理布置炮眼，同时也要提高打眼工的业务水平，只有这样才能提高光面爆破的质量，使光面爆破后的洞库或巷道形状更符合设计要求。

4. 地下爆破对地面结构的振动影响

地下爆炸荷载作用下的地表振动研究，对研究地下爆破地震波在岩石介质中的传播特点和传播规律具有重要意义，同时能合理地评价地下爆破地震波对地面建筑物的影响程度，进而指导爆破施工。在地下爆炸荷载作用下的地表振动研究中，对地下爆破荷载引起的地表振动进行准确的监测是比较关键的一步。通过爆破振动监测，可以得到地面介质质点的振动规律，进而掌握爆破地震波的传播特性、传播规律和对建筑物影响程度等，为有效地控制爆破地震效应带来的危害提供科学根据，同时也为因爆破施工而带来的民事纠纷予以科学的判断依据。通过对爆破振动监测数据的分析，可以确定回归预报参数，优化爆破振动预测模型，及时调整爆破参数和施工方法，指导爆破安全作业。通常监测地表介质质点的振动速度，得到爆破振速度波形图，通过对波形图的分析可以得到爆破振动速度幅值、爆破振动持续时间和爆破振动频率（或周期）等表征爆破地震波特性的基本参量，进而分析地表震动特性。

地下水封洞库埋深达 100m 以上，地下爆破产生的爆破地震波需穿过富含层理、节理、断层、剪切破碎带等各种软弱构造面的不同岩层，其传播不可避免地受各种地质构造的影响，其传播规律与浅表爆破的地震波传播规律应有明显的不同，地面结构的振动响应也有所不同。深部爆破在地表的振动响应具有以下六个特点：

（1）爆破地震波穿过层理、剪切破碎带等软弱结构面与否对K，a值的确定影响不大，可采用萨道夫斯基爆破振动速度经验公式来研究岩体中地震波衰减规律；软弱结构面上爆破振动衰减规律受地质条件影响较大，相对来说不太符合萨道夫斯基爆破振动速度经验公式。

（2）地表质点的爆破振动速度随着最大一段齐爆药量 Q 的增大而增大，随着爆心距 R 的增大而减小；有限的地下工程爆破施工所引起的地表质点振动速度峰值并不因爆破振动次数的增加存在显著的变化。

（3）地下爆破地震动引起的地表质点振动速度峰值通常是垂直方向的值大于水平径向和水平切向的值，但也有例外；在相似地质条件下（即不受剪切破碎带等软弱结构面的影响），地表质点振动速度分布规律相似。

（4）爆破地震波穿过层理、剪切破碎带等软弱结构面后能量会有所衰减。因此对爆破振动进行监测时布置测点需考虑剪切破碎带和爆破作业地点的位置，并不是直观上的距离爆破作业地点越近的点其爆破振动速度峰值越大。

（5）剪切破碎带、层理等软弱结构面对垂直方向的振动速度峰值影响较大，位于剪切破碎附近区域的地表质点其三向振动速度峰值均较小。

（6）对地下深部爆破，地表上的质点可以根据软弱结构面的分布情况划分为不同的区域。爆破作业地点同时位于软弱结构面同侧的地表质点的垂直振动速度峰值相对较大，应重点观测；而位于软弱结构面上的地面质点以及与爆破作业地点位于软弱结构面不同侧的地表质点的垂直振动速度峰值相对较小。

五、开挖与支护技术

地下水封洞库所处的围岩总体较好，仅在施工巷道洞口段和局部不良地质段围岩较差，洞库的开挖也比不良地质隧道、隧洞简单，由于工程性质的不同，洞库开挖也有其自身的特点。由于洞库结构设计复杂、断面尺寸多变、线路转弯、坡度较大，无法用盾构法开挖。国内外开挖采用钻爆法施工，国

外隧道钻爆开挖的机械化程度较高，国内只有极少的隧道项目采用凿岩台车开挖，大部分还采用传统的手风钻开挖。随着国内经济的发展，后续洞库开挖将以凿岩台车施工为主。

开挖方法的选择，应对洞室开挖断面大小及形状、围岩的工程地质条件、埋置深度、施工备件、工期要求、施工设备、施工安全等相关因素进行综合分析确定。施工巷道、水幕巷道等宜采用施工全断面一次爆破开挖，主洞库因断面较大宜分层开挖。开挖过程中，除应做好围岩稳定方面的工作外，还应重视地下水的渗漏量控制。开挖施工的主要工序流程如图 3-3 所示。

1. 施工巷道

1）施工巷道明槽

施工巷道明槽部分多处于覆盖层、强风化地层，也有处于中—微风化地层的。采用挖掘机自上而下分层开挖。强风化层开挖时，应以液压破碎锤为主自上而下分层开挖；微风化层开挖时，采用光面爆破自上而下

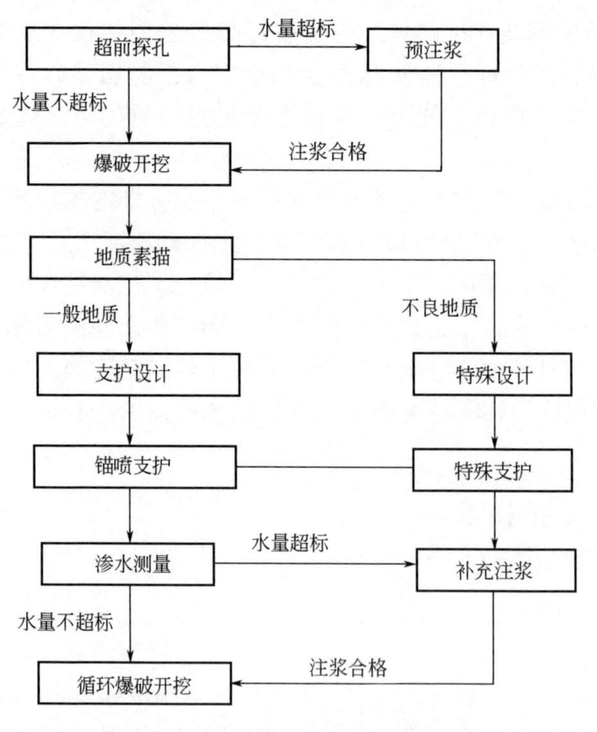

图 3-3　开挖施工的主要工序流程图

分层开挖，分层高度以2~3m为宜，开挖一层并及时支护后，再开挖下一层。

为缩短施工巷道的长度，明槽一般处于地形较低处，要做好防洪措施，明槽外要设截水沟，将可能流入的水体全部截流排出，防止明槽以外的水体流入浸泡明槽。开挖过程中，为防止明槽内水体浸泡边坡，明槽内要设集水坑和泵站，将进入明槽内的雨水、地下水等及时排出。

2）洞口段

洞口段的围岩不宜处于V级及以下围岩中，在明槽及洞身选线时要尽量注意避开。施工巷道洞身开挖应以全断面一次爆破开挖为主，洞口段可采用台阶法、短进尺全断面开挖法等。当采用大型机械化施工时，洞口较差围岩段宜选用短进尺全断面开挖法；当采用人工风钻开挖时，洞口较差围岩段宜选用较差台阶法。

台阶法开挖时，上台阶的高度不宜超过4m，台阶长度不小于4m，以便于台阶上的人员作业。上、下台阶同时进行钻爆作业。爆破后，停在台阶的挖掘机将上台阶的渣扒至下台阶，再利用装载机与自卸汽车配合出渣至洞外。凿岩台车短进尺全断面开挖时，根据围岩情况一次爆破的进尺控制在0.5~1.5m。

在洞口围岩较差段，无论采用哪种开挖方法，必须做到及时支护。在洞身围岩较好段，为加快施工进度，可适当拉开支护的距离，支护拉开的距离不宜超过30m，当巷道的高度超过5m时，开挖后应及时对拱部进行初喷混凝土防护，初喷厚度宜为3~5cm。

3）巷道洞身段

施工巷道在开挖前，应结合设计阶段和施工阶段勘察情况，在有可能出现地下水大量流失的断层、破碎带等不良地质段要进行超前钻孔探水，根据超前钻孔出水量确定注浆堵水方案；在地质情况较好地段，可进行加深炮眼探水，当爆破炮眼内出现地下水时，要停止向前爆破，应JIM前钻孔摸清开挖面前方的水文地质情况，并根据地质情况进行预注浆堵水。开挖后，如出现较大的地下水，要按照设计进行后注浆堵水，防止地下水大量流失影响洞库的气密性。

4）钻爆、装运作业

为降低巷道内的空气污染，提高施工安全性、节约能源，施工巷道应采用凿岩台车钻眼、防水乳化炸药，非电毫秒雷管起爆、平台车或作业台架辅助人工装药，周边眼采用间隔装药方式起爆。采用侧卸式装载机装渣，重型

自卸汽车运输。在出渣作业面，自卸汽车和装载机并列于作业面。装载机装渣结束后，挖掘机进入作业面清理剩余的底渣。出渣前和出渣后，均需采用挖掘机排除危石。在人员进入已爆破面作业时，必须由人工再进行一次彻底、仔细的找顶工作，确保清除所有的危石。

施工巷道在开挖到综合洞室处时，要及时开挖出洞室，确保后续施工能有充足的电力、储存需要的物资以及顺利地进行排水等工作。

5）巷道施工排水

由于施工巷道为下坡开挖，开挖过程中要注意抽排作业面的集水。施工巷道内，用分级在作业面附近设临时集水坑，利用潜水泵将水抽至附近的移动抽水泵站。移动泵站是将集水池和抽水机安装在一个型钢底座上，使得泵站能随着作业面向前掘进而移动。移动泵站将水抽排至固定泵站，固定泵站一般设在巷道的综合洞室内，是地下洞库的主要设施。施工巷道内每1000m左右需设一个固定泵站，在每个洞罐入口附近的施工巷道上也要设一个固定泵站。固定泵站将水抽排至地面水处理池，经处理达标后排放。

6）通风

出渣过程中有爆破产生的炮烟、出渣车辆的尾气、装渣发生的粉尘等有害气体，在出渣时要加强通风工作，在其他作业时可正常进行通风，确保作业面的空气质量符合人员作业的需要。

2. 水幕巷道

1）开挖一般要求

水幕巷道一般位于洞罐的正上方，巷道底板与洞罐顶的距离一般为20m左右，故水幕巷道围岩均较好，加之开挖断面面积较小，应采用全断面一次爆破开挖，开挖的进尺受到断面尺寸的限制，每循环爆破进尺一般为1.5~2.5m。每循环爆破开挖后，要及时撬除危石。在一般情况下，为加快开挖进度，支护可与开挖面拉开一定的距离，距离应保持在30m左右。在围岩较差时，开挖后应立即喷射混凝土或及时施作支护。水幕巷道由于断面较小，且巷道数量较多，通风难度较大，宜采用机械化施工。目前水临时巷道开挖的两种方法为水幕巷道风钻开挖和水幕巷道凿岩台车开挖。

2）地下水流失的处理

水幕巷道在开挖前，也应结合设计阶段和施工阶段勘察情况，在有可能出现地下水大量流失的断层、破碎带等不良地质段，施作进行超前钻孔探水，根据超前钻孔出水量确定注浆堵水方案；在地质情况较好地段，可进行加深炮眼探测，当爆破炮眼内出现地下水时，停止爆破，应施作超前钻孔摸清开挖面前方的水文地质情况，必要时进行预注浆堵水。开挖后，如出现影响地下水位稳定的较大地下水，应按照设计进行后注浆堵水，防止地下水大量流失影响洞库的气密性；如流失的地下水未引起地下水位下降，可不进行处埋；对于集中的股状水，可采用橡胶塞等封堵，在水幕完工充水前需拔除塞子。

3）钻爆、装运作业

为降低巷道内的空气污染，提高施工安全性，节约能源，水幕巷道也应采用凿岩台车开挖。如果巷道的设计断面较小，无法采用机械化施工时，只能采用人工风钻开挖。炸药可用防水乳化炸药，雷管可用非电毫秒雷管，平台车或作业台架辅助人工装药，周边眼采用间隔装药，采用电雷管或导爆管等方式起爆。断面较大时，要用侧卸式装载机装渣，重型自卸汽车运输。断面较小时，有两种装渣形式：一是间隔 100~150m 设置一段断面加宽段，装载机在断面加宽段进行装渣作业；另一种是采用扒渣机装渣，小型自卸汽车运输。

装渣结束后，如断面较小可采用小型挖掘机清理底渣。出渣前后，均需采用挖掘机排除危石。在人员进入已爆破面作业时，必须由人工再进行一次彻底、仔细的找顶工作，确保清除所有的危石。

4）辅助洞室

水幕巷道中由于开挖断面较小，也需要开挖一些综合洞室，如用于安装变压器的洞室、车辆掉头的洞室等。在巷道开挖至洞室处时，要及时开挖出洞室便于施工。由于水幕巷道均为平坡，且排水量一般较小，可设临时集水坑用潜水泵将水排至施工巷道。水幕巷道中的通风受断面影响而难度较大，每个作业面必须要将通风管接至作业面附近，爆破后应等炮烟被稀释到安全浓度后方可进行出渣作业。

5）科学安排支巷道开挖顺序

水幕巷道设计一般较复杂，支水幕巷道较多，受通风、开挖断面尺寸、施工资源等的制约，水幕巷道开挖前要进行详细的开挖顺序安排，在保证水幕超前覆盖洞室的前提下计算出各支巷道的先后开挖顺序，施工时尽可能依次进行开挖，不宜同时展开的作业面过多。

3. 洞罐

1）洞罐的组成部分

洞罐由主洞室和主洞室间连接巷道组成。连接巷道在开挖期间起到施工巷道的作用，在运营期起到洞罐内气相、液相平衡的作用。主洞室是洞罐最主要的部分，是产品储存的主要空间。主洞室开挖跨度、边墙均较高，设计选择的位置处于围岩较理想的地段，充分利用围岩的自稳性。

2）主洞室分层开挖

主洞室需采用分层开挖，一般分层的高度不超过10m，顶层以6~8m的高度为宜，其余台阶高度不超过6~10m为宜，如此计算目前一般的主洞室需分3~4层开挖。主洞室分层开挖应注意以下内容：

（1）顶层是主洞室最关键的部位，由于爆破的临空面少，爆破产生的振动最强，爆破对围岩的扰动也是最大的，爆破对地面结构物、相邻洞室及自身围岩稳定的破坏性最大，是爆破振动控制和围岩稳定控制的重点。一般根据围岩质量情况，相应地控制一次爆破的范围和一次爆破的量。主洞室顶层Ⅰ、Ⅱ级围岩一般采用全断面光面爆破开挖，亦可采用全断Ⅲ级围岩采用中导洞法光面爆破开挖，亦可采用全断石炸破开挖，爆破进尺宜控制在2m左右；局部Ⅳ级围岩宜采用中等用法开挖，爆破进尺控制在2m左右。

（2）台阶一般采用全断面一次爆破开挖，但局部Ⅳ级围岩段宜采用预留保护层法开挖。

（3）爆破钻孔应选用效率高、能耗低、空气污染少的液压凿岩台车，可钻任意方向的炮孔，适用于不同方式的爆破。人工风钻由于效率低、能耗高、人工费高、安全性低、空气污染大等缺点，不宜在洞罐开挖时使用。潜孔钻机也有能耗高、空气污染大等缺点，不宜在洞罐开挖时使用。

（4）顶层开挖时，只能钻水平向爆破孔；台阶开挖时，可采用水平向爆破孔或竖直向爆破孔。

（5）台阶开挖无论采用哪种爆破方式，所产生的爆破振动的破坏性依然不能忽视。对一次爆破量也要进行控制，一次爆破的岩石量应控制在1000m³以内。为减轻振动的影响，台轮开挖应采用光面爆破的方式。

（6）台阶开挖采用竖向爆破孔施工时，因钻机在台阶上进行钻孔爆破，爆破后的渣在台阶下进行装运作业，钻孔可与出渣平行作业，节约钻孔时间，可加快施工进度。但作业面附近的空气质量较差，对钻孔人员职业健康不利，需加强通风，以改善作业环境。

（7）如过主洞室为直边墙式断面，竖向钻孔爆破可实现全断面一次爆破；

如为曲边墙式断面，竖向钻孔只能在拉槽法开挖时使用，可在台阶上竖向钻拉槽孔，在台阶下水平向钻周边孔。

（8）竖向钻孔爆破时，由于各孔爆破效率不同，使得各孔爆破后留下的残孔长度不同，这就导致爆破后台阶下的路面不平顺，不利车辆作业、行驶，应在竖向爆破孔区从台阶下增加一排水平向底板孔。竖向爆破孔的孔径不宜过大，装药不宜集中在孔下端，这样会造成爆破后的渣体块度过大，装渣、运渣困难，影响施工进度。

（9）竖向钻孔爆破时，如使用大型机械设备钻孔，台阶上设备必须要有进出的道路和躲炮的距离；如采用小型潜孔钻机等设备，人工可将设备从爆破后的渣堆上搬至台阶上作业，爆破时将设备在台阶上搬离 50m 以外，风、水、电等管线每次作业时均可从台阶下接至台阶上，每次爆破前拆除。

（10）在最底层的台阶竖向钻孔爆破时，为使底板按照设计尺寸总体平整，必须从台阶下水平向钻孔。由于钻孔、出渣等所有作业均在台阶下进行，只能按照“先钻孔爆破，后出渣”的顺序作业，对施工进度有所影响，如要缩短钻孔爆破的时间，就必须采用先进高效的钻孔设备。综上所述，台阶开挖采用水平向钻孔或竖向钻孔爆破，要根据实际情况进行比选。

3）不良地质处理

（1）不良地质横贯主洞室。

主洞室开挖在遇到局部的不良地质结构时，按照洞室大断面开挖难度大、支护强度过高，可采用上、下连接洞穿过该不良地质段。上下连接洞的开挖断面尺寸不宜过大，断面宽×高宜为 7m×7m，该断面尺寸满足凿岩台车钻孔爆破的要求，也能满足装载机与自卸汽车并行装渣的要求，同时满足顶部挂一趟直径 2m 以内的通风管的要求，即为机械化快速施工的最小断面尺寸。为使运营期主洞室内的气相平衡，上连接洞的顶要与主洞室顶的高程一致；为使运营期主洞室内的液相平衡，下连接洞的底要与主洞室的底部高程一致，即上、下连接洞分别位于主洞室断面的上端和下端。为便于施工，也可以在主洞室断面中段高程处设中连接洞。

在主洞室只与竖井连接处遇到不良地质采用连接洞法施工时，无须设计中连接洞；如主洞室的中部遇到不良地质，用连接洞代替其中一段主洞室，连接洞两侧均为大断面主洞室时，应设中连接洞。

上述两种连接方式中，其连接洞均示意与主洞室轴线平行，实际施工时，

可根据围岩的走向等情况将连接洞平面布置设为曲线或折线，使得连接洞能最快地穿过不良地质段。

(2) 主洞室的一侧存在不良地质体。

主洞室的一侧存在不良地质体，但整体围岩质量较好，无须采用连接洞法等特殊方法开挖时，可考虑采用预留岩柱法，即不开挖主洞室中有危险的一侧的围岩，形成自然的岩柱支撑不良地质岩体。

在主洞室内存有与主洞室轴线小角度相交的结构面时，在开挖时位于主洞室开挖线外与主洞室轴线近平行的岩体很容易沿着结构面整体垮落；由于主洞室的开挖跨度较大，时有开挖面一侧的围岩破碎严重，若机械地按照设计尺寸开挖极易出现坍塌；另外，在花岗岩地层中，各种岩脉的情况较多，如岩脉位于主洞室开挖轮廓一侧且正好近似沿着主洞室轴线，该部位开挖也很容易使岩脉沿着结合面坍塌。再者，主洞室开挖采用分层开挖，下层开挖时对上层已开挖成形的部位仍会有较大的爆破扰动，更易使上述不良地质体出现坍塌。

为避免上述不良地质体在施工时出现局部坍塌，可根据现场情况将不良地质体附近的岩体作为预留，不对该部位进行开挖，使不良地质体能利用预留的岩体达到稳定目的。预留岩体时，要保证运营期主洞室内所存产品液相与气相的平衡。

4) 超前探水

洞罐内的渗水量控制是洞罐开挖的重点之一，为提高堵水的效果，应采用超前钻孔探明前方岩体中的含水情况。在主洞库顶层开挖前，应先钻超前探水孔，探水孔的长度宜为30m左右，最短不宜小于3倍的爆破进尺长度，探孔的数量宜不少于3个，分别靠近开挖掌子面的左侧开挖边线、右侧开挖边线和拱顶开挖边线，探孔的钻进角度应与主洞室轴线平行。超前探孔应有一定长度的搭接，搭接长度不宜小于1个爆破开挖进尺，以便于后续注浆堵水时掌子面不出现较多的漏浆而影响堵水效果。下部台阶开挖时，由于顶层开挖已探明了含水部位，可在开挖至可能含水部位前时再钻探孔探水，探孔的数量不宜少于2个，分为布置在左侧边墙和右侧边墙附近，探孔的角度宜与主洞室轴线平行，探孔的长度也宜为30m左右。

5) 施工排水

洞罐开挖时，也要注意做好排水，每一层开挖后应设临时排水沟，使得水能顺利排至临时集水坑，通过集水坑内的水泵抽至施工巷道内的固定泵站内排出。开挖后因底板不平顺出现的局部积水，可在积水处设临时排水坑后用潜水泵将积水抽至移动泵站内排水。

6）底板开挖

主洞室最下一层台阶开挖时，如采用水平向钻孔爆破，底板宜采用光面爆破；如采用垂直钻孔爆破，底板宜采用预留保护层。预留保护层高度为50cm左右。

4. 竖井

1）正井法与反井法概述

地下洞库工程竖井一般作为洞罐进出产品的通道，也可作为洞罐施工期的通风通道。但竖井的用途虽有所不同，但竖井的开挖方法是一致的。竖井一般有“正井开挖法”和“反井开挖法”两种。

正井开挖法是在提升设备辅助下从地表自上而下全断面开挖竖井的一种传统开挖方法。由于竖井内的全部洞渣均弃于井口外，井口附近要有修建供大型车辆行走的便道的条件和弃渣场所；井口要有安装辅助施工的提升设备的场地。正井法施工的优点为适用于所有地质条件下的竖井施工，施工技术成熟。正井法施工的缺点为：由于所有的施工工序均要提升系统辅助，提升系统的设计、安装复杂；所有的洞渣均要从井口提出，出渣效率低，施工的进度慢，安全风险高；竖井内的排水困难；施工期需要机械通风。

反井开挖法是指先在竖井中心附近开挖导井，然后再由上向下扩挖成井的方法。使用反井法基本的前提条件是竖井底部有事先做好的巷道或主洞室。导井的施工主要有以下四种方法：

（1）沿竖井轴线用钻爆法自上而下开挖直径较小的导井，导井开挖过程中，采用吊桶出渣。

（2）利用液压爬升机或电动爬罐，配合驱动运输车自下而上开挖导井。此种方法需引进国外设备，造价高。

（3）钢丝绳悬吊开挖导洞、正面扩大法。先用钻机在地面从竖井中心钻出导孔，导孔孔径满足穿钢丝绳即可。在地面安装提升机，将钢丝绳穿过导孔至井底通道，从井底通道将小吊盘悬挂在钢丝绳上，人工用风钻自下而上开挖导井。这种方法开挖的主要风险是：钻孔很难且要求绝对竖直，倾斜的导孔壁会在施工过程中磨损钢丝绳而发生危险。此种方法在国内很少采用。

（4）反井钻机钻导洞、正面扩大法。在地面利用反井钻机自上而下钻一导孔至井底通道内，在井底通道内安装反向钻头，自下而上钻出导井。

采用反井法的优点是：井口施工场地无须很大，施工设备相对较少，机械化程度高，施工人员少，劳动强度低，作业安全，施工速度快，效率高，成本低，扩挖施工时对围岩的破坏小，成井质量好，不需要在竖井口附近弃渣，有利于环保。缺点是：适用的深度比较小，只有主洞施工到井底也能开始施工竖井。

在地下水封洞库工程施工中，目前采用较多的竖井施工方法为全断面正井法，也有一些工程采用了反井钻井法。由于竖井不承担主洞库的开挖任务，故工期一般较长，且由于围岩情况较好，一般只有靠井口有少量的钢筋混凝土锁口，一般井身段采用锚喷支护即可，故正挖时井口布置的提升系统相对较为简单。反井钻井法施工时，需先在竖井中心附近安装反井钻机钻导孔，再安装井口提升系统扩挖，井口提升系统布置与正井法施工时总体一致。

提升系统一般由 1 台 1.2m 直径的滚筒提升机、2 台 10t 的卷扬机、1 个标准井架、1 个井门、1 个井下作业吊盘、1 个吊桶组成。在施工任务量较大时可适当增加提升机、悬吊模板等。

2）开挖施工

竖井在施工前，必须在中心钻一地质钻孔，摸清竖井处的水文地质情况，在水文地质条件不较差时宜调整竖井位置。开挖前，应从地面进行帷幕注浆，加固井口围岩并对竖井中风化以上段进行封堵注浆，防止地下水进入竖井内。

竖井靠近地面 5m 左右段，如为覆盖层可直接用挖掘机开挖；如为岩石需要钻爆法开挖，可用人工手持风钻钻孔爆破后，再用挖掘机出渣。竖井靠近地面 5m 以下至 40m 以上段，可直接用提升设备，或采用汽车吊等进行出渣，人员用爬梯进入作业面；竖井从地面 40m 以下，为确保施工安全，需采用提升系统出渣，人员用罐笼上下。

开挖可采用人工手持风钻钻眼，人工装药爆破。

正井法开挖的装渣是开挖过程中最主要的问题。如竖井的直径小于 5m，一般只能采用人工装渣；如竖井的直径大于 5m，可采用小型挖掘机装渣。反井钻井法扩挖后，会留有大量的未从导洞溜下的渣，需要人工扒入导洞内，当竖井的直径大于 5m 以上时，可采用扒渣以加快施工速度。如采用小型挖掘机进行装渣或扒渣，小型挖掘机在爆破后方能被送入竖井内开挖面处，出渣完成后需要送出竖井外，这就需要运送小型挖掘机的提升机、吊车等要有足够的提升力，提升能力不能只考虑吊桶的提升问题，在提升设备选型、安装、使用时要注意此问题。

3）反井法施工

目前国内已有系列化的反井钻机，可以满足最大5m导井的施工。

从反井钻机施工方面看，其技术已比较成熟，能满足不同岩石条件下的钻井，需通过技术、经济比选的方法进行钻机选型。在坚硬的花岗岩地层，国内目前只能使用小于2m直径的刀盘进行反钻，较为成熟的钻机型号一般为：BMC200、BMC300、BMC400，均能使用1.2m、1.4m、1.6m、2.0m直径的刀盘。由于选择的刀盘直径不同，其钻孔市场价格也有较大的差异，目前钻井较为经济的刀盘直径为1.2m、1.4m。

从施工技术方面看，地下水封洞库工程竖井的围岩完整性高，在人工钻爆扩挖时，常出现较大块的爆破渣体，易堵塞导井，施工时要做好导洞堵塞疏通的预案。根据国内施工经验，1.4m直径的导洞的堵塞次数较少，宜为导洞的首选尺寸。

反井钻机主要包括两部分：地上部分和井下部分。地上部分主要有主机、操作控制系统、洗井液循环系统、冷却系统、电控系统；井下部分有钻杆、导孔钻头、扩孔钻头等。

反井钻机施工工艺主要包括两个过程：导孔钻进和扩孔钻进。导孔钻进时，动力头施加向下的推力和旋转扭矩，经钻杆传递给导孔钻头，导孔钻头切削、挤压岩石，破碎的岩屑沿钻杆外壁环形空间由洗井液（清水或泥浆）提升至地面，这一过程中，钻杆不断向下接长直至钻透至井下水平巷道；扩孔钻进时，动力头施加向上的拉力和旋转扭矩，经钻杆传递给扩孔钻头，布置在扩孔钻头上的滚刀挤压岩石，破碎的岩屑靠自重落至下水平巷道，由装岩机等设备运出，这一过程中，钻杆不断拆卸直至扩孔钻头露出地面。

反井钻机施工顺序为：水文地质探孔→地面预注浆堵水→反井钻施工准备→施作钻机基础和循环水池→安装并调试反井钻机→自上而下钻导孔→自下而上反钻导井→拆除反井钻机。

反井钻机施工的场地宜为10m×15m。施工前，先平整场地，确保施工的车辆、物资能安全运至现场。将施工水、电接引至现场，如采用发电机供电，发电机的功率不应小于250kW；施工用水在钻导孔阶段可一次供应10m^{3}左右即可，在反钻阶段每小时的供应量应不少于15m^3/h。

为便于竖井钻爆扩挖，导井的位置应位于竖井的中心附近，也就是说反井钻机也应安装于竖井中心附近。

为使钻机安装稳固，需用混凝土做钻机基础，基础尺寸一般为：长、宽、厚为4m×3m×1m，混凝土标号不低于C25，地脚螺栓处二次浇筑混凝土强度不低于C30，基础宜高出地面0.2m。在地表覆盖层软弱时，可以根据情况适当加大基础的尺寸。

在钻机基础附近，挖一循环水池，能使钻机的冷却水和孔口反水能自然流进池内。循环水池的容量不宜小于$10m^3$，并能满足人工或挖掘机等清理沉淀泥浆的作业。循环水池一般是临时的，当距离竖井口较近时，在反井钻机施工完成后回填。

钻机在现场进行安装，钻机的主机部分直接安装于基础上，其他部分就近安装，用管线将各部分连接。主机部分要先调平，再用混凝土浇筑地脚螺栓。主机固定后，连接其与液压泵站，操作台间进、回油管，并接通380V电源。

在钻机安装完成后，应进行钻机的调试，确保管线正确连接，泥浆泵形成循环排渣系统，调试完成后方可开始钻孔。导孔钻进是反井钻机施工的关键，它关系到钻孔质量和成败。导孔钻头与钻杆要配套，避免出现钻头与钻杆偏差过大。

在开孔时，钻压宜为50~30kN，钻进速度宜为0.3~0.6m/h；在强风化段钻进时，钻压宜为30~10kN，钻进速度宜为2~4m/h；在微风化段钻进时，钻压宜为30~10kN，钻进速度宜为1~2m/h。

开孔钻进时，应利用开孔钻杆慢速钻进，孔深超过3m后方可更换普通钻杆。在含水覆盖层钻进时，在钻进困难时可进行注浆加固后再从孔口钻下，注浆方法可以多次使用。在钻完一根钻杆后，不能直接停泵更换钻杆，要待孔内的岩屑全部排出后再停泵更换钻杆。

反井钻机钻导孔过程中，要控制钻孔的精度，偏斜率控制在1%左右。在钻机就位时要保证钻机垂直，钻杆要配有一定数量的蝶形导向钻杆（或稳定钻杆）；开始时要低压力钻进，在钻孔进入微风化岩石后方可缓慢增加钻进压力；在遇到大倾斜结构面时，也要控制钻进压力，避免出现因钻进压力过大而使钻孔发生弯曲和偏离。

在导孔钻至井底巷道内时，在巷道内拆下导孔钻头，更换反向刀盘；然后慢速提钻杆，当刀盘上的滚刀接触到岩面时，用5~9r/min的转速转动钻杆，并慢速上提加力；带刀盘全部接触岩面时，才能正常上提扩孔，但一般的系统压力限制不宜超过18MPa。当刀盘上提接近钻机基础15m时，放慢钻进速度，并对地面进行变形观测，如有异常应立即停止钻孔。当可能遇到较大的地下水泄漏点时，也要停止钻导井。

为防止在地表覆盖层和强风化岩体段出现地下水泄漏，建议导井上提钻进到中风化层即可。在导井施工完成后，将刀盘放至巷道内，从巷道内拆除刀盘。钻杆从地面逐节拆除，最后拆除钻机。爆破拆除钻机基础，自上而下正向扩挖施工至与导井贯通；正向扩挖施工除出渣方式外，其他作业形式与正井法施工相似。

5. 集水池及泵坑

泵坑在竖井的正下方，以便于从竖井将各种泵安装到泵坑内。泵坑位于主洞室底板以下，泵坑的上部为集水池，集水池一般为与泵坑同轴的加大圆柱形。由于集水池与泵坑在同一平面，挖泵坑必须先开挖集水池。

集水池与泵坑的开挖方法基本相同，均为人工手持风钻钻眼爆破，但出渣方式可能有所不同。当竖井与主洞室采用上、下导洞法相连，如下导洞因设计尺寸等原因不满足从其内进入开挖集水池与泵坑，可将其视为工艺竖井的向下延伸，按照竖井正井法的方法开挖至井底。

如可从主洞室或下导洞进入开挖集水池及泵坑，集水池内的渣可以用挖掘机直接挖出，泵坑内的渣只能采用提升系统用吊桶装出。提升系统可采用汽车吊、卷扬机、门式吊等设备，装渣一般采用人工，如泵坑的直径大于5m也可以采用小型挖掘机。

泵坑上口和泵坑内应满足洞库工艺设备安装的需要，要注意控制超、欠挖，如超挖过大会导致固定工艺设备的钢结构无法固定，需采用混凝土回填或施作专用的支墩。

6. 锚杆支护

1）锚固材料

目前国内隧道领域普遍使用普通水泥砂浆锚杆，普通水泥砂浆锚杆常采用锚固药卷或现场拌制的水泥砂浆作为锚固材料。锚固药卷的成分主要为水泥与砂的干混合料，在作业现场用水浸泡后使用；锚杆长度在3m以内且对锚杆质量要求不高时，使用锚固药卷操作简便、效率高，存在一定的施工优势。

地下洞库由于断面大，锚杆长度一般在6m左右，且质量要求高，使用传

统的锚固药卷存在以下问题：

（1）锚固剂使用前应用水浸泡，浸泡后的药卷虽然比较软，但质地比较硬，当锚固药卷在孔内的长度超过3m时钢筋插入非常困难。

（2）锚固药卷由人工逐节装填，每节均采用竹竿等顶入孔底，装填时间长，效率低。

（3）锚固药卷的外包纸容易破裂，未安装到位破裂时，流出的砂浆将堵塞钻孔，导致后续的药卷很难装填。

（4）锚固药卷的流动度较小，很难将插入的钢筋充分包裹，钢筋未包裹部分易遭地下水腐蚀，影响锚杆的耐久性。

（5）单根锚杆的作业时间长，劳动强度大，工人的作业效率低。

现场拌制水泥砂浆，用注浆机将浆液注入钻孔内，施工速度快、注浆填充总体饱满、钢筋人工插入省力，但也存在一些问题：

（1）砂的含水量不均匀，拌制时的水灰比很难把握，浆液过浓时易造成注浆管路堵塞；浆液过稀时拱部钻孔内的浆液流失严重，无法保证砂浆的饱满度。

（2）选用的锚杆注浆机故障高，注浆压力低，易出现堵管。

（3）制浆采用的搅拌机较大，一次拌制的浆液较多，在一次作业的锚杆数量少或注浆过程中因其他出现故障时，浆液造成浪费。

（4）制浆、注浆设备操作烦琐，对工人操作要求高。

为解决上述普通水泥砂装锚杆黏接介质的问题，可改用掺加膨润土的水泥浆。膨润土水泥浆的水灰比控制在0.4：1左右，膨润土掺量在4%左右，膨润土水泥浆配合比见表3-3。膨润土水泥浆在现场拌制，拌制的水泥浆水灰比容易控制，浆液固结后干缩量较小，浆液的拌制浓度大、可灌性较好，且浆液的强度高。

表3-3　膨润土水泥浆配合比

每立方米中的质量，kg	水泥（P·O42.5）	水	膨润土
	1311	550	53
	1	0.42	0.4
7d强度	31MPa		
28d强度	42MPa		

膨润土浆液现场拌制时，宜采用性能较好的锚杆注浆机。专用锚杆注浆机将制浆和注浆合二为一，浆液可随制随用，注浆机的压力较大，整体机体小巧，便于现场移动。注浆时，将注浆管插入孔底后，再启动注浆机，注浆管靠孔内浆液反压力顶出孔外；拱部锚杆注浆时，注浆管要人工用力顶住以防注浆管掉落，启动注浆机后，孔内注浆反力将注浆管顶出孔外。注浆后应立即用棉纱等堵塞孔口，待杆体插入时再取走棉纱，防止孔内浆液因自重而流失。

2）锚杆孔

锚杆孔的角度一般与设计开挖轮廓线垂直。采用人工风钻钻孔时，拱部锚杆的角度一般为45°左右，不符合锚杆设计角度。使用钻孔角度不受限制的三臂凿岩台车钻孔。三臂凿岩台车在钻孔前，先按照设计在作业面用油漆等标记出孔位，再进行钻进，为使锚杆角度符合设计要求，要勤挪动凿岩台车。

3）作业台架

作业台架是锚杆安装的辅助设备，一般多为加工的钢结构架子，移动作业台架需要装载机辅助。由于作业台架的形状固定不变，且移动不便，可改用平台作业车。平台作业车移动方便，作业吊篮可以随作业需要灵活移动，使作业人员始终处于最佳的位置，提高了作业效率，降低了劳动强度。

4）管式注浆锚杆

在洞库入口段等部位，普通水泥砂浆锚杆由于钻孔坍塌等原因造成安装困难，很难在全强风化围岩中发挥作用，可采用管式注浆锚杆。管式注浆锚杆的施作工序为：钻孔→孔内插入钢管→从钢管向孔内注浆→浆液从孔口返出→结束。

7. 喷射混凝土支护

1）喷射混凝土工艺流程

喷射混凝土一般有湿喷、干喷及潮喷三种方法。干喷由于污染环境一般情况下禁止使用。湿喷是将混凝土原料加水搅拌后，现场在喷射时只加速凝剂。潮喷是先将混凝土加入少量水搅拌，在现场喷射时加入剩余水量和速凝剂。施工前按照配合比将混凝土骨料、添加剂、水泥、水灰比、纤维等按比例搅拌，拌制好的混凝土要及时采用专用车辆送至作业面。湿喷和潮喷施工工艺如图3-4和图3-5所示。

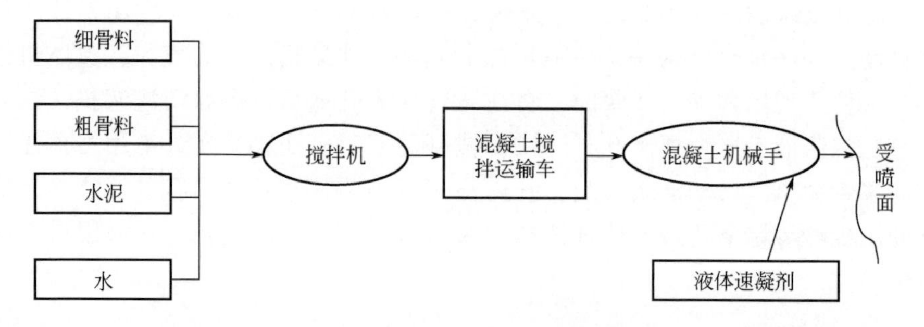

图 3-4　湿喷施工工艺流程图

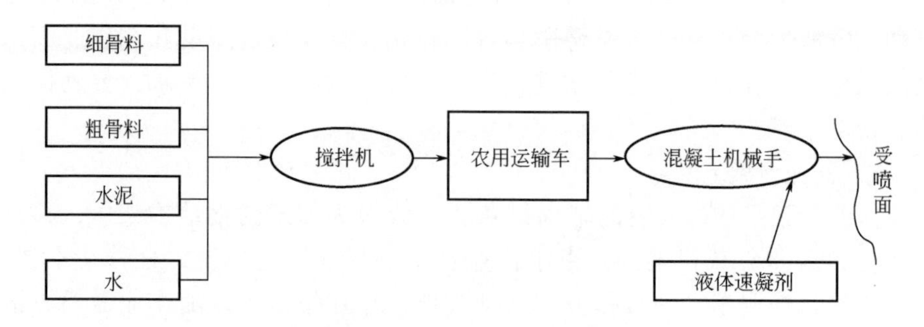

图 3-5　潮喷施工工艺流程图

2）湿喷、潮喷适用部位

湿喷混凝土工艺具有环保、质量好等优点，但施喷的设备较大，适于在宽×高为6m×6m以上的空间作业。在小空间内无法作业，潮喷混凝土工艺虽然总体落后，但设备较小、操作方便，便于在较小的作业空间内应用。根据湿喷和潮喷混凝土工艺的特点，在施工巷道、洞罐内应选用湿喷工艺；竖井、泵坑等部位应选用潮喷混凝土工艺；水幕巷道的断面尺寸如能满足湿喷混凝土工艺的要求，也应选用湿喷工艺。

3）湿喷机械手施工

湿喷混凝土应采用喷射混凝土台车（也称喷射混凝土机械手），目前喷射混凝土台车的喷射效率为7～28m³/h，平均为18m³/h，最大喷射高度达16m。行走采用四轮驱动，喷射前的准备时间短；混凝土在拌和站集中拌制，混凝土运输罐车运送至作业面，直接卸入喷射混凝土台车即可施工，实现喷射全程的机械化作业，较传统人工湿喷作业大大降低了作业人员的劳动强度。

喷混凝土之前应清除岩面松动岩块、杂物、泥浆、油污等，并用高压风水冲洗干净。清理两层连续喷混凝土之间的侧墙，有集中出水点时设置排水管、塑料布等以消除喷混凝土和岩面之间的明水。

喷射作业应分段、分片、分层，由下而上、先凹后凸依次进行。在两次喷射的接缝处，喷混凝土应呈斜面，以便与下一次喷混凝土结合。渗漏水部位喷混凝土时可加大工作风压，喷头与受喷面距离在 0.6~1.0m 左右为宜，喷射角度要尽量垂直作业面，做到既能减少回弹，又能保证喷射质量。喷射作业中发现松动石块或遮挡喷射混凝土的物体时，应及时清除。

控制喷层厚度，并使其均匀，操作时喷头应垂直于受喷面作连续不断的圆周运动，并形成螺旋状运动，后一圈压前一圈 1/3，转动直径约为 30cm 左右。喷射线应自下而上，呈“S”形运动。喷射作业中突然断料时，喷头应迅速移离喷射面，严禁用高压气体、水冲击尚未终凝的混凝土。

有金属网时，应使喷嘴靠近金属网，喷射角度也可适当偏一些，喷射混凝土应覆盖金属网。要求将金属网背后喷填密实，金属网表面不残留回弹物，以使金属网有较大的握裹力。

有钢拱架时，钢拱架与围岩间隙必须用喷射混凝土充填密实，喷射混凝土应将钢拱架覆盖，并由两侧拱脚向上喷射。喷完或间歇时，喷嘴应向低处放置。喷射结束后，喷射机具均应清洗、保养，以保证机具处于良好状态。

8. 开挖支护技术控制措施

1）开挖质量控制措施

对于管沟开挖主要控制措施如下：

(1) 爆破采用弱爆破技术以保证水幕系统开挖效果。加强对爆破材料和器材的检查，不合格材料及器材上报监理并进行销毁。

(2) 向监理报送合理可行的钻爆施工组织设计，经批准方可实施。

(3) 加强钻孔的控制和检查，注意保护好成孔。

(4) 严格遵守施工技术规范及招标文件相应技术条款要求。

(5) 严格测量复核制度，避免欠挖，保证开挖轮廓线平整度。

(6) 遇到特殊地质情况可能发生坍塌的危险情况时及时采取紧急措施快速支护，并上报监理。

2）支护质量控制措施

施工支护措施紧随开挖面及时施作，以控制围岩变形和减少围岩暴露时

间，严格按照设计图纸进行。施作锚杆、喷射混凝土和构件支护时，均做好记录备查。

（1）锚杆。

① 锚杆孔位、孔径、孔深及布置形式符合图纸要求。

② 锚杆施工时，开孔偏差及钻孔偏差均控制在允许范围内，孔深须达到设计要求。注浆前将孔内的岩粉和积水清除干净。

③ 浆液充填必须饱满，锚杆安装之后，在砂浆终凝前不得敲击、碰撞或拉拔。杆体插入孔内长度不小于设计规定的95%。

（2）喷射混凝土。

① 喷射混凝土采用湿喷工艺，除速凝剂外包括水在内的所有集料均在洞外拌和站搅拌均匀，然后运到洞内送入喷射机械进行喷射。喷射混凝土做到密实、饱满、表面平顺，其强度达到设计要求；采用带机械手的湿喷机，使用无碱速凝剂，保证喷射效果。

② 竖井开挖后立即对岩面喷射混凝土，以防岩体发生松弛。

③ 按施工前试验所取得的方法与条件进行喷射混凝土作业，在喷射混凝土达到初凝后方能喷射下一层。

④ 喷嘴与受喷面保持垂直，两者之间的间距在1.0m以下。喷射混凝土的回弹物不重复利用，所有的回弹混凝土从工作面清除。

⑤ 当受喷面有水时，先清除岩层表面的水，混凝土中可根据试验结果增添外加剂。开挖断面周边有金属杆件和钢支撑时，要保证将其背面填满，黏结良好。

⑥ 对已喷射的混凝土，按有关规定取样作抗压强度试验，对混凝土试件的试验结果未能达到设计强度、未满足规范要求时，要找出原因，采取补救措施。

⑦ 配备专职的质量管理工程师，负责喷射混凝土的测试、制作、操作及验收证明，在喷射过程中与监理工程师取得密切联系，自始至终强调遵守操作的工艺要求和执行规范的规定，确保喷射混凝土的制作和良好的喷射质量。

⑧ 在复喷混凝土前，先对上一层进行检查，所有喷射混凝土在施作后检查，不合格者按规定修复。

（3）钢筋网。

① 钢筋使用前应清除锈蚀，在岩面初喷一层混凝土后进行敷设。

② 按图纸规定和监理工程师指示的部位，提供并安装钢筋网。钢筋网随

受喷面的起伏敷设，钢筋网的混凝土保护层不小于20mm，且与锚杆联结牢固，在喷射作业时不发生颤动。

六、注浆技术

地下水封洞库位于稳定的地下水以下，当开挖至透水性较强的岩体处，地下水会沿着裂缝的洞室内渗漏，大量渗漏的地下水会破坏地下水的自然状态，进而影响洞库储存的密封性。由于深埋于地下，渗漏进洞库内的地下水要采用抽水机分级排出，排水难度较大，对施工生产存在较大的影响。如地下水渗漏量偏大，为了保证洞库的气密性，水幕就要加大补水量，运营期进入洞室的水排出洞外后还要进行水处理，加大了运营成本。要减小地下水渗漏造成的各种影响，必须在洞库施工期做好地下水的渗漏水控制工作。在地下水封洞库修建中相对于一般隧道的正常工作条件，对地下水的渗漏控制更为严格，即使地下水的渗漏量较小，对一般隧道施工没有任何影响，但可能会对地下水封洞库的密封性造成影响，必须将地下水漏洞量控制在很小的量。要控制地下水的渗漏量，需结合地质情况采用注浆手段堵水注浆。

在竖井口等覆盖层或强风化结构物施工后，混凝土结构体因干缩而使密封塞与周围岩石间出现缝隙，也需要采用注浆手段使其充分接触，保持密封塞的密封性。在施工巷道软弱围岩段，常会采用拱架加强支护，其拱部常会存在混凝土空洞，为确保支护安全也会采用注浆回填拱部的空洞；另外，在密封塞等上预留的各种孔洞，在水幕巷道内安装各种传感设备后的孔洞，以及施工过程中钻的多余的孔等，均需采用注浆手段进行回填。

1. 注浆操作类型

注浆技术在地下工程中获得广泛应用以来，对注浆操作类型并无统一分类标准，在一些文献中对注浆操作类型作了不同分类，大致有以下几种分类：

（1）根据工作面的不同分为地面注浆与地下注浆。

（2）根据注浆目的不同分为堵水注浆和加固注浆、充填注浆。

（3）根据注浆浆液的种类分为单液注浆、双液注浆。

（4）根据注浆地质的不同分为岩石注浆、砂层注浆与土层注浆。

（5）根据压力的不同分为高压注浆与低压注浆。

（6）根据注浆工艺的不同分为前进式注浆、后退式注浆、全孔一次性

注浆。

(7) 根据注浆浆液类型分为水泥系浆液注浆、化学注浆、黏土类浆液注浆等。

不同的分类方法反映了注浆在某一工程中的侧重方面，即在这一工程中的价值体现或难点所在。虽然其他方面可能是一致的，在不同工程中，各工程师根据自己对注浆的理解分类也各不相同。

在洞库修建中，主要依据注浆的作用和部位，将注浆操作类型划分为5类。

1）堵水预注浆

开挖前先通过地质预报手段探明开挖面前方岩体内的含水情况，再对开挖面前方进行中深孔的注浆堵水，这种注浆方法称为堵水预注浆或预注浆堵水。堵水预注浆的优点为：堵水注浆的效果较好，较堵水后注浆的工程量较小。堵水预注浆的缺点为：需要停止向前开挖后，方能进行注浆作业，一定程度上会影响施工进度；钻孔的深度较长，对施工设备要求比较高。为得到较好的堵水效果，在洞罐、竖井口等部位常以堵水预注浆为主要方法；在巷道内只要出水不引起地下水位的下降，可采用堵水后注浆方法。

2）堵水后注浆

开挖后如出现局部的渗漏水，渗水量超标时也要进行堵水注浆，这种注浆方法为堵水后注浆。堵水后注浆的优点为：注浆一般不影响开挖进度，注浆可采用手风钻等简易钻机。堵水后注浆的缺点是：注浆效果一般不理想，需要通过多加注浆孔注浆的方式得到较好的注浆效果，注浆的工程量相对较大。堵水后注浆主要用于巷道、竖井、泵坑内，洞罐部位宜作为预注浆的补充手段。

3）固结注浆

在开挖中，为保证开挖处的围岩稳定而采用注浆方法固结破碎、松散岩体，以改善开挖面附近不良的围岩力学特性，为安全开挖创造条件而进行的注浆称为固结注浆，也可称为加固注浆。固结注浆主要在施工巷道入口段、竖井井口段等部位，注浆与强支护结合较理想。

4）接角注浆

密封塞混凝土浇筑后因混凝土干缩，在封塞混凝土与键槽岩面间出现缝隙，为确保堵塞处的密封效果而对该部位进行的注浆即为接触注浆。接触注浆在混凝土结构物干缩稳守后方可进行，如接触注浆处的缝隙较大或存在空洞等情况，应对该部位先进行回填注浆，再进行接触注浆。接触注浆主要用于巷道和竖井的密封塞部位。

5）回填注浆

在支护、混凝土等构筑物施工后，其顶部多会存在空洞，采用注浆方法对空洞进行回填即为回填注浆。回填注浆也用于钻孔内各种传感器的固定和一些多余空洞的封堵。回填注浆多为无压或低压注浆，注浆多采用水泥砂浆等材料。回填注浆主要用于巷道内拱架支护段、二次衬砌支护段和洞罐密封塞等部位。

2. 堵水预注浆

1）渗水量控制指标

要进行堵水预注浆，事先必须采用超前地质预报手段探明开挖面前方是否有地下水存在。超前钻孔是超前探水最直接、最可靠的预测手段，对钻孔内的出水量可划分两个控制指标，即 Q_1 和 Q_2。对洞罐内渗漏水量控制严格的工程，可适当调低出水量控制指标。在一般透水性强的岩体中，超前钻孔内的出水量会随着钻孔长度的变化而变化，这种情况多出现在中风化以上的岩体中，出水量控制指标应随着钻孔长度不同而变化。在结构完整的微风化岩体中，少量的地下水只会存在于某些结构面，与钻孔的长度关系不大，出水控制指标可确定为固定值。超前钻孔的数量一般不少于 2 个，设在开挖面的左右两侧，可分别代表开挖面前方的左侧区域和右侧区域。从注浆的效果方面看，超前钻孔的深度不宜超过 30m。

施工巷道从地面延伸至洞罐，靠近地表段常会从全—强风化岩体经过，超前钻孔内的出水量应按钻孔长度变化，施工巷道注浆判定渗水量指标见表 3-4。超前钻孔内无水时，无须进行堵水预注浆；超前钻孔内有水时，则进行相应的堵水预注浆。

表 3-4　施工巷道注浆判定渗水量指标

钻孔深度，m	10	15	20	25	30
Q_1，L/min	2	3	4	5	6
Q_2，L/min	20	20	40	50	60

水幕巷道和洞罐均处在微风化较完整的坚硬岩体中，地下水一般存于一些结构面或较小的裂隙中，且主要结构面和裂隙与洞室主轴线大角度相交，此时超前钻孔内的出水量一般不会随着钻孔长度的加长而增大，加之洞罐内对地下水的渗水量控制较为严格，超前钻孔判定渗水量

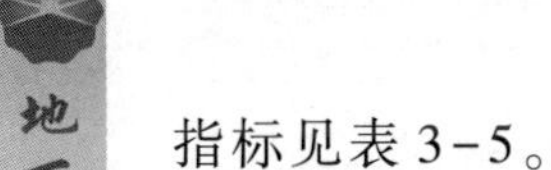

指标见表 3-5。

表 3-5　超前钻孔判定渗水量指标

钻孔深度，m	10	15	20	25	30
Q_1，L/min	2	2	2	2	2
Q_2，L/min	20	20	20	20	20

2）预注浆方案的选择

针对超前钻孔内不同的渗水量，应采取的注浆方案为：

（1）超前钻孔内水流量小于 Q_1 时，从超前钻孔中进行堵水注浆。

（2）超前钻孔内水流量大于 Q_1 而小于 Q_2 时，对钻孔对应的开挖面周边（部分周边）进行堵水预注浆。

（3）超前钻孔内水流量大于 Q_2 时，对整个开挖面周边进行堵水预注浆。

超前钻孔在司钻过程中，要记录出水的位置，在距离出水点一个开挖循环进尺左右时（一般位于 3~7m）停止开挖，用预留的这部分岩体作为注浆的止浆岩盘。

注浆方式是指浆液的压注形式和压注顺序。根据浆液的压注形式不同，注浆方式可分为压入式注浆和循环式注浆。压入式注浆是把浆液直接压入注浆孔充填裂隙，这种注浆方式注浆速度快、压力高，浆液充填密实，结石体强度高，可注入细小裂隙，是最常用的注浆方式。循环式注浆需要配置一套注浆管和一套回浆管，为实现稳定的注浆压力而将多余的浆液再放回储浆池，这样可以很好的控制浆液扩散的范围和注浆材料的消耗量。在地下水封洞库施工中，一般采用压入式注浆。

按照注浆的分段关系，注浆方式一般分为全孔一次注浆、分段前进式注浆和分段后退式注浆。

全孔一次式注浆即将注浆孔按照设计深度一次钻至底，是一次注浆完成的注浆方式，这种注浆方式施工速度快。

当钻孔穿过较多的含水层，由于浆液会沿着阻力较小的缝隙较宽的裂隙扩散较远，小裂隙处的浆液扩散效果一般较差，因此为使浆液在各含水层中均能均匀扩散，保证注浆效果，可采用分段注浆。分段前进式注浆是将设计钻孔按照长度分成几段，每次钻进一段后注浆一段。其优点是注浆效果较好；缺点是从第二段开始至最后一段注浆时，均需对之前已完成注浆段进行钻孔，增加了重复钻进工作量，延长了注浆施工时间，也加大了注浆施工工作量。分段后退式注浆是将注浆孔一次钻至设计长度，使用止浆塞从最前方向后注浆。其优点是无重复钻孔过程，可以加快注浆速度；缺点是需要采用性能良好、工作可靠的止浆塞，且止浆塞在孔内较难选择完整不漏浆的位置。

在地下水封洞库工程中，施工巷道和竖井井口透水性好，注浆钻孔同时会穿过的含水层较多，应采用分段前进式注浆；水幕巷道、洞罐内由于围岩完整性较高，钻孔同时穿透多个含水层的情况很少，应采用全孔一次性注浆；分段后退式注浆受到设备和地质条件限制，目前在国内很少使用。

采用分段前进式注浆时，根据工程实践一般根据岩石裂隙的发育程度和钻孔涌水量来确定注浆段长，钻孔内涌水量对应的注浆分段长度见表3-6。在破碎岩体中，通常采用分段前进式注浆方式，分段长度一般根据钻孔冲洗的漏失量和维护孔壁的难易程度而定。破碎岩体中前进式注浆分段长度见表3-7。

表3-6 一般注浆分段长度选择表

裂隙发育程度	发育	较发育	不太发育	不发育
钻孔涌水量，L/min	>160	80~160	30~80	<30
注浆分段长度，m	5~10	10~15	15~20	20~30

表3-7 破碎岩体中前进式注浆分段长度

裂隙发育程度	微弱漏失	小量漏失	中量漏失	大量漏失
钻孔涌水量，L/min	30~50	50~80	80~100	>100
注浆分段长度，m	>5	3~4	2~3	<2

3）注浆孔布置

注浆孔的布置与数量是注浆成败的关键因素之一，也是注浆工程量大小的关键因素之一。因此，必须根据注浆的目的、岩层裂隙的发育程度、注浆压力、浆液扩散的有效半径等参数合理确定注浆钻孔的布置，使其尽量与较多的裂隙相交。

（1）巷道和主洞室。

巷道和主洞室内预注浆孔的布置一般有两种方式：全周边布孔和部分周边布孔。

洞室顶层开挖时，如采用导洞法开挖，在探明导洞开挖面前方存在含水裂隙需进行注浆封堵时，应停止导洞向前开挖，将导洞段扩挖成顶层设计断

面，再对顶层设计断面进行注浆。由于地下水封洞库不会穿过岩溶、煤层等不良地质地层，注浆堵水的地层主要为裂隙水，一般无需对整个开挖面进行全断面预注浆，进行开挖面周边预注浆即可。对开挖面全周边注浆还是部分周边注浆，取决于地质预报和超前探水情况。

以一次超前注浆20m为例，注浆孔孔底应伸入开挖轮廓线2m以外，孔底间距为1～3m。注浆孔的总数可计算得出：注浆孔总数=孔底对应轮廓线÷注浆孔间距。为便于钻孔作业，开孔孔位对应轮廓线应在开挖轮廓线以内0.5m处，开孔间距可计算得出：开孔间距=开孔孔位对应轮廓线÷总孔数。开孔处间距过小影响钻孔或注浆作业时，可适当调整孔位，孔位可采用锯齿形布置。

为减少注浆工程量，注浆孔一次设计不宜过多，一般可按照上述参数设计第一圈（或局部）。第一圈注浆结束后，如检查孔或探孔内的出水量仍超标，可根据情况在第一圈孔间增加钻孔或增加第二圈。在第一圈孔内加密时，注浆孔的设计参数与原孔相同。增加第二圈孔时，开孔位置和孔底位置应在第一圈的基础上相应缩回0.5～1m，孔底间距与第一圈相同，开孔间距计算后可适当调整，与第一圈孔形成梅花形布置。第二圈注浆后，如检查孔或探孔内水量超标，可再在第二圈孔内增加注浆孔。同理，在水量超标时，可继续增加注浆孔。如一次注浆的注浆孔数过多时，应对巷道、洞室的结构设计进行优化。采用全断面周边布孔还是局部周边布孔，应根据探孔内、岩面的出水量，并结合地质预报情况确定。在连续进行预注浆堵水段时，相邻两次注浆段要有一定的搭接，搭接长度宜为3～5m，以搭接段作为下次注浆的止浆岩盘。

（2）竖井。

竖井口地面预注浆时，注浆孔布置于竖井井筒0.5m以外，孔斜与井筒保持一致，地面开孔平面布置与井筒呈同心圆等距离排列。注浆孔长度应超过预堵水段5m以上，总长在50m以内，孔间距为1～2m。一环注浆孔的数量可计算得：注浆孔布置环的孔长÷孔间距。注浆孔在井筒外一般布置1～3环，环间距宜为1～2m。竖井内由于空间有限，钻深孔进行预注浆难度较大，应以后注浆为主。

4）孔口止浆

注浆孔孔口的止浆是注浆成败的关键，对于预注浆一般的孔口止浆方法有两种：安装栓塞和安装孔口管。安装栓塞操作简便，先制作或购置成品的止浆栓塞，注浆前在注浆孔孔口段安装栓塞，栓塞尾部与注浆管路连接。安装孔口管工艺较复杂，先加工孔口管，在注浆孔孔口段钻好后在孔内插入孔口管，用注浆手段将孔口管和注浆孔孔口段完全黏接在一起，再换用较小的钻头从孔口管内进入钻孔至设计深度。

止浆栓塞一般有机械式和水涨式两种：机械式栓塞安装的压力较低，适合注浆压力较小和孔壁较完整顺直的注浆孔；水涨式栓塞安装压力较高，适合注浆压力较大和孔壁相对粗糙的注浆孔。止浆栓塞现场施工工艺较简单，但存在以下问题：

(1) 当注浆钻孔孔内壁不够顺直时（三臂凿岩台车由于钻杆刚度较小，孔内壁如肠状)，栓塞膨胀后很难完全接触孔内壁，导致接触压力降低，在注浆压力较大时容易漏浆，甚至将栓塞从孔内压出的安全隐患。

(2) 栓塞安装工人责任心不够，或在某些区域安装不便时，容易出现安装不到位的情况，此时也易出现栓塞从孔内被浆液挤出的情况。

(3) 在注浆孔孔口段存在软弱岩体时，栓塞膨胀后孔壁随之发生变形，栓塞无法安装固定。

(4) 在注浆孔口段裂隙较多，采用栓塞注浆时，浆液可从裂隙绕过栓塞漏出，也会导致注浆失败。

(5) 栓塞一般需要专业的厂家加工制作，单个的价格相对较高，使用不当造成损坏便无法重复利用时，使用的费用较高。

孔口管止浆是将一定长度的铁管焊接上法兰盘后采用注浆固定在孔口的止浆措施，孔口管在施工现场即可加工，管长可根据孔口段的岩体情况确定。注浆孔孔口段需采用较大的钻头钻孔，安装时将孔口管插入孔内注入水泥浆液即可，待水泥浆终凝后从孔口管内钻进注浆孔。孔口管虽然安装相对烦琐，但安装后固定质量一般较好，存在的问题为：从管内钻进时，如钻杆的角度不好会磨损管壁，需要对管壁进行焊接修复后再进行注浆；孔口管安装后，须待浆液终凝后方可进行钻孔，对工期有一定的影响。

从上述比较可以看出，孔口管止浆法虽然现场安装比较烦琐，但安装的可靠度较高，且使用价格较低。在现场施工时，要统筹安排后注浆的各项工作，后序孔口管安装可与前序孔钻孔、注浆等作业平行进行，以减小安装孔口管对施工工期的影响。

5) 注浆材料与注浆参数

(1) 注浆材料。

注浆材料要选择与洞库内储存的油品不能发生反应的品种，且性能要有较好的耐久性。水泥基浆液性能稳定，价格相对便宜，注浆时首选水泥基浆

液。水泥基浆常用的有水泥单液浆和“水泥+水玻璃”双液浆。在一般情况下，宜选用水泥单液浆；在岩面漏浆等特殊情况下，宜选用“水泥+水玻璃”双液浆。

① 水泥单液浆。

水泥单液浆中添加剂品种较多，为得到析水率小于5%稳定水泥浆液，可在纯水泥浆液中掺加膨润土。在水灰比0.8∶1的浆液中，掺加3%膨润土和不掺加时的浆液的黏度分别为48和23，可见掺加膨润土能明显提高纯水泥浆的黏度，也就能提高浆液的结石率。未掺加膨润土的纯水泥浆液易沉淀析水、稳定性差，且对用水量十分敏感，因此若在地下水流较大的条件下注浆，浆液易受水的冲刷和稀释，最终达不到理想的注浆效果；掺入膨润土后析水率明显得到改善，随着膨润土掺量的增加，浆液的稳定时间缩短，析水率降低，稳定性增加。由于膨润土浆液有良好的保水润滑性和流动性，可将水泥颗粒悬浮并携带到更远、更细小的岩体裂隙中，从而防止了纯水泥浆液在岩体裂隙流动过程中由于过早失水而凝固，使得注浆浆液扩散的较好。

通过试验得，浆液的水灰比越大，浆液的强度越低；在同水灰比条件下，膨润土掺量越大，浆液的强度也会降低，所以配制水泥浆液时一定要注意膨润土的掺量和水灰比的关系。在浆液中掺加膨润土后，浆液的分散性增加，当膨润土掺量超过3%时，浆液的分散性开始降低。膨润土掺加对水泥浆液的强度有一定的影响，掺量在4%内时浆液强度的降低是允许的，大于4%掺量时会较大程度的降低浆液的强度。

在一般工程注浆时，选用不同水灰比的纯水泥浆液，按照先稀后浓的步骤注浆，在地下洞库工程中，由于岩体相对完整，注浆量总体不大，采用不同浓度的浆液的量现场很难把握，并综合上述试验情况，可采用水灰比0.8∶1掺加3%的膨润土水泥浆液。

②“水泥+水玻璃”双液浆。

“水泥+水玻璃”双液浆是在水泥单液浆的基础上，为使浆液快速凝固而使用的。“水泥+水玻璃”双液浆是一种水硬性浆材，它具有早期强度高、结石率高、凝结时间可控性强、防渗性良好、料源广等优点。但也存在操作要求严、可灌性差、结石体后期强度低以及耐久性差等不足。在注浆中，主要用于堵大的涌水或跑浆严重的围岩浅层封闭注浆，作为水泥单液浆的补充浆液。注浆时，当岩面漏浆处不再漏浆时，后续的浆液仍应改为水泥单液浆。“水泥+水玻璃”双液浆拌制时，无须在水泥浆液中掺加膨润土。水玻璃的浓度宜为 35°Bé，与水泥浆的掺合体积比为宜为 1∶1。

（2）注浆参数。

注浆过程中应控制浆液单位时间内的注入量。注入速度可以由压力—速度曲线确定。先根据注浆前的注水试验测出压力—速度曲线。通常该曲线的规律是：速度增大，压力上升，速度升到一定程度时，压力开始下降；随后，若速度继续增大，压力趋于平稳。曲线中压力的最大值对应的速度称为临界速度。速度小于临界速度为渗透固结，固结形状为球形；大于临界速度且小于 5 倍的临界速度之间时，呈渗透脉状注入固结，固结形状为扁平球形；大于 5 倍临界速度呈劈裂注入固结，固结形状为平板状。最后根据设计的注入形态要求选定合适的注入速度，也可以根据经验值取为 5~20L/min。

浆液从注浆孔向四周流动的距离取决于要填充的节理性质，如宽度、粗糙程度以及填充物等，浆液的流动性质，节理内的有效应力等。从逻辑上讲，可采用允许达到的最高注浆压力，因为这样浆液向四周穿透的距离较大，可以减少注浆液设备的多次搬动，降低了施工操作费用。

注浆压力的上限要满足下面两个条件：

① 必须避免在注浆孔内产生水力劈裂。

② 在节理体系中必须避免水力劈裂和岩体上抬。

当设定注浆压力时，要确定一个下限压力，这个压力要满足：

① 注浆孔与节理相交处的压力必须足以把浆液驱入节理中。

② 保证使浆液到达的距离与注浆孔的间距相适应。

通常在注浆孔口测量注浆压力，目前通用的允许最大注浆压力经验法则是：欧洲经验法则为 1bar/m，美国经验法则为 0. 22bar/m。

不同的地质情况下地下洞库工程可采用的注浆量、注浆压力和注浆速度之间的关系见表 3-8。

表 3-8　注浆参数的选择

岩石类型	注浆速度，m^3/h	注浆压力，MPa
细裂隙	0. 5~1. 0	0. 3~0. 5 逆向压力
中大裂隙	2	0. 35~0. 5 逆向压力
空洞	20	
支护结构渗水处理	0. 5~2	0. 1~0. 3 结构物强度

逆向压力主要根据岩层裂隙、浆材类型、止浆岩墙的厚度、水压力等因

素考虑，通常选择3~4MPa的涌水压力，涌水压力值通过地质调查孔或深孔监测得出。

裂隙黏性地层及松散破碎带处，裂隙岩层中注浆是否结束主要按注浆量进行控制。岩石裂隙注浆主要按照注浆压力控制。一般钻孔的孔长与注浆压力的确定见表3-9。

表3-9　注浆压力控制指标

孔深，m	3~6	6~12	12~24
注浆压力，MPa	0.5	1.0	1.5

如果钻孔内有流水且水伴有一定的水压力，应当考虑孔内水压力的影响，注浆结束压力以2~3倍的孔内水压力进行控制，也可以在孔内水压力的基础上增加1~2MPa。同时，还有一种情况应当提高注浆压力，这种情况应当在注浆之前所做的压水试验中确定围岩的渗透性低于10^{-6}m/s的岩体中，注浆压力应足够高以便扩大裂隙，使水泥浆液能穿透取得较好的注浆效果。

注浆过程中，注浆孔的钻进、注浆要分序进行。在有多排注浆孔时，要逐排进行钻孔、注浆。在巷道、洞室作业面注浆时，应按照由外环向内环的顺序；在竖井口注浆时，也应按照由外环向内环的顺序进行钻孔、注浆。在同一排内，应隔孔进行钻孔、注浆，即先钻奇数号孔并注浆，再钻偶数号孔并注浆。为使效果较好，一序孔不完成注浆，另一序孔不进行注浆；上一排孔不完成注浆，下一排孔不进行注浆。

同一循环的设计所有注浆孔完成注浆后，应检查或评定注浆的效果，确定是否进行补充注浆。检查注浆效果一般要设检查孔，看检查孔内的流水情况。在施工任务较重的情况下，注浆后钻检查孔，再设计补充注浆方案，会影响注浆的施工进度。为加快注浆效果的评定，可将确定注浆方案的超前探孔作为检查孔，在注浆时先关闭超前探孔防止孔内地下水流失，注浆过程中要经常观察探孔内的水量变化，及时对注浆方案进行调整，直到探孔内的出水量达到允许值时，方可对探孔进行注浆封堵，结束本循环的注浆。这样做可以在注浆过程中及时做好注浆方案的调整，无须最后再进行效果检查。

3. 堵水后注浆

巷道、洞室、竖井开挖后，在工作面以后的部分区域如果出现渗漏水，需要进行后注浆。一般情况下巷道内单点的渗漏水量超过2L/min时应进行该部位的堵水注浆；洞罐内的渗漏水量超过1L/min时进行该部位的堵水注浆；竖井内的渗漏水量超过0.5L/min时进行该部位的堵水注浆。

注浆孔的位置应与渗漏水裂隙相交，这样的孔导水性较好，注浆堵水效果也较好。注浆孔的布置宜为环形或线形，如地下水沿着某条裂隙流出，可沿着与出水裂隙相交的方向设一排或几排注浆孔；如漏水部位裂隙情况复杂，漏水呈片渗漏时，应围着漏水区域进行布孔，注浆孔可布置成环形；如单点股状出水，可布置沿着流水点的注浆孔。注浆孔的数量根据漏水区域、注浆扩散半径而定，一般注浆孔间距为1~1.5m。巷道、洞室内注浆孔长度一般为5~20m，竖井内的注浆孔长度一般为3~5m。

后注浆的材料、孔口处理、注浆分段等方法与预注浆一致，此处不再赘述。注浆顺序要根据渗漏水情况确定，如沿着裂隙流水，可先注钻孔后不出水的孔，再注出水小的孔，最后注出水大的孔；如呈片流水，要先注外环的孔，再注内环的孔；竖井内注浆要按自上而下的顺序注浆。注浆压力一般为孔内静水压力的2~3倍或在孔内水压力的基础上增加1~2MPa。

注浆完成后，无须设检查孔进行注浆效果的检查，而是直接根据渗漏水量的变化情况确定补充注浆的方案。注浆的过程为持续改进的过程，直到渗漏水量小于注浆要求。

4. 固结注浆

为保障围岩开挖的正常工作条件，对围岩出现的小断层、软弱夹层、岩石分界面等，都应进行固结注浆对地层进行改良加固，保证开挖的正常工作条件，这就是固结注浆。固结注浆对围岩稳定至关重要。

固结注浆孔深度与循环开挖进尺密切相关，注浆范围在开挖轮廓线外2~10m，注浆压力视现场情况确定，宜为1.0~3.0MPa。注浆的材料、孔口处理、注浆分段、注浆顺序等方法与后注浆一致。固结注浆应以注浆压力为注浆结束控制条件，注浆后可设检查孔检查注浆效果。

检查孔钻好后，应对检查孔按照注浆方式进行注水试验，注水流量大于设计值时要进行补充注浆，注水试验结束后采用注浆方法对检查孔进行封堵。

5. 回填注浆

回填注浆是为了填满施工过程中岩石的孔隙、节理、断层以及在混凝土衬砌、混凝土环和钢模之后的孔隙，堵塞气体逃逸通道。因此，根据开

挖后的地质描述，对有孔隙、节理、断层处应进行注浆，在较厚锚喷支护的背后、混凝土衬砌的拱部、巷道密封塞的顶部等位置，也应进行填充注浆。

回填注浆的材料、孔口处理等方法与上述一致。注浆孔一般设在需回填部位的下部、中部，上部一般设排气孔，排气孔1~3个。

回填注浆的注浆压力应视现场条件最终确定，一般注浆压力为0.3~0.5MPa，注浆孔深应伸入回填空腔内，只要设1个孔作为排气孔，排气孔应设在空腔内最高处。回填注浆后，注浆饱满情况一般以最上面排气孔是否回浆作为判断依据。

6. 接触注浆

接触注浆的作用是密闭混凝土和岩石孔隙，固结围岩，调控周围岩石渗漏。因此，全部的衬砌和混凝土封塞之后，可进行系统的接触注浆。

衬砌后的接触注浆孔应插入岩石不小于0.5m，注浆压力从0逐渐增加到0.5MPa。埋在混凝土封塞里的导管孔应进入岩石不小于1m，注浆压力应视现场情况而定，但不得超过2.0MPa。注浆浆液应采用膨润土水泥浆，浆液配比为1∶1，膨润土掺量为4%。注浆结束标准以注浆压力进行控制，要求全部孔可一次注浆也可采用分批注浆。

七、洞库容测量

洞库容测量就是对洞罐的形状进行容积测量，然后创建洞库三维模型，依据选定的参照水平面对建模的洞库进行水平方向的剖切，得到规定要求的一定深度容积计量表和剖切图。洞库容积测量部位包括主洞室、泵坑、集水池，及进入洞罐内的连接巷道、施工巷道、竖井等。

1. 洞库容测量原理

洞库容测量采用免棱镜智能型全站仪+机载断面软件进行断面测量，沿洞库方向按照一定的间距采集垂直或水平断面。

根据各断面实测的断面线计算出断面面积、断面间距，计算出各洞库的容积，然后借助专业软件对采集的三维测量数据进行洞库三维空间实体模型的建立，使产生的模型形状可以用来三维可视化，从而计算出某一液面高程下的洞库容积和任意方位切割剖面，得到实体容量报告。

2. 洞库容测量主要设备

洞库容测量中需要一系列的设备和软件来完成三维坐标数据的采集、测量数据的处理、模型的建立，见表3-10。

表3-10 测量设备一览表

设备名称	型号	精度	备注
全站仪	IM/TS/TCRA或其他	Ⅰ级全站仪	免棱镜、智能型
机载断面分析软件	徕卡机载隧道断面软件	满足计量要求	配套
断面数据预处理软件	—	—	
三维实体建模软件	三维仿真建模软件	满足计量要求	
棱镜	—	—	配套
三脚架	全站仪脚架	—	配套
湿温度计	—	±1.5℃、7%RH	
强光电筒	—	—	低电压
平台车	25m高伸臂	—	25m登高设备
安全带	—	满足要求	
反光贴	—	满足要求	

所用主要设备和软件简介：

（1）徕卡智能全站仪。徕卡TM30/TS30全站仪，具有前瞻性，适用于现在及未来的各种测量监测项目。测量机器人由带电动马达驱动和程序控制的TPS系统结合激光、通信及CCD技术组合而成，它集智能驱动、目标识别、自动照准、自动测角测距、自动跟踪、自动记录于一体，可以实现测量的全自动化。测量机器人能够自动寻找并精确照准目标，在1s内完成对单点的观测，并可以对成百上千个目标作持续的重复观测。徕卡TM30/TS30全站仪以0.5″级高精度、高速度，全自动化设计，确保全天候不间断工作。即使被监测物体发生极细微的变化，也能被及时发现。它综合了长距离的自动精确照准、小视场、数字影像采集等先进技术，能满足各种监测技术要求。

（2）徕卡TPS隧道断面机载测量软件。在徕卡TM30/TS30全站仪上加装具备隧道断面测量数据处理能力的软件模块，具有断面自动测量、断面放样、随机检测、自动采集数据、自动记录、数据导出、分析计算等功能。组合成的全自动、无棱镜三维断面测量仪，可自动快速采集断面数据，一次设站可以测量多个断面，5min可采集80个断面点。在PC机上具有编辑线路曲线、横断面设计参数，通过核对无误后拷贝到全站仪的CF卡相关目录，为现场自

动化测量拷贝至PC机进行图像化分析计算。

（3）三维实体建模软件。该软件是一款三维数字化软件，能兼容多种流行的数据库和数据格式；提供简单易学、功能强大的二次开发函数库。其主要特点如下：

① 强大的空间模型三维显示和编辑功能。

② 基于点的信息记录方式，可以在每个点上添加描述字段，用来记录描述性信息。

③ 独特的线分类方式，每一个线段或点都有两级编号组成的线段ID，可以通过这个ID对线上的坐标、描述信息及显示隐藏、运算、显示打印样式设置等进行批量操作。

④ 拥有多种测量仪器接口，可以将多种测量仪器产生的数据导入特有测量数据库，用以控制点信息或记录稳定性检测信息。

⑤ 特有的三角网化工具等命令，显著降低了建立复制模型或其他面模型的工作量。

⑥ 强大的数据库自定义功能及管理工具，可以记录各种信息，可以方便地根据各种条件约束进行查询、显示、统计、组合等。

⑦ 可以建立方便做统计及各个方向的剖切的模型。

⑧ 块体模型功能可以自定义各种类型属性，用以记录或生产信息，方便地统计各种类型的信息。

3. 洞库容测量方法

进行洞库容测量前，应将洞罐以及所有的测量部位内的粉尘、碎石渣等杂质用高压水冲刷干净并保持洞罐及各测量部位底板无积水。

1）建立洞库测量控制网

以设计院所交的地面控制点或洞内施工控制点为基准对整个洞库建立统一的测量控制网，在控制网的基础上对需要测量的部位进行控制点的加密；测量方法采用精密导线测量、水准测量和三角高程测量，经严密平差计算后得到各控制点的三维坐标。精密导线测量精度为：测角中误差不大于2.5″，全长相对闭合差不大于1/35000，相邻点相对点位中误差不大于1mm；高程测量精度为：每公里误差不大于4mm。

2）定义TPS隧道断面测量系统参数

对洞库的设计参数复核后，在全站仪的断面测量系统中依据设计数据定义平曲线、竖曲线和各测量部位的设计断面参数，得到闭合的设计参考断面。

(1) 竖曲线录入。竖曲线的录入工作相对较容易，能较快完成录入和比对复核工作。输入时明确大里程方向、变坡点。输入要素有：里程、高程、半径及切线。其中半径分正负；不是变坡点的半径及切线、起点与终点。

(2) 平曲线录入。平面定线是指可以用来描述、确定道路中线确切位置的一组数据，包括起点里程，线型转向半径、坐标等数据。平曲线要素的录入主要利用线元法进行线路检核，能较好地体现线元法的计算复核优势。横断面的录入也可以用于检核设计图纸参数，需要注意的是不同的软件所对应的录入格式稍有区别，需要认真核对图纸，确保无误后将录入数据导入机载软件进行检核，便于进一步的外业数据采集工作。

(3) 设计横断面录入。断面坐标系：横断面曲线要素数据根据右手坐标系求得，坐标系以线路在断面里程处设计标高点为原点，以线路中线前进方向右侧法线为 X 轴，以原点天顶方向为 Y 轴。输入设计断面时，按照顺时针依次输入每段直线和圆弧，注意坐标系及原点的确定、大里程方向、顺时针方向。输入要素包括：各线形变化处的坐标线形、半径圆心角。断面线形分为直线及圆，断面必须要封闭。

3) 采集断面三维数据

在洞库（巷道）底板中线附近架设全站仪并对中整平，采用自由设站的方法。

仪器假设在 a_0 点，进入全站仪自由设站程序，按照提示分别对 A 点和 B 点进行测量，就可以得到测站点的三维坐标，经设站精度满足要求和用第三个点检核无误时方可置全站仪为无棱镜模式，选择平曲线、竖曲线、断面类型、点间距和断面间距等设计参数。

4. 洞库的建模和剖切

1) 测量数据的预处理

软件采用测量数据库来处理测量数据。首先把断面测量数据转换成线文件格式，线文件中的每一个断面点先组合成段，由一个洞库的所有段组成线串，针对这种测量方法很难处理。再通过编程对原始测量数据格式进行转换，实现库容测量数据转换到三维软件所需的线文件数据格式，即. str 文件。

2) 洞库的建模

实体模型是由一系列相邻的三角面，包裹成内外部透气的实体。

实体是由一系列在线上的点，连成内外部透气的三角网，任何三角面的

边必须有相邻的三角面，任何三角面的 3 个顶点，必须依附在有效的点上，否则实体是开放的或无效的。实体模型是用来描述三维空间的物体，是软件的基础。实体模型也是基于数字化表面模型（DTM）的原理，由线串上包含的点形成的一系列的点和线，三个点之间连成面，所有面的集合来反映物体的轮廓，这些三角面在平面视角上可能是重叠的，但是在三维网中认为是不重叠或是相交的，在实体模型中的三角形是个完全封闭的结构，其定义成实心体或者空形体的模型，产生的形状可以用来三维可视、计算体积、任意方位的切割剖面等，如图 3-6 所示。

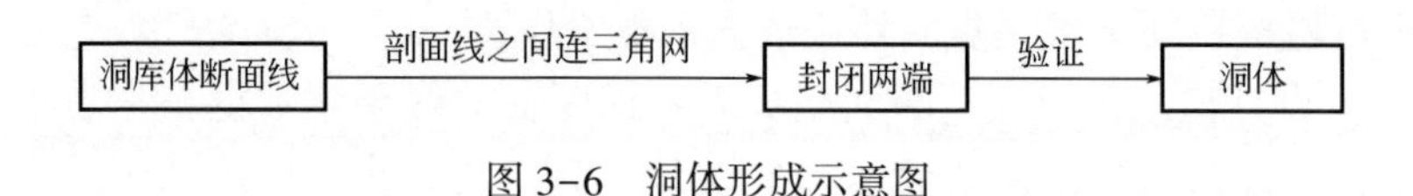

图 3-6　洞体形成示意图

在软件工作区中有若干层，其中必有一个活动层，每个层中可有若干体，在每个体中又有若干三角网，三角网由若干三角面拼接起来，三角网由若干相邻的三角面组成，每个三角面有三个点组成，构成一个面函数：

$$Ax+By+Cz+D=0$$

软件约定：构成三角面的三边长必须都大于 0.06m，如果在特征线中相邻两个点距离小于 0.05m，则必须清除图层上的交叉点、重复点、重复段，聚结点等，这些线的折叠和聚集点在连接实体模型的时候可能会引起一些重叠三角形问题，而导致实体验证不能通过。

其次采用线文件工具进行更改断面线的方向，在软件中规定不同的线方向会影响实体模型运算功能，则用线文件工具进行处理。

这将确保所有的数字化的段都设置为顺时针方向，对实体的解译合并起着极大的作用。创建三角网：沿着统一的方向，在相邻两个段之间按照洞库的趋势，连成三角网；软件提供了强大实体创建方法，三角网创建过程如下：

（1）两个段之间：在不同的剖面间联结三角网。

（2）在一个段内：在一个选中的剖面内自动完成三角网的联结。

（3）段到一个点的：一个剖面到一个点联结三角网。

（4）多个段之间：自动在一系列线和剖面间联结三角网。

（5）使用控制线：用控制线来定义剖面，进而产生三角网。

（6）根据手动选点：手动定义三角网约束，在剖面间联结三角网。

(7) 单三角形：通过选定三角形顶点来定义每一个三角形。

(8) 从一个段到两个段：在一个闭合的母剖面和两个子剖面或点间，使用联合概念，来控制分支线，进而产生三角网。

(9) 从一个段到多个段：在一个母剖面和多个子剖面间联结三角网。

(10) 使用中线和剖面：利用剖面沿着中线联结三角网，一般用此功能生成井下巷道实体。

3）实体的有效性验证

如果组成实体的各三角面存在自相交、无相邻边、重复边、无效边，则实体不是有效的实体，无效的实体不能计算体积、空间约束、逻辑运算等。如何来验证实体，相关软件提供了一系列工具。

4）洞库实体运算

通过实体的有效性验证，在实体之间、实体与面之间进行空间的交集、并集和差集的运算。

实体之间、实体与面之间可以进行空间运算，即如果有公共部分，得出公共部分的实体，可以合并为一个，可以从某个实体扣除另外一个。合并完成后要对实体进行有效性验证，验证通过后保存模型，以便以后对模型进行操作。

5）洞库实体模型的剖切

定义以 Z 轴作为剖面轴线，以轴的垂直方向进行剖切，定义库容计量起点高程，输入剖面高程，软件就会自动计算绘制出该高程的剖面。

5. 洞库总库容的计算

1）建模软件自动计算

依据建好的洞库三维例题模型图，通过实体的有效性验证，就可以自动生成实体报告文件，文件中包含有洞库总体积。

2）人工计算

通过人工编程，计算所有的垂直或水平断面面积，再与每个测量单元的长度积分求得总库容。

可借助 TPS 隧道测量数据后处理功能模块进行。人工计算的总库容与自动计算的总库容可以相互比较验证。

6. 点位精度和密度对总库容的影响分析

1）点位精度

断面测量时，断面上采集到的每一个数据点是构成库容的最基本的单元，点的集合决定了洞库的总库容，断面上点位的精度和密度影响着断面的面积测量精度。断面测量系统中采集到的每一个点的坐标都是通过对采样点进行测角、测边计算出来的，可见断面面积的测量精度决定于全站仪的测角、侧边的精度，与断面的形状也有着密切的关系。为分析方便，假设以半径为 R 的圆断面为例：设面积测量中误差为 m_s、半径测量中误差为 m_R，根据误差传播定律，则有 $m_s = \pm \pi m_R^2$；同样，设仪器的方向测角中误差为 m，则有$m_s = \frac{m}{\sqrt{2}\pi\rho}$，可知仪器的方向测角中误差越小，对断面面积测量精度的影响也就越小，因此建议采用高精度的 I 级智能自动全站仪进行测量。

2）点位密度

点位密度就是采样的点与点之间的间隔距离，在断面测量系统中也就是全站仪对采样点的角度步进值。由于洞库施工后，没有进行二次衬砌，洞壁仅进行了初喷，洞壁表面粗糙凹凸不平，采样点在粗糙的表面上测量，凹凸的差值大小不一。这样对于断面采样存在着代表性误差和不确定度问题，对整个洞库来说，凹凸的差值符合正态分布规律，这样通过约束固定采样点位的密度就可解决洞库容的不确定度，通过查阅和借鉴有关资料，在同样测量精度和采样点位密度的条件下，以圆断面为例，圆半径越大，采样点的角度步进值可以适当放大。

八、密封塞施工技术

密封塞是设置在施工巷道和竖井底部的钢筋混凝土结构物，将施工巷道、竖井与洞罐隔离，使洞罐成为储存油品的密闭容器。在少数工程中，水幕巷道口也设计了密封塞，将施工巷道和水幕巷道隔离，水幕巷道口的密封塞与施工巷道底的密封塞施工技术相似。

密封塞段施工主要工艺流程为：

（1）在开挖至设计密封塞位置附近时，应先对密封塞附近的岩体进行加固注浆。

（2）在该段巷道（或竖井）开挖后根据揭露的地质情况确定密封塞具体的位置。

（3）密封塞段键槽开挖并锚杆支护。

（4）施作靠洞罐侧模板，即施工巷道密封塞施作洞罐一侧的模板，竖井密封塞施作底部模板。

(5) 编制钢筋，安装人孔、排水管、注浆管、循环水管、温度传感器等预埋件。

(6) 混凝土浇筑。

(7) 拱顶回填注浆、接触注浆、人孔回填注浆、排水管回填注浆等。

1. 材料要求

水泥：浆用水泥的压缩强度应大于 32. 5N/mm^3，钢筋混凝土用水泥的压缩强度应大于 42. 5N/mm^3，应选用地水化热的水泥。

骨料：粗集料应使用质地坚硬、耐久、洁净的碎石，级别不低于Ⅱ级；砂子应采用天然砂，级别不低于Ⅱ级。

膨润土：竖井封塞上的膨润土应满足 8≤pH≤12。

钢筋：混凝土结构钢筋的标号不应低于 HRB335。

其他对混凝土质量有害的各种物质的最大许可量为：氯化物为 600g/m^3、硫化物为 450g/m^3。

2. 配合比试验

1) 混凝土试验

混凝土配合比试验应至少于第一个封塞施工前 3 个月进行。试验包括检查混凝土抗压强度和混凝土坍落度值。混凝土配合比试验应选用实际采用的材料，配制的混凝土应满足和易性、凝结速度等施工技术条件，制成的混凝土应符合强度、耐久性等质量要求。

凝土最大水灰比和水泥用量应满足规范要求，最大水泥用量不宜超过 350kg/m^3。使用外加剂时应符合规范规定。

为了把混凝土由于收缩而出现裂隙的风险减少至最小，对适配的混凝土进行温度测试试验，试验时制作一个 1m^3 的容积的钢模板，模板四周放置 2cm 厚的泡沫等保温材料，将拌制好的混凝土入模板内，在混凝土中心插入一根底部封闭的钢管，钢管内充满水，水中放入温度传感器，用温度传感器记录浇注后一整周的温度。在一周内，混凝土中心的最高温度低于 50℃，该混凝土方可用于施工，否则应调整混凝土配合比。

巷道封塞浇筑时，在靠巷道侧模板上设混凝土浇筑窗口，便于人员进入封塞内部浇筑混凝土。投料窗口以下混凝土坍落度以 160~180mm 为宜。窗口以上因人员无法进入模板内振捣，混凝土宜采用坍落度 220~230mm 的自密实混凝土。竖井封塞混凝土坍落度宜为 120~180mm。

2）注浆

注浆材料宜采用“水泥+膨润土”浆，注浆水灰比宜为0.8∶1~1∶1，膨润土掺量宜为3%~4%，浆液的强度、黏度符合注浆要求。

3）膨润土

所选用的膨润土不得具有腐蚀性，且有良好的体积膨胀率，通过试验确定7d、14d、28d的泥浆沉降量，以利于回填控制。

3. 施工巷道密封塞

封塞施工前3个月应进行稳定性分析，对封塞外部荷载及封塞厚度合理性进行论证，并对岩体稳定性进行分析，如巷道位置岩石因风化程度高或者有不利结构面等原因不满足要求，应调整封塞位置及设计厚度。

施工巷道封塞底座为双截锥形，属于大体积混凝土，厚度一般不小于5m，键槽深入岩体最小厚度为1m，具体尺寸应满足结构受力要求。考虑到岩石节理缝隙，位置应距离主洞室至少10m。

1）密封塞附近加固注浆

为了填充密封塞段可能存在的细小裂隙，在密封塞开挖前应先对该部位进行注浆。注浆布孔参照全周边注浆布孔的原则，注浆浆液、压力、检查等参照固结注浆的原则。施工巷道密封塞注浆孔应从巷道向主洞室方向钻孔，注浆后再开挖施工巷道封塞段。

2）密封塞段开挖与支护

密封塞开挖成形对密封塞结构极为重要，需要严格控制超挖与欠挖。当超挖较大或出现大面积超挖时，应根据开挖的实际形状对封塞混凝土结构设计进行调整。施工巷道、竖井开挖至封塞附近时，应严格控制该部位附近的超欠挖，尤其要注意避免出现大面积的较大超挖，这就需要在爆破开挖时结合岩体特性和节理走向，适当调整爆破孔的间距、深度、角度进行短进尺光面爆破。施工巷道在邻近设计封塞段位置前20m左右时，应将爆破进尺控制在2m左右，从而使封塞成形达到比较理想的效果，不至于因施工巷道的开挖成型较差，从而影响封塞受力。

在施工巷道穿过密封塞部位时，若有出现大于1L/min的涌水则应进行注浆处理，注浆孔的数量、方向、长度和角度满足设计图纸要求，注浆施工方法参照开挖后注浆堵水的内容。

在施工巷道封塞段开挖后，根据开挖的成型情况和实际揭露的地质情况，确定封塞键槽的准确位置。键槽开挖宜分次弱爆破，严格控制受力面的成形。爆破钻孔宜从键槽受力面钻进，采用光面爆破，爆破后再从非受力面钻爆破孔进行光面爆破。键槽两个面完成爆破开挖后，对局部欠挖进行弱爆破处理。施工巷道键槽应先开挖边墙、拱部，底部键槽在该施工巷道不再使用时再进行开挖，以免影响施工巷道内的交通。

密封塞键槽开挖后，对施工开挖轮廓进行测绘，两个测绘横断面之间的距离不应大于50cm，键槽面超挖不宜大于30cm，不得有欠挖。如局部超挖较大，可对超挖部位进行处理，应开凿岩石尽量使岩面形状平滑，以便于混凝土结构钢筋安装。

封塞键槽开挖符合要求后，根据施工图进行锚杆支护，为使混凝土与键槽面更好的结合，严禁进行喷射混凝土支护，锚杆角度宜垂直键槽面。

3）钢筋安装

（1）钢筋应在设计图纸的基础上依据开挖轮廓进行适当调整，距离岩面不宜小于10cm、大于30cm。加工安装应符合钢筋混凝土施工技术规范要求。

（2）预埋泵管处附近的钢筋不应过密，如过密应适当调整，以泵送混凝土在出口处不会因为钢筋过密而堵塞为宜。

（3）投料窗口处截断的钢筋后期应按要求补充。

4）预埋管道及温度传感器

（1）人孔。

人孔形状为双截锥，为洞内后期接触注浆检查及设备检查时人员进出设置，人孔应采用钢模板，能承受一定上部混凝土的压力，孔口尽量密闭，混凝土混合流出率<5%，外露部分板材需防腐。人孔顶部安装放空管，管口必须高于人孔顶部。

（2）放空管。

放空管应安装在封塞顶部以排除凝固期间聚集的空气并且核实混凝土是否到达冠顶。放空管以同样的方式安装在人孔里。放空管位置为冠顶最高点，尤其是在可能出现的气窝处。放空管数量至少4根，直径不小于75mm，顶端距岩石表面约5cm，每根管子应穿过模板并接入塞内部。

（3）回填注浆管。

注浆回填应填满封塞顶部所有可能存在的空隙。应通过放空管或回填注浆管注浆回填，回填管应放置在封塞拱部，除放空管外数量至少4个，直径大于50mm；每根管子应穿过模板。其顶端有一个石膏塞（或水泥塞），顶端距岩石5cm。

管子应固定牢固，防止振动棒振落。

（4）接触注浆管。

接触注浆是在混凝土凝固收缩后，确保混凝土和岩石之间接触良好。接触注浆通过回填管道、放空管和接触注浆管道进行。注浆管位置应依据封塞开挖后岩石情况，其顶端距岩石3cm，数量依据注浆扩散半径确定，但孔间距不超过3m（孔底位置），直径不小于50mm，每根管子应穿过模板；其顶端有一个石膏塞。

（5）温度传感器安装。

至少应安装5支温度传感器于下列位置：一支位于岩石、混凝土界面；一支位于距封塞面进入侧和封塞中心之间1/4处；一支位于距封塞面进入侧和封塞中心之间中点处；一支位于封塞中心；一支位于封塞外，用于测量巷道内空气温度。

在凝固期一天测3次温度，浇筑期每2h测一次，记录完成后应画出温度曲线，为以后的封塞施工提供参考。

（6）冷却水管。

为降低混凝土温度，应安装冷却水管，纵横向间距1m为宜，直径>30mm，应形成循环回路，水流从低处进入，高处流出。

上述管路安装后需进行定位、加固，以确保混凝土浇筑时不移位、不变形。

5）模板安装

模板可采用木模板、钢模板等，模板板面应平整光洁，接缝严密，不漏浆，保证结构物形状、尺寸准确。采用钢模板时，宜采用标准化的组合模板，拼装应符合现行国家标准，各种螺栓连接件应符合国家现行有关标准。采用木模板时，可在施工现场制作，木模与混凝土接触的表面应平整光滑，木模的接缝可做成平缝或企口缝，采用平缝时应采取措施防止漏浆。无论采取哪种方案，模板稳定性应通过稳定性分析验算论证，模板的强度及拉杆的布置应满足力学要求。

巷道侧模板应预留施工窗口，便于浇筑混凝土人员施工进出。施工窗口应设置在拱顶，高度不宜大于80cm，从而使混凝土可振捣密实高度尽量靠上。窗口模板上部承受楔形混凝土压力最大，在后期泵送时，特别是混凝土即将灌满整个封塞时，泵管压力及仓内混凝土压力急剧增大，泵管每泵送一次，模板都受到一定的荷载冲击。因此，该部位必须有较大刚度，最上部有拉杆及斜撑，防止模板爆模及断裂。

人孔模板应有足够刚度，应采用钢模板，可分段加工后现场拼接，安装时应支撑牢固，并采取防止上浮措施。模板最高点必须设置放空管，管口高度应高于人孔高度至少15°。人孔模板应制作进出口堵头，堵头可采用强度较大的钢板，堵头安装必须牢固，主洞室侧应采取防腐处理，安装后可与人孔焊接成一体，若钢板不能承受住较大的注浆压力而引起变形，则注浆前应在钢板中间设置对向拉杆。

在浇筑混凝土之前，应对模板进行全面、严格检查，核对图纸位置、尺寸，制作是否密贴，螺栓、拉杆、撑木是否牢固，是否涂抹模板油或其他脱模剂。封塞完成后模板应全部拆除，内膜若采用砖墙、混凝土墙，且无外露钢筋，可不进行拆除。

黄岛LPG地下水封洞库项目封塞施工时主洞侧模板采用砖模板，制作简单，安全可靠，并不用后期拆除；巷道侧模板采用木模板，制作时间较短，可以作为借鉴。

主洞室侧模板采用标准砖块，砖墙厚度为50cm，采用M20砂浆砌筑。在砖墙中预埋ϕ16拉杆钢筋，拉杆外上垫板及螺帽，内侧外漏长度不小于30cm，拉杆纵向间距100cm，横向间距70cm，垫板和螺帽要进行防腐处理或者完成后采用水泥砂浆覆盖，也可以把拉杆直接预埋在砖墙内。

施工巷道侧模板采用木模板，用15mm光面胶合板作为面板，胶合板后设50mm木板作为衬板，衬板后设150mm方木做纵横向支撑。采用直径16mm的对拉螺栓，在模板上设人工操作窗口及预埋注浆管。人工操作窗设在顶部，用于混凝土浇筑，窗口大小为100cm×80cm（高×宽）。

人孔采用自制钢模板，模板厚度为1cm，分为四块，两端两块为圆筒形，长度分别为150cm、100cm（考虑模板位置，预留50cm）。中间两块为截锥形，长度均为175cm。四块钢模板采用公称直径为10mm的法兰连接，螺栓为M20，现场组装时，先设可靠脚手架支撑。

钢筋绑扎完成后，落在钢筋上，固定牢固。为防止模板上浮，采用钢筋与底板预埋钢筋焊接，每100cm固定一组。

模板的制作要与施工方法相结合，窗口模板要提前预制完成，浇筑至窗口下部时安装该模板，泵送后期窗口模板上部位置承受较大压力，应特别加固。

窗口上部混凝土泵送时，需插入一根泵送管，为防止泵送管抖动幅度过大，应在模板外侧连接一根软管。

6）混凝土浇筑

混凝土浇筑前，应对模板、钢筋、预埋件进行检查，并做好记录，符合设计要求后方可浇筑。模板内的杂物、积水和钢筋上的污垢应清除干净；模板如有缝隙应堵塞严密；模板内刷脱模剂。浇筑前应检查混凝土和易性和坍落度，窗口以下可振捣部位坍落度采用180mm±20mm，窗口以上无法振捣位置采用220mm为宜。

混凝土应采用振动器振捣密实，密实的标志是混凝土停止下沉，不再冒出气泡，表面呈现平坦、泛浆。混凝土应连续进行，因故必须中断时，其间断时间应小于前层混凝土初凝时间或重塑时间。为减小模板侧压力，防止爆模，应合理选择浇筑速度，每小时浇筑高度应根据混凝土配比试验初凝时间确定。但混凝土配制时间与施作时间之差应限制在90min内，混凝土应均匀分层上升，应在下层混凝土初凝前浇筑完成上层混凝土。混凝土浇筑期间，应设专人检查模板、预埋件等稳定情况，当发现有松动、变形、移位时，应及时处理。

模板中的进口窗（操作窗口）要尽量高，混凝土要正确地振捣到进口窗高度，推荐采用泵送法。混凝土泵管前端尽可能与超挖最高点靠近，为了使混凝土在窗口上部浇筑较容易，可把一根软管与混凝土管连接，削减泵送时泵管产生的力量；窗口上部应采用坍落度较大的混凝土，以利于混凝土流动，使拱顶部位混凝土浇筑密实。在封塞最高点设置放空管，待泵送混凝土从放空管溢出时，说明封塞灌注已满，浇筑完成。后期泌水收缩缝隙由回填注浆来处理。

巷道封塞为大体积混凝土，应采取加快散热速度，设置冷却管，掺加外加剂等措施控制水化热温度；混凝土浇筑时及时接通冷却水管进水口，运行循环冷却系统以降低大体积混凝土内部温度，脱模后在混凝土表面洒水养护。通过温度传感计定时记录各点混凝土温度。

7）回填注浆

回填注浆的目的是注浆回填封塞顶部的所有空隙，步骤如下：

（1）首先检查回填注浆管和放空管位置、长度、可钻性。

（2）顺着管子钻眼，遇到岩石即停止，在每个管道管口安装机械栓塞或焊接法兰。

（3）当混凝土养护期过后开始回填注浆，从两侧墙部向拱顶施工。

（4）连接管道及注浆机，注入水泥浆。当水泥浆从其他管子里流出时，关闭流出浆液的管子，继续注浆直至极限压力（压力标准：停止压力为静压以上1.50MPa），达到极限压力后关闭栓塞。当泥浆开始凝固，拆除栓塞。每条注浆管线进行同样的操作。

与此同时，应检查是否有泥浆从封塞、岩石接触面或从岩体渗出，如有则停止注浆，用快速凝固水泥密封渗漏区，泥浆凝固后，拆除栓塞，重新钻穿注浆的管道，再次安装栓塞后继续注浆。

当每个孔都达到极限压力，且没有任何渗漏，回填注浆完成。人孔回填注浆与封塞回填注浆施工方法大致相同。

8）接触注浆

接触注浆是为了填充大体积混凝土温度下降后的收缩缝。确保混凝土凝固和收缩后混凝土和岩石之间良好的接触。回填注浆完成14d后，混凝土温度降低至周边温度时即可开始接触注浆施工。方法与回填注浆基本相同。

9）人孔回填

接触注浆后，洞罐内不需进人时，即可进行人孔回填。用模板封住人孔两侧，在巷道侧模板插入注浆管，注浆管应与模板紧密，并承受一定压力不分离。连接注浆机注浆，至放空管有浆液流出，说明人孔已回填满，注浆压力控制在0.2MPa。应通过放空管观察水泥浆的泌水收缩程度，若收缩不密实，应继续回填注浆或通过放空管灌浆回填，直至满足要求。

4. 封塞施工技术

竖井密封塞也为双截锥形，厚度一般为3.0m，深入岩体最小厚度为1.0m，位置距离主洞至少3.0m。竖井封塞开挖、支护以及模板施工在竖井管道安装前完成，浇筑在安装后进行。开挖后采用锚杆及加固注浆支护，不允许喷混凝土。为使竖井内工艺管道安装方便，模板必须要先与工艺管道的套管安装，工艺管道的套管自上而下安装至模板时，在模板上相应位置开洞即可。在工艺管道的套管安装完成后，再进行封塞混凝土的施工。钢筋混凝土封塞施工完成后，可进行上部的膨润土回填，膨润土回填至设计高程后即可结束施工。

1）密封塞附近加固注浆

为了填充密封塞段可能存在的细小裂隙，在密封塞开挖前应先对该部位进行注浆加固。注浆布孔参照全周边注浆布孔的原则，注浆浆液、压力、检查等参照固结注浆的原则。竖井密封塞住浆孔，应从主洞室顶层向上钻孔，即主洞室顶层先开挖至竖井底部，从主洞室顶层向上注浆后，再开挖竖井封塞段。

2）密封塞段开挖与支护

键槽爆破钻孔应从下向上钻孔，即沿着键槽受力面钻爆破孔，爆破后再

爆破修整键槽非受力面形状。竖井密封塞段开挖方法及要求与巷道封塞段基本相同，在此不再赘述。竖井内施工放样时应使用4个垂球配合尺、量角器进行，力求放样准确。

竖井封塞的键槽应尽早开挖，开挖后及时施作底部模板的固定锚杆。竖井在邻近封塞段位置前10m左右起，应将爆破进尺控制在1m左右，从而使封塞成形达到比较理想的效果，不至于因施工竖井的开挖成型较差，从而影响封塞受力。

3）模板制作和安装

竖井密封塞只需在封塞底部设一模板即可，无须设封塞上层模板。由于安装的钢筋和初期浇筑的混凝土的重量均直接由模板承担，模板必须有较大的刚度。模板必须是钢制的，模板底部设型钢骨架，型钢端部用锚杆固定于岩面。竖井模板稳定性应通过稳定性分析论证，应有足够的强度，面板变形不大于1.5mm。第一次浇筑前，按第一次浇筑混凝土重量进行水箱预压试验，验证模板的稳定性和强度。

竖井底模一般可分三部分组成：下部支撑、中部钢梁、上部钢板。下部支撑有两种做法：一是采用设多个牛腿；二是采用凿洞的方式在井壁形成凹槽，凹槽内打锚杆与一块钢板相连形成支座。中部钢梁现场加工，采用工字钢制作，放置在牛腿或凹槽钢板上。钢梁上部铺设钢板，不管是用何种方式，必须经过验算，满足施工方法要求。下部支撑可在竖井开挖完成后进行施工，锚杆深度、安装质量及钢结构焊接质量应符合相关规范要求。中部钢梁制作时，应结合竖井内预埋件横梁布置进行设置，既要满足受力要求，又不能与预埋件横梁走向冲突，影响管道安装。

上部面板钢板应满铺，接缝可采用平接缝或搭接缝，接缝处可焊接后磨平。完成后在模板上放样出管道要穿越的位置，进行切割。也可先在地面根据图纸预制，到井下拼接。

下部牛腿支撑设置8个，每个支撑由钢牛腿及4根锚杆组成，锚杆为水泥砂浆药卷锚杆，长1.5m，牛腿紧贴岩面，与4根锚杆相连；中部钢梁现场加工，采用工20a工字钢制作成钢梁；上部采用1cm厚钢板，铺设在工字钢钢梁上。

中部钢梁采用工20a工字钢焊接，坐落在牛腿上，周边工字钢为每个支撑点的连线，依据现场尺寸加工焊接，中部设4个横梁，与周边工字钢焊接。要求周边工字钢不侵入竖井净空，4个横梁位置要与竖井管道安装使用的横梁上下位置一致，避免影响竖井其他项目施工。

钢梁上部铺设 1cm 厚钢板，作为混凝土底模板，要求满铺，完成后放出竖井工艺管道位置，进行切割，切割尺寸应适当大于管道直径。

黄岛 LPG 地下水封洞库竖井封塞采用钢模板，分为 3 部分焊接：

（1）钢筋的制作及安装。

按照设计图纸，钢筋在现场加工成形。加工好的钢筋利用吊篮运至作业面安装。制作安装原则与巷道基本相同。由于竖井内工艺管道较多，运输通道狭窄，部分钢筋需要截断运输，截断时钢筋接头应满足规范要求。为加快封塞施工进度，钢筋施工应结合整体施工方案分次安装。

（2）预埋管安装。

接触注浆应确保混凝土凝固和收缩后混凝土和岩石之间接触良好。接触注浆应通过接触注浆管道进行，位置应根据设计图纸设置，数量为每个冷接头（两层混凝土层之间）至少 7 个，直径>50mm。每根管子顶端（伸入封塞）应有一个石膏塞，顶端距岩石不大于 5cm。

应在底部安装一个排水管，直径 50mm 为宜，长度根据施工方法确定，不应大于混凝土分次厚度，以利于排水。浇筑下一层时接长至预浇筑的混凝土高度，全部浇筑完成后回填注浆，孔底应设封堵装置，或设计成弯头。

（3）浇筑混凝土。

竖井混凝土主要承受竖向力，考虑模板承重及混凝土重量，混凝土浇筑可分次进行，但应尽量少分层。混凝土分几层浇注时，每层浇筑后要进行拉毛处理，便于两层间的结合。应尽量避免多分层，3m 封塞一般应分三层施工，第一次浇筑 0.5m，第二次浇筑 1m，第三次浇筑 1.5m 为宜。

混凝土坍落度值 80~120mm 为宜，若采用溜槽，应适当调整，混凝土质量要求同巷道封塞混凝土，28d 的抗压强度不小于 30MPa。

混凝土应分层振捣密实，特别是井壁周围及管道周围，防止出现渗水等隐患。混凝土分层施工时，层与层之间应拉毛，清扫干净，不能有积水。

封塞位置距离井口较深，混凝土运输难度较大，安全风险较高，是封塞施工的重难点。从井口输送至作业面可采用两种方法，一是管道投料，二是利用提升机提升吊桶投料。管道投料法应进行现场试验，根据实际情况调整配比，混凝土至作业面不能离析，否则不能采用该法。

采用提升机吊桶作业时，应符合以下要求：

① 吊桶设计应与竖井内井架尺寸相匹配，以吊桶上下时不能碰到井架导致侧翻为准，提升边程中，吊桶不应晃动过大，应采用稳绳辅助。

② 提升机应安全可靠，提升速度应与作业面实际施工情况相匹配。

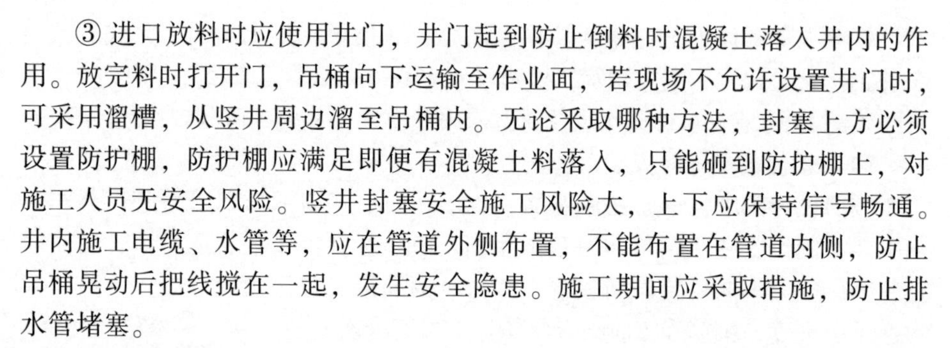

③ 进口放料时应使用井门，井门起到防止倒料时混凝土落入井内的作用。放完料时打开门，吊桶向下运输至作业面，若现场不允许设置井门时，可采用溜槽，从竖井周边溜至吊桶内。无论采取哪种方法，封塞上方必须设置防护棚，防护棚应满足即便有混凝土料落入，只能砸到防护棚上，对施工人员无安全风险。竖井封塞安全施工风险大，上下应保持信号畅通。井内施工电缆、水管等，应在管道外侧布置，不能布置在管道内侧，防止吊桶晃动后把线搅在一起，发生安全隐患。施工期间应采取措施，防止排水管堵塞。

4）接触注浆

接触注浆方法与巷道封塞基本相同，可根据设备等实际情况，选择在地表或井底进行，注浆机在地表时，注浆压力应考虑管道高程的静压。

5）回填膨润土

在竖井混凝土封塞上方回填一层膨润土。一是增强混凝土封塞上部的密封性，并防止水流向岩洞；二是给封塞上部套管防腐。

膨润土应加水施作，其混合物在通过管道灌入竖井前，在泥浆搅拌桶内加水搅拌至湿润，管道将在混凝土封塞以上 15m 处停止。

施作前，应进行试验以确定最大混合比和 28d 后的沉降值。配合比试验应确定所需的混合比及灌入的泥浆数量，以达到最终的 15m 高度。膨润土沉降 28d 后的膨润土最低高度为：混凝土封塞以上 15m。

回填时严禁直接喷洒干粉。灌注后，应测量其 7d、14d、21d 的厚度，不足时应及时补充。

5. 技术控制要点

（1）封塞开挖成型，对封塞的钢筋绑扎、结构受力都至关重要，必须要严格控制开挖成型，不允许欠挖，也不能超挖过多，因此须要控制爆破施工。

（2）模板的牢固关系到施工安全和混凝土浇筑成败，必须要经过理论验算，特别是竖井封塞模板，必要时进行预压。

（3）混凝土浇筑要控制混凝土温度。一是进行配比设计，浇筑过程中混凝土最高温度不宜高于 50℃，强度满足要求；二是采用循环水管降温、添加剂等措施在混凝土浇筑时辅助降温。

（4）巷道封塞浇筑时要控制浇筑速度，防止爆模，控制在 10~15cm/h 以内为宜。竖井封塞要封层浇筑，分层高度要以底部模板承重进行计算，并应尽量减少分层次数。

（5）巷道封塞顶部凹槽内的混凝土是施工难点。一是泵送管道要接到凹槽最高点以下 20cm 为宜；再者由于无法振捣、摊铺，调整坍落度至 220mm 为宜。放空管设置在封塞最高点，待泵送至放空管流出混凝土，封塞浇筑完成。

（6）封塞必须振捣密实，并严格控制注浆施工，防止封塞渗漏水。

九、施工期监控量测

1. 监控量测的目的和意义

自 20 世纪 50 年代开始，地下工程建造大规模进行，在实践中人们发现，安全施工的最佳方式是不能恶化地下天然应力的分布状态。20 世纪 60 年代起，奥地利的工程师和学者在岩体隧道的施工中，总结出了新奥法隧洞施工技术，即在爆破施工中，密切监测围岩变形和应力状态，以锚喷方式为主对围岩进行稳定支护，通过支护措施的调整来控制其变形，从而达到能最大限度地发挥围岩自稳能力。

对围岩稳定和工程特性的研究探索，始终都没有停止过，从最初按连续、均质介质进行的力学理论计算，到建立起连续介质的弹塑性、黏弹性、黏弹塑性模型。但是地质体（包含岩体）的非均质性和复杂性，及具体工程岩体的唯一性，限制了这些理论的实用性。因而，在隧洞施工中，用直接的监测结果来判定围岩稳定，同时参照相关理论的研究成果，为设计提供相关参数，最终确定合理的支护结构形式，或做出施工决策，是最有效的施工方法。

水封洞库的特殊性决定了不但要考虑洞室的稳定，还要考虑水封条件的变化，否则仅有洞室的稳定，而运行期不能保障存储物被地下水封存，那洞库建设也是失败的。所以对地下水分布及运移条件变化的监控，是水封洞库监控量测的重点之一。同时，监测项目中，一些对支护结构受力和变形的观测，也起到了质量检查的作用。如对锚杆应力的观测、对特定点涌水量的观测，可作为判定锚杆施工质量和注浆效果的依据。

监控量测的目的，是通过对施工期间洞库围岩及支护结构受力和变形、地质环境等情况的监测，掌握洞库的地质条件的变化情况和施工结果的状况，为动态施工设计和质量管理提供依据。

近年由于计算机和信息技术的广泛应用，洞库建设中也发展起来了信息化设计和信息化施工方法。它是在施工过程中布置监控测试系统，在开挖过程中获得围岩稳定和支护结构的工作状态信息，经过计算分析，将结果反馈于施工方案决策和设计参数调整。上述过程随掘进开挖和支护的循环进行。

图 3-7 是施工监测信息化设计流程图。与地上施工不同，在洞库的建设中，勘察、设计、施工、监测等环节容许有交叉、反复。尤其设计随时调整和修改是十分必要和有效的。这种方法能有效地发挥经验类比、各种计算和模型试验的成果，并将各自的优势包容在洞库建设的支持系统中。在该实施流程中，监控量测起到关键作用。

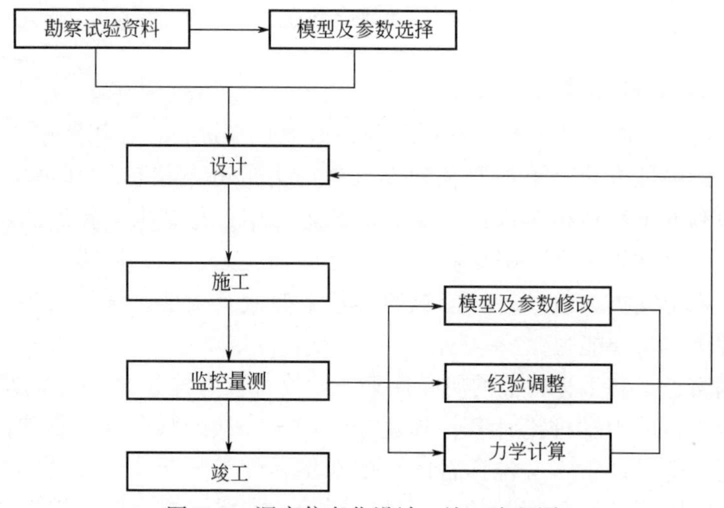

图 3-7　洞库信息化设计、施工流程图

可以认为，在洞库的建设中，设计预测预估能够大致描述正常施工条件下，支护结构与相邻环境的变形规律和受力范围，但必须在掘进和支护施工期间开展严密的现场监测，以保证工程的顺利进行。同时，监控量测也促进着地下工程的发展。

归纳起来，开展现场监控量测的作用和意义主要如下：

（1）监测可掌握洞室围岩的变形趋势，及时对其稳定性和安全度做出评估和预警。洞库建设与所有工程建设一样，安全始终需放在首位，监测是保障安全的重要手段。监测体系使洞室失稳预警机制得以建立，能及时反馈施工作业中的信息，使得监测数据和成果成为现场施工管理和技术人员判别工程是否安全的依据，为工程决策机构进行决策提供依据，使工程始终处于安全可控状态。这些均是建立在将局部和前期的开挖效应与观察结果加以分析并与预估值比较，验证原开挖施工方案正确性，或根据分析结果调整施工参数，必要时采取附加工程措施，以此达到信息化施工的目的。近年来，这种预警预报式的信息化施工方法已纳入相关规范，并通过政府管理部门指令性推行实施，避免了不少可能发生的工程事故。

（2）为设计优化提供直接的参考数据，是信息化施工的关键环节。地下工程设计和施工方案是设计人员通过实体进行物理抽象，采取数学分析手段开展定量化预测计算，加之借鉴长期工程实践经验确立和制定出来的，在很大程度上揭示和反映了真实状况。然而，实践是检验真理的唯一标准，只有在方案实施过程中才能获得最终的结论，其设计方案是否安全和适当，必要时还需对原开挖方案和支护结构进行局部修改。应该说，各个场地的地质条件不同，施工工艺和周围环境有差异，具体项目与项目之间千差万别，设计计算中未曾计入的各种复杂因素，都可以通过对现场监测结果分析加以局部修改和完善。新奥法的基本思想是以监测数据调整设计方案，即将施工监测和信息反馈作为设计的一部分，前期设计和后期的动态设计相互补充、相得益彰。

（3）作为施工质量判定依据。对支护结构进行应力、应变的监测，其手段与质量检测的类似，若得到的数据与成熟的理论计算和经验值相差甚远，则有可能是施工质量或施工方案出了问题。对地下水变化的监测，可判定注浆效果的优劣；对监测数据的分析，可判定结构的质量情况和方案实施的效果如何。

（4）可为类似工程积累经验，加深对工程岩体的认识。岩体特性直接影响着设计参数和施工方案的选择，但工程岩体的差异性，使得对其特性的了解是一个长期和逐步深入的过程。对岩体在不同作用条件下变化情况的掌握，监测是一个较为直接的手段。对每个工程而言，在通常采用的力学分析、数值计算、室内试验模拟等技术手段中，对地下结构总是在不同程度上做些近似或简化处理，为突出主要因素忽略其他次要因素，对于工程问题求解是必需和适合的。但在真实刻画自然界客观事物的变化规律方面，不可避免地掺入了人为假定的因素。而现场监测工作的开展，能真实反映结构和岩体在工程施工过程中的变化，是各种复杂因素影响和作用下的综合体现。与其他客观事物的发生和事物发展一样，洞库工程在空间中存在、在时间上发展，缺少现场观测和分析，对于认识和把握客观事物的发生和事物的发展规律几乎是不可能的。监测可提升工程的设计和施工水平，而人们对自然的认识总是靠一次次的实践和总结，通过大量工程监测数据的深入分析和信息反演，使人们逐渐掌握岩体的工程特性成为可能。发现新理论、掌握新经验，监控工作的开展和监测成果的取得是基础。现场监测不仅为确保本工程项目的安全发挥了作用，而且也为该领域的学科和技术发展做出了贡献。

2. 监测中常用的传感器及仪器

在洞库的建设中，需要测定的有位移、压力、应力、应变等。这些物理量大多为非电量，将其转为电量进行测定和记录，会使监测易于进行。将被测物理量直接转换为相应容易检测、传输或处理的信号的元件称为传感器，也俗称探头。

根据《传感器命名法及代码》（GB 7666—2005）的规定，传感器的命名应由主题（传感器）前面加四级修饰词：主要技术指标—特征描述—变换原理—被测量。例如，“100mm 串联型电感式多点位移计”，但在实际应用中，可以采用简称，即可省略四级修饰词中的任何一级，但最后一级修饰词（被测量）不可省略，例如，可以称“电阻应变式位移传感器”“荷重传感器”。

传感器一般可按被测物理量、变换原理和能量转换方式分类。按变换原理分类，可按电阻式、电容式、差动变压器式、光电式等划分，这种分类易于从原理上识别传感器的变换特性，对每一类传感器应配用的测量电路也基本相同。按被测物理量分类，可分为位移传感器、压力传感器、速度传感器等。

1）钢弦式传感器

在地下工程现场测试中，常利用钢弦式应力计或压力盒作为测量元件，其基本原理是由钢弦内应力的变化转变为钢弦振动频率的变化。当传感器加工完成后，内部的钢弦与受力面相联系，其上产生的张拉力又取决于外部受力，因此外部受力与钢弦的振动频率存在一定的数学关系。如能测定钢弦的振动频率，就能计算出传感器处受到的应力。

钢弦传感器的钢弦振动频率是由频率仪测定的，主要由放大器、示波器、振荡器和激发电路等组成，若为数字式频率仪，则还有一组数字显示装置。频率仪原理是：由频率仪自动激发装置发出脉冲信号输入到传感器的电磁电路，激励钢弦产生振动，钢弦的振动在电磁线路内部产生交变电动势，输入频率仪整理稳定后，显示读数。

钢弦式传感器构造简单、稳定性好、适应性强，频率信号不受测试电缆长度影响。缺点是测试的灵敏度受传感器尺寸限制，且不能进行动态监测。该类传感器广泛应用于钢筋应力、岩土压力、孔隙水压力等的监测，量程范围多处于 0.1~10MPa 之间。

2）电阻式传感器

电阻式传感器是把被测量（如位移、力等参数）转换为电阻变化的一种传感器。按其工作原理，可分为电阻应变式传感器、电位计式传感器、热电阻式传感器和半导体热能电阻传感器等。

（1）电阻应变式传感器。

该传感器的工作原理基于电阻应变效应，即根据电阻应变效应先将被测量转换成应变，再将应变转化成电阻。其结构通常由应变片、弹性元件和其他附件组成。

在被测拉（压）应力作用下，弹性元件产生变形，贴在弹性元件上的应变片产生一定的应变；由应变仪读出读数，再根据事先标定的应变—应力对应关系，即可得到被测力的数值。拉压力传感器用于测试应变时，所用的弹性元件刚度小，结构有梁式、弓式和弹簧组合式，弹性元件随被测构件一同变形，测定弹性元件上应变片的读数，即可得知位移量。

弹性元件是电阻应变式传感器必不可少的组成环节，其性能好坏是保证传感器质量的关键。弹性元件的结构形式是根据所测物理量的类型、大小、性质和安装传感器的空间等因素确定的。

电阻应变式传感器还可用来测定压强，其测量的范围从 0.1MPa 到数百 MPa。

（2）电位计式传感器。

电式传感器是测试技术中常用的一种机电参数转换元件，其功能是把输入的机械位移转换成与位移有确定关系的电阻，并引起输出电压或电流的变化。配上其他各种弹性元件和传动机构，还可用来测量液压、温度、速度和加速度等参数。电位计由电阻率很高的绝缘细导线在绝缘骨架上密绕而成，由弹性金属片或者金属丝制成的电刷在一定的压力下与导线绕组保持接触并能移动，致使线路中的电阻发生变化。绕线电位计中的绕线匝数，决定了传感器的分辨率，单位长度上的匝数越大，分辨率越高。

电位计式传感器的优点是结构简单、使用方便、稳定性和线性较好。而且其主要器件—变阻器，可根据需要做成各种形状，而得到的位移量与输出电量成线性或非线性的关系。其缺点是分辨率受到电阻丝直径和线圈螺距的限制，只能适用于较大位移的测量。

（3）热电阻式传感器和半导体热能电阻传感器。

热电阻式传感器是利用某些金属导体的电阻率随温度变化而变化（增大或减小）的特性，制成各种热电阻式传感器，用来测量温度，达到将温度变化转换成电量变化的目的。因而，热电阻式传感器一般是温度计。电阻温度系数是温度每变化 1℃时材料电阻的相对变化值，其数值越大，电阻温度计越灵敏。因此，制造热电阻温度计的材料应具有较高、较稳定的电阻温度系数和电阻率，在工作温度范围内，其物理性质和化学性质稳定。常用的热电阻材料有铂、铜、铁等。热电阻温度计的测量电路一般采用电桥，把随温度变化的热电阻或热敏电阻值转变成电信号。

半导体热能电阻是由半导体材料做成的新型电阻。它与一般电阻不同，不仅可具有正的电阻系数，而且还可具有负的电阻温度系数（当温度升高时，它的电阻值反而减小），且电阻温度系数的绝对值比金属的大4~9倍。因此，它的灵敏度高、电阻率高、体积小，可测点温度和固体表面温度，具有结构简单、性能稳定、寿命长的优点。其缺点是复现性和互换性差，电阻值和被测温度呈非线性关系。

3）电感式传感器

电感式传感器是根据电磁感应原理制成的，将被测量的变化转换成电感系数的变化，引起后续电桥桥路的桥臂中阻抗的变化。当电桥失去平衡时，输出与被测位移量成比例的电压，通过对电信号的测量，可知被测量的变化。电感式传感器常分成自感式（单磁路电感式）和互感式（差动变压器式）两类。

（1）单磁路电感式传感器由铁芯、线圈和衔铁组成。当衔铁运动时，衔铁与线圈的铁芯之间的气隙发生变化，引起磁路中磁阻的变化，改变了线圈中的电感。

（2）差动变压器式传感器是互感式传感器中最常用的一种，其结构中有一个初级线圈和两组次级线圈。当初级线圈通入一定频率的交流电压激发了磁场，由于互感作用，在两组次级线圈中会产生互感电势，经过电路输出电势信号。由于差动变压器式传感器具有线性范围大、测量精度高、稳定性好、使用方便等优点，所以广泛应用于直线位移测量中。也可通过弹性元件把压力、重量等参数转换成位移变化再进行测量。

4）其他类型传感器

（1）电容式传感器。

电容式传感器是将所测的力学量转换成电压，最常用的是平板型电容器和圆筒型电容器。当电容器的极板距离和对应面积变化时，电容量则发生变化，常见的有变极距型电容传感器和变面积型电容传感器。

变极距型电容传感器的优点是可以用于非接触式动态测量，对被测系统影响小，灵敏度高，适用于小位移（数百微米以下）的精确测量。但是这种传感器有非线性特性，传感器的杂散电容对灵敏度和测量精度影响较大，与传感器配合的电子线路也比较复杂，使其应用范围受到一定限制。变面积型电容传感器的优点是输入和输出呈线性关系，但灵敏度较变极距型低，适用于较大的位移测量。

电容式传感器的输出是电容量，需要有后续测量电路进一步转换为电压、电流或频率信号。常用电路有：调频电路（振荡回路频率的变化或震荡信号的相位变化）、电桥型电路和运算放大电路。其中，以调频电路用得较多，其优点是抗干扰能力强、灵敏度高，但电缆的分布电容对输出影响较大，使用中调整比较麻烦。

（2）压电式传感器。

有些电介质晶体材料在沿一定方向受到压力或者拉力作用时发生极化，并导致介质两端表面出现符号相反的束缚电荷，其电荷密度与外力成比例，若外力取消，它们又回到不带电状态。这种由外力作用激起晶体表面荷电的现象称为压电效应，称这类材料为压电材料。压电式传感器就是根据这一原理制成的。当有一外力作用在压电材料上时，传感器就有电荷输出，因此，从可测的基本参数来讲是属于力传感器。但是，也可通过敏感元件或其他方法测试其他参数，如加速度、位移等。

压电晶体式传感器是自发电式传感器，故不需对其进行供电，但产生的电信号十分微弱，需经过放大器处理后才能显示或记录。而且，压电晶体片受力后产生的电荷量极其微弱，不能用一般的低输入阻抗仪表来进行测量读数，否则压电片上的电荷就会很快通过测量电路泄漏掉，只有当测量电路的输入阻抗很高时，才能把电荷泄漏减少到测量精度所要求的限度以内。为此，晶体片和放大器之间需加接一个可变换阻抗的前置变换器。目前有两种变换器，一是把电荷转变为电压，二是可直接测量电荷。

（3）压磁式传感器。

压磁式传感器是测力传感器的一种，利用铁磁材料的磁弹性物理效应。当铁磁材料受机械力作用后，在它的内部产生机械效应力，从而引起铁磁材料的磁导率发生变化。如果在铁磁材料上有线圈，磁导率的变化将引起铁磁材料中磁通量的变化。磁通量的变化则会导致线圈上自感电动势或感应电动势的变化，从而把力转换成电信号。

铁磁材料的压磁效应规律是：铁磁材料受到压力时，在作用方向的磁导率提高，而在与作用力相垂直的方向，磁导率略有降低。铁磁材料受到压力作用时，其效果相反，当外力作用力消失后，它的导磁性能复原。

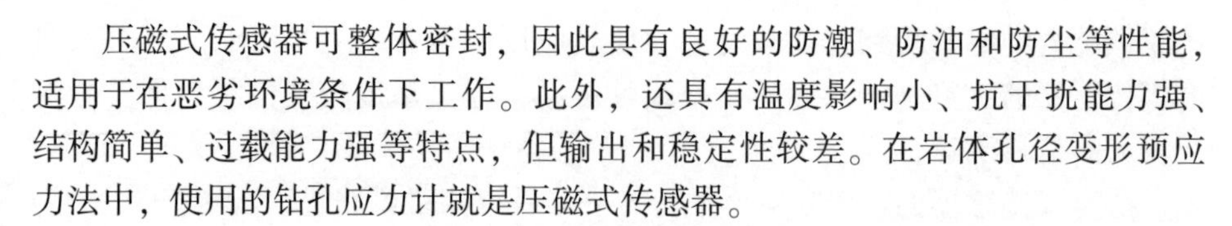

压磁式传感器可整体密封，因此具有良好的防潮、防油和防尘等性能，适用于在恶劣环境条件下工作。此外，还具有温度影响小、抗干扰能力强、结构简单、过载能力强等特点，但输出和稳定性较差。在岩体孔径变形预应力法中，使用的钻孔应力计就是压磁式传感器。

3. 监测的项目和方法

地下水封洞库作为一项地下工程，除了与以往的隧洞工程一样，关注围岩及支护结构的应力应变外，更关注洞库水封的条件变化。通常用到的有以下项目和方法。

1）洞室收敛

（1）量测方式。

洞室内壁或结构物内部净空尺寸向中心收缩的变化，通常称为收敛位移。收敛位移测量进行工作比较简单，以收敛位移值为判断围岩稳定性的方法比较直观和明确，所以在洞室现场测试中经常使用。

收敛计是进行收敛量测的工具，其量测数据分为粗读部分和细读部分。粗读部分是钢尺读数，细读部分是测微计或百分表读数。由于细读元件量程范围有限，钢卷尺上每隔数厘米打有一小孔，以便根据收敛量的大小调整粗读数。

测量时为避免拉力不同造成的测量误差，要求每次在相同拉力下进行读数。固定拉力由重锤、测力环或标有刻度指示的弹簧提供。读数时先读取钢卷尺上的数值，再读取测微部分的读数，两者的组合即是量测值。每次量测值计算前，需进行修正，主要是消除温度对钢卷尺造成误差影响。由于铟钢在温度变化下的稳定性高，所以也可采用铟钢丝制作收敛计，可提高收敛计的温度稳定性，从而提高量测精度。收敛尺一般测量范围在25m以内，精度可达0.01mm。

由于收敛计在使用中受到测点位置（高度）、量测长度等因素的限制，大跨度的洞室常使用光电测距仪进行收敛位移的测定。在洞室表面上安装一组反射镜片，用光电测距仪或高度全站仪，测量镜片间的距离变化，以此判定洞室的收敛情况。该方法测量效率高，可测量大跨度的洞室变形，精度可达0.1mm，但对量测时的通视条件要求较高，即空气中粉尘含量需较少，不能有施工振动影响。

除了上述测试方法外，对于跨度小、位移量较大的洞室，可用测杆量测收敛量。测杆可由数节连接组成，杆端一般设有百分表或游标尺，以提高量测精度。但对于拱顶的下沉量，需配合精密水准仪量测。

（2）收敛量测元件安装。

因洞室收敛量的绝对值不大，为精确测定，选择高精度的收敛计或测距仪是毋庸置疑的，但设置于围岩表面的收敛钩和反光镜片的安装稳定情况，也是影响量测精度的重要因素。

收敛钩和反光镜基座应通过预埋件固定在岩壁上。预埋件多为短锚杆或膨胀螺栓，预埋件应穿透喷浆层，与岩体稳固连接，这样才能保证收敛钩和反光镜的位置变化真实反映了围岩的收敛情况，同时避免因其松动而使后期量测出现异常数据。

安装位置的确定，应有一定的预见性，需考虑后期施工影响。高处的应避免通风和照明设施对测量时产生遮挡。位置较低的预埋件，应考虑后期施工在洞室边墙上布设各类管线的位置，避免监测工作和施工相互影响。

2）围岩内部位移

为了量测洞室围岩内部不同深度的位移，多采用单点位移计、多点位移计和滑动式位移计等。

（1）单点位移计。

单点位移计实际上是端部固定于埋设孔底部的一根锚杆加上孔口的测读装置。锚杆一般采用直径22mm的钢筋制成，底部的锚固端用楔子与埋设孔的孔壁楔紧，并注有砂浆将锚杆的一部分与孔壁连接起来；孔口一端为自由端，装有测头，可自由伸缩，测头平整光滑。为便于量测读数，埋设孔孔口固定有定位器，测量时将测环插入定位器，测环与定位器上都有刻痕，插入测量时将两者的刻痕对准，测环上安装有百分表或测微计以测取读数。为保证测量精度，测头、定位器和测环均用不锈钢材质制作。

由单点位移计测得的位移量是洞壁与锚杆固定点之间的相对位移，若埋设孔足够深，则孔底可视为无位移的稳定点，故可将测量值认为是绝对位移。稳定点的深度与围岩工程地质条件、断面尺寸、开挖方式和支护时间等因素有关。在同一测点处，若设置不同深度的位移计，可测得不同深度的岩层相对洞壁的位移值，据此可了解距洞壁不同深度岩体的位移变化。单点位移计结构简单、测试精度高、埋设孔直径小安装容易，同时受外界影响小、容易保护，故可紧跟掘进面安装，目前应用较多。

（2）多点位移计。

多点位移计是在一个埋设孔中安装有多个测头的位移计，测头与孔口距离不同，可一次测读不同深度岩体的位移量。按位移测量元件的不同，分为机械式和电测式两类。机械式一般采用百分表、千分表和深度测微计。电测式采用的传感器常用的有电阻式、电感式差动式和钢弦式等多种。按内部测量结构的不同，分为并联式多点位移计、串联式多点位移计、滑动式多点位移计。

并联式多点位移计是一个埋设孔内布设多个测点，一般为2~4个，所谓测点是指不同长度的金属杆，外侧套有套管，一端在孔口的定位器内，另一端（有扩大头）安装在围岩不同深度处。安装到位后向孔内注浆，使扩大头一端与所在位置的岩体紧密结合。由于套管的存在，围岩内部发生位移时，可使金属杆另一端在定位器内发生移动，用连接的传感器或测量计可测出相对位移。

串联式多点位移计是由多个位移传感器、连接锚头、金属杆和固定锚头线性连接而成，位移传感器多采用电感式。位移传感器的线圈安装在锚头内壳中，锚头用三片互成120°的弹簧片固定在孔壁上，与金属杆对应成一组位移测量单元，金属杆上安装有铁芯，作为位移传感器的一部分。每个测量单元首尾相接，固定锚头位于孔口或孔底，从而组成串联式的多点位移计。当岩体发生位移时，各测点处铁芯在线圈中的位移量也是不一样的，因而引起不同的电感变化，用专用的仪表测读，就可得出各点的位移量。

滑动式位移计主要由测头、测度仪、操作杆及套管组成。套管通常为厚壁塑料管或铝合金管，沿轴向每隔1m放置一个具有特殊定位功能的锥形测标，带有保护套。探头用操作杆送入，头部为球形。测标下部做成圆锥形，在测量位置处，探头的球面和圆锥面能紧密接触，两者都有楔口。当探头转动到滑动位置时，探头能沿着测标滑动，从滑动位置把探头转动45°就为测量位置，往回拉紧操作杆，就能使探头的两个测头在两个相邻的侧标间张紧。当张力达到一定值，探头中的线性位移传感器被触发，从而得到数据并通过电缆传送到读数仪。松开操作杆，把探头转动45°就转到滑动位置，移到下一个测标位置继续测量，如此可由外向里逐点测试各测点的位移。位移计内可装有温度计，以作温差校正。该位移计不必在钻孔中埋设传感器，用一台仪器可对多个测孔进行巡回检测，而每个测孔中的测点数不受限制，但对安装埋设要求较高。

3）应力监测

洞室中的应力监测包括岩体内部应力、支护结构内部应力和围岩与支衬结构间接触压力的量测。应力的量测通常采用应力计或压力盒，其原理结构已在上文介绍，现主要以压力盒及锚杆应力计为例，说明岩体内部应力和支衬结构内部应力量测时仪器埋设和测读方法，接触应力监测方法与岩体内部应力的相似。

(1) 岩体内部应力量测。

内部应力的监测通常为钻孔埋设。在测点处钻孔后，用高压风水将孔内岩粉冲洗干净，然后放入压力盒，并用深度标尺校正其位置。最后用速凝水泥砂浆充填密实，使应力计与岩体或支衬结构紧密结合，待稳定后即可进行观测读数。

压力盒安放时应注意受力面需与预测的最大受力方向垂直，以确保量测精度。水泥砂浆的配比需考虑围岩的强度情况，以保证测点处的受力尽量接近真实情况。引出的电缆需做专门保护，防止破坏和受潮。

在混凝土结构和混凝土与围岩的接触面上埋设应力计，只需在浇筑混凝土前将其位置固定，待混凝土浇筑后即可。埋设可在接触面上铺一薄层细砂等材料，使受力均匀，提高量测准确性。

(2) 锚杆应力量测。

支护锚杆在地下洞室支护系统中占有重要地位，用锚杆应力计可监测施工锚杆的受力状态及大小。其原理是：锚杆受力后发生变形，采用应变片或应变计量测锚杆的应变，得出与应变成比例的电阻或频率的变化，然后通过标定曲线或公式将电测信号换算成锚杆应力。量测锚杆应力用的应变计主要有电阻式、差动电阻式和钢弦式 3 种。

电阻式锚杆应变计是由内壁按一定间距粘贴电阻片的钢管或铝合金管组成，电阻片粘贴后，需做严格的防潮处理。也有直接采用工程锚杆对锚杆局部进行特殊加工粘贴电阻片，并进行防潮和密封处理。这种方法价格低、精度高，但对防潮要求高、抗干扰能力低。

差动电阻式和钢弦式锚杆应变计，是将应变计装入钢管，两端密封好，接头与量测的锚杆直径匹配，然后与锚杆连接而成，一根锚杆上可连接多个钢筋计。其中的钢弦式应变计由于环境适用性强、测读仪器轻巧方便，故可适用于不同地质条件和环境条件下的应力监测。

4) 地下水监测

水封洞库多建在岩浆岩结晶岩体中，地下水主要以裂隙水方式赋存，一旦疏干后再很难恢复至原有的饱水状态。因此水封洞库的建设中，水文条件不但在施工期间影响着作业的难易程度，更决定着洞库运行期间存储产品的安全性。通常要求地下水位不能低于水幕系统以上 20m 的高程位，否则难以保证水封效果。对地下水状态的监测，是保障洞库建设成功的重

要内容。

地下水监测的主要内容是对区域地下水位变化情况进行测试，以便指导施工，尤其是对注浆工作的开展提供意见以及评价其效果。因构造运动的影响和岩浆活动多期性的特点，洞库建设范围内的岩体中肯定分布有一定量的节理、破碎带及岩脉，当洞室开挖经过此类区域时，赋存的地下水将涌出。出于对工期和费用的考虑，一般在施工中通过初喷和注浆等手段，封堵至施工作业能开展的程度便继续开挖，并不处理至密封状态。但若对一些开挖后的出水点任其发展，地下水沿裂隙持续泄漏，使降水漏斗跌至安全线以下，甚至与洞室接通，这对洞库的影响将是灾难性的。

地下水位变化通常通过观测水文监测孔中水位的升降来了解，监测孔数量和位置的确定，要建立在对场地详勘资料分析的基础上。洞库区域地下水的赋存形式，决定了监测孔不能均匀分布，而应有针对性。一般来讲，节理密集带、破碎带、岩体条件不好的岩脉，因渗透性较大而成为导水通道，水文监测孔应主要沿该类地质构造的走向布设，深度应与构造连接。同时，要考虑洞库所在场地的水文地质单元的划分，在每个单元均应有水文监测孔。监测孔间距以50~200m为宜，其深度不能与洞室相通，孔底应与洞室相隔10m以上。所有勘察孔在封堵前，都可利用为水文监测孔。

水文监测孔为直径90~120mm的钻孔，场地上部有覆盖层时，钻孔在覆盖层一段需加套管，进入岩层后，可直接钻进。在覆盖层段，下花管以保证透水。监测孔孔口应采取保护措施，一般采用加锁的井盖来进行防护。水位量测时，用水位计量测水位距孔口的距离，孔口高程已知，则可知水面的高程，孔口高程需定期校准。

地下水位会随季节变化而变化，雨季高，旱季低。若有突变，如每天发生超过1m的变化，表明有异常情况。在洞库建设时期，若某一监测孔水位出现突变，通常为陡降，则表明有洞室连接了裂隙带，致使地下水大量流失。这就要查明监测孔所在位置处的地质条件，确定相关裂隙带的产状，并推测与洞室接触的里程处，并现场查验。洞室内的泄漏点确定后，应采取再次喷浆，或注浆的方式进行封堵。封堵施工开始要时常观测相关监测孔的水位变化情况，若水位停止下降、进而有所回升，则封堵效果明显，否则需改进封堵方案，或重新查找洞室内出水位置。

地下水监测除定期观测地面监测孔中的水位变化外，还应有计划的巡查洞室内的各出水点，对较大出水量的地点统一编号，定期测量出水量，并与地面监测孔的水位变化建立联系。当受爆破等施工影响，一些出水点的出水量变化较大时，需加密对地上监测孔的观测次数，在确定影响范围和影响程度后，再决定是否进行注浆等封堵作业。

5）其他监测项目

在洞库开挖的前期，明槽和交通巷道入口阶段，应对施工形成的边坡和巷道顶端进行变形检测。边坡稳定可采用测斜手段进行监测，测斜装置由测斜管、测斜仪、测度仪三部分组成。测斜仪内部有传感器，可感应出仪器轴线与铅垂线之间的夹角变化，测度仪则能将输出的信号转化和显示出来。测斜管预先埋入边坡岩（土）体内，管内有两组相互垂直的凹型导槽，埋设时需将一组导槽的方向与预计变形方向调整一致；测斜仪为细长金属管桩探头，上下近两端各有一对轮子，测量时，测斜仪滑轮在导槽内上下滑动，保证测量方向一致，逐段滑动、读数。以侧向位移量的绝对值和位移速率来判定稳定情况。

当洞库区域有覆盖层时，巷道入口区域应进行沉降观测。一般在巷道上的地表上布设沉降观测点进行水准高程测量，观测点沿巷道方向展布。观测沉降的水准基点要设立在不受洞库施工影响的地方，定期进行高程校准。

洞室内岩体温度因涉及对传感器测读数值的修正，结合国内外相关经验，需进行洞室温度观测。通常采用埋设热电阻传感器的方式进行，埋设位置根据监测断面岩性、深度等确定，加上区域经验和施工经验的累积，所以在洞室围岩中也会埋设一些热电阻传感器，进行温度观测。埋设点的确定会考虑监测断面的位置、岩性、深度等因素。

4. 监控量测方案设计

监控量测方案规定了监测工作的预期目标、拟采用的技术路线与方法、工作内容和实施计划，以及需投入的资金等。其制定必须建立在对场地的工程地质条件和洞库主体结构详尽了解的基础上，同时还应了解参与建设的各单位的职责划分及作业流程。方案包括的主要内容有：监测项目确定及仪器的选择，监测部位和测点布置的确定，实施计划和流程的制定。

1）监控项目的确定和仪器的选择

（1）监测项目的确定。

作为保障施工安全的监控量测，其目的在于了解围岩的动态变化、稳定

情况和支护系统可靠度。直接为支护系统的设计和施工决策服务，这是选择监测项目的基本出发点。监测方法确定得是否合理，不仅仅决定了这种现场测量能否顺利进行，而且关系到量测结果能否反馈于工程的设计和施工，能否为推动设计理论和方法的进步提供依据。因此，选择合理的监测项目是开展监控量测的基础。

监测项目的原则是量测简单、结果可靠、成本低、便于安装使用，量测元件要能尽量靠近工作面安装。此外，所选择的被测物理量要概念明确、量值显著、数据易于分析、易于实现反馈。其中的位移测试是最直接易行的，因而要作为监测的重要项目。但洞库一般建于坚硬的岩体中，位移值往往较小，故要配合应力和压力的测量。

监测项目应根据具体工程的特点来确定，主要取决于工程的规模、重要性程度、地质条件及业主的财力。按国内外技术标准的建议和已有工程经验，水封洞库的监测项目可参考表 3-11。

表 3-11　水封洞库建设中采用的监测项目

序号	监测项目	方法手段	断面间距（测线位置）	断面测点数（测点布置）	必要性
1	洞内观察	定期巡检	各开挖面	全巷道	必须
2	洞室收敛	收敛计或反光片	30~80m	3~7 点	必须
3	拱顶下沉	水准仪或测杆	30~80m	1 点	必须
4	地下水监测	监测孔水位观测	洞库影响区域	间距为 200~500m	必须
5	锚杆应力	应力计	200~500m	3~5 点	必须
6	围岩松动圈	超声波仪、位移计	200~500m	3 处	应该
7	地表沉降	水准仪	巷道轴线上方	间距为 15~40m	应该
8	接触压力	压力传感器	200~500m	3~5 点	应该
9	围岩试件试验	（点）荷载试验	200~500m	1 处	必要时
10	地层变形	测斜仪、沉降仪	200~500m	2 点	必要时
11	温度	传感器	200~500m	1 点	必要时

表 3-11 中所说的洞内观察，是指技术人员用肉眼观察洞室围岩的岩块松动和渗水情况、岩体节理发育和完整性、岩性变化情况，以及围岩和支护的变形情况。该工作能给监测提供直接的定性指导，是最直接、有效的手段。表中监测点的数量按洞室本身正常延展考虑，未考虑连接处、交叉段等特殊部位，实际布设时，可专门设计。

（2）监测仪器的选择。

监测仪器和元件的选择主要取决于洞室围岩的工程地质条件和力学性质，以及作业时的环境条件。因洞库的围岩均为硬质岩，对量测元件的精度要求较高。在干燥少水的条件下，电测元件往往能工作得很好，在地下水发育的地层中进行电测效果就不好。使用各种类型的引伸计，对于埋深的量测部位，必须在隧洞内钻孔安装；对相对浅埋的地下工程，则可以从地表或相关作业面钻孔安装，以量测地下工程开挖过程中围岩变形的全过程。

仪器元件选择前，需首先估算被测物理量的变化范围，并根据测试重要程度确定测试仪器的精度和分辨率。洞室收敛量测一般采用收敛计，在大断面洞室中，因挂钩操作的原因，可用反光镜片加测距仪的方式；洞室或洞径较小时，收敛位移小，则测试精度要求较高，需选择铟钢丝类型的收敛计；当洞室断面小而围岩变形较大时，则可采用杆式收敛计。

位移计的选择，在人工测读方便的部位，可选用机械式位移计。在顶拱、高边墙的中、上部，则易选用电测式位移计，可引出导线读数。对于特别深的孔，如精度要求较高，应选择使用串联式的多点位移计。用于长期监测的测点，尽管在施工时变化较大，精度要求高，但在长期监测时变化较小，因而要选择精度较高的位移计。

选择压力和应力测量元件时，应优先选择有液态传力介质的传感器。坚硬的岩体中，应力梯度较高，则选用压力盒。在经济允许的前提下，应尽量选用高精度钢弦式压力盒和锚杆应力计，只有在干燥的洞室中，才选用电阻式或其他形式的压力盒和锚杆应力计。

水准仪、全站仪等设备，选用的精度应满足要求。如水准仪选用 S1 级，全站仪优先选用用 1″的，使用期间需定期校检。因洞室内环境潮湿、粉尘大，每次使用后应通风放置一会儿，并及时除尘，保证仪器使用状态。

2）监测部位的确定和数据采集的频次

（1）监测断面的确定。

具体监测目的不同，断面的确定原则是有所差别的。从围岩稳定监测、保障施工安全出发，应重点监测岩体质量差及有岩脉、节理密集带发育，造成局部不稳定的区域。从评价支护效果和参数选用合理性、反馈设计出发，则应在代表的地段设置观测断面，甚至成组设置，以便对比；在特殊的工程部位（交叉口、巷道连接处），也应设置观测断面。断面上测点安装时，尽量靠近开挖掌子面，以便尽可能完整的获得围岩开挖初期的

力学变化和变形情况，这段时间内获得的数据对判定围岩形态是特别重要的。

洞室收敛、拱顶下沉、多点位移计和地表沉降监测点应尽量布设在同一断面上。锚杆应力计和接触应力等测点最好布设在一个断面上，以便使测量结果互相对照，互相检验。监测断面的间距视工程巷道长度、地质条件变化、工程部位位置等因素确定。当地质条件良好，或开挖过程中地质条件基本不变时，间距可加大；地质条件变化显著时，间距应缩小。在洞口及埋深较小地段，也应适当缩小量测间距。

因洞库的建设场址均经过选址和比较，一般地质条件较好，岩体质量也不差，所以在洞室收敛、拱顶下沉量测的断面间距，较常见的隧洞工程要远些。地表沉降监测一般在巷道轴线于地表的对应线上布点，每个断面布设一个或三个观测点（三点连线垂直轴线），断面间距为 15~40m，从洞口顶端起，通常至上覆层超过洞室轮廓尺寸 2.5 倍时结束。

（2）监测点的布设。

洞室收敛的布点，主要视洞室的跨度和施工情况而定，测线通常按三角形、交叉形和十字形等布设。三角形布置易于校核量测的数据，一般有条件时均采用这种形式，洞室较大时，可设置多个三角形的量测方式。

若收敛监测只是为了判定岩体稳定，且洞室尺寸不大时，可采用较为简洁的布设形式。若还要考虑岩体地应力场和围岩力学参数做反演分析，则要采用多个三角形的量测方案，当洞室边墙很高时，则需沿墙壁一定间距设置多个水平测量线。

岩体内部位移监测采用的位移计，一般布设在洞室的顶部、边墙和拱角部位。当围岩比较均一时，可利用对称性仅在洞室一侧布点观测。若要较精确地掌握洞室开挖前后围岩位移变化的全过程，可考虑在地表或临近洞室钻孔预埋。钻孔的深度一般应超出变形影响范围，测孔中测点的布置应根据位移变化梯度确定，不能等距布设，梯度大的部位应加密。在孔口和孔底，一般都应布设测点，在软弱结构面、接触面和滑动面等两侧应各布设一个测点。

压力计和锚杆应力计应在典型区段选择应力变化大或地质条件最不利的部位，并根据位移变化梯度和围岩应力状态，在不同的围岩深度内布测点，观测锚杆的长度应与工程锚杆的长度相同，在一根锚杆上可安装多个应力计。用于埋设压力计的钻孔和观测锚杆的钻孔的布设形式与多点位移计的相似，通常在钻孔中布设三个或更多的测点。

(3) 监测数据采集频度的确定。

在整个监测期间，要建立监测日志，记载每天的监测活动情况。监测日志除了记录测试元件的埋设情况、监测项的观测情况外，还应记录洞室施工进展程度、施工工艺、气候环境、对洞室巷道的巡查情况、洞室内渗水情况，及支护结构有无异常等。

各量测项目通常的观测频度为：

① 在洞室开挖或支护后的15d内，每天应观测1~2次。

② 15~30d内，或掌子面开挖到距观测断面大于2倍洞径时，每2d观测一次。

③ 30~90d内，每周观测1~2次；90d后，每月观测1~3次。

④ 若设计有特殊要求，则可按设计要求进行，遇到突发事件，则应加强观测。

在具体实施中，各量测项目的监测数据采集频度，原则上应根据观测值变化的大小来确定。如洞室收敛和拱顶沉降的监测频度，可依据位移速率而定，见表3-12。在同一断面中，各测点的位移速率不同，一般以最大位移速率值来确定观测频度，整个断面的各测点应采用相同的观测频度。

表3-12 位移速率与观测频度 单位：mm/d

位移速率	10	1~10	0.5~1	0.2~0.5	<0.2
观测频度	至少1d两次	1d/次	2d/次	一周/次	半月以上/次

3) 监控警戒值及洞库安全性判定准则

在洞库建设中，围岩表面位移的变化量是最能直观反映洞室稳定的指标，因此在实际工程中，通常以位移量测信息作为施工监控的依据。

(1) 位移量警戒值。

洞室开挖会对围岩原有的应力分布产生影响，围岩中出现松动圈，岩体总体上向洞室中心发生变形位移，这反映了围岩自身应力的调整。在正常情况下，围岩变形的位移量在一定界限内，洞室不产生有害松动，是处于安全状态的；当超过该界限值时，则意味着围岩不稳定、已有破坏发生。

上述的界限值即允许位移量，与岩体条件、洞室埋深、断面尺寸等因素相关。实际监测中，会设定一小于允许位移量的数值作为警戒值，当已测位移值接近该值、预计最终位移将超过该值时，将采取加强支护系统等措施，控制位移的进一步发生，以确保安全。表3-13是国外工程师根据工程情况制定的危险警戒标准，表3-14是法国对断面积为50~100m^2的洞室拱顶下沉量

的监控标准，表 3-15 是我国《岩土锚杆与喷射混凝土支护工程技术规范》（GB 50086—2015）关于隧道、洞室允许相对收敛量的规定。

表 3-13　弗朗克林警戒标准

等级	标准	措施
三级警戒	任一点的位移量大于 10mm	报告管理人员
二级警戒	两个相邻点的位移均大于 15mm，或任一测点的位移速率超过 15mm/月	口头汇报，召开会议，写出书面报告和建议
一级警戒	位移大于 15mm，并且各处测点的位移均在加速	主管工程师立即到现场调查，召开现场会议，研究应急措施

表 3-14　法国制定的拱顶下沉量监制标准

埋深，m	拱顶允许最大下沉量，cm	
	硬质围岩	软质围岩
10~50	1~2	2~5
50~100	2~6	10~20
>500	6~12	20~40

表 3-15　隧洞、洞室周边允许相对收敛值　　单位：%

隧道埋深，m		<50	50~300	300~500
围岩类别	Ⅲ	0. 10~0. 30	0. 20~0. 50	0. 40~1. 2
	Ⅳ	1. 15~0. 50	0. 40~1. 2	0. 80~2. 0
	Ⅴ	0. 20~0. 80	0. 60~1. 6	1. 0~3. 0

注：1. 洞周相对收敛量是指计算或实测收敛量与两测点间距离之比。

2. 脆性岩取小值，塑性围岩取大值。

3. 跨度大于 15. 0m 的隧洞洞室工程应用表中数据应根据向洞内位移量、相对收敛量，收敛加速度等指标进行综合分析判断和工程类比进行修正。

苏联学者通过对大量观测数据的整理，得出了用于计算洞室周边允许最大变形值的近似公式。对于复杂的情况，需根据工程具体情况选用前人的经验，再根据工程施工进度情况探索改进。特别是对完整的硬质岩，失稳时围岩变形往往较小，要特别注意。

（2）允许位移速率。

允许位移速率是指在保证围岩不产生有害松动的条件下，洞室壁面间水平位移速度的最大容许值。它同样与岩体条件、洞室埋深及断面尺寸等因素有关，允许位移速率目前尚无统一的规定。按国内允许位移速率，再根据一些工程经验，确定软质岩为3mm/d，硬质岩为1mm/d。

在实际中规定，开挖面通过测试断面前后的一两天内，允许有位移加速的情况，其他时间内都应减速，到达一定程度后，才能进行永久支护（衬砌）。

根据位移—时间曲线判断围岩稳定性。岩体在长时间作用下，具有流变特征，岩体破坏前的变形曲线可以分成三个区段：

① 基本稳定区Ⅰ。曲线凸形，变形加速度小于0，意味着变形速率不断下降。

② 过渡区Ⅱ。曲线基本为直线，变形加速度为0，变形速度长时间保持不变。

③ 失稳区Ⅲ。曲线凹形，变形加速度大于0，变形速率渐增，将破坏。

实际量测的位移—时间曲线是受开挖影响，逐次达到稳定状态的。对于洞室开挖后在洞内测得的位移曲线，如果始终保持变形加速度小于0，则围岩是稳定的；如果位移曲线随即出现变形加速度等于0的情况，也就是变形速度不再继续下降，则说明围岩进入“定常蠕变”状态，需发出警告，及时采取措施，加强支护；一旦位移出现变形加速度大于0的情况，则表示已进入危险状态，须立即停工，进行加固。

在洞库施工险情预报中，应同时考虑收敛或变形速度，相对收敛量或变形量及位移—时间曲线的变化趋势，结合观察到的洞壁围岩及喷射混凝土的表面状况等，综合分析后对围岩稳定做出判定。

（3）地下水位值。

对于地下水封洞库，建设前就进行了选址，且洞室走向线的确定也充分考虑了最大地应力方向、地质构造发育优势方向等因素，所以在建设期，围岩多处于稳定状态。建设中首要考虑的应是地下水的水位变化情况。

地下洞库多选择在较为致密的结晶岩体中，地下水主要以脉状、裂隙状的方式保存，与强风化地层中的不同，一旦流失使裂隙疏干，将很难再恢复为饱水状态，而疏干状态的裂隙，则会成为洞库存储介质逸散的通道。所以在洞库的建设中，应始终保持地下水位的稳定。按已有工程经验，通常认为水幕系统以上20m的高程处，是场地地下水位的允许最低值，否则难以保证水封效果，因此一般将该值作为地下水监测的预警值。但对于洞库上方覆盖层薄，甚至局部有岩体裸露的情况，应加密布设水文监测孔，同时提高预警值。

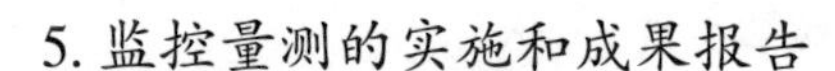

5. 监控量测的实施和成果报告

1）现场信息表达与响应

建设现场正常采用日报表、周报表、月报表的报表形式上报监测成果，其中用得较多的是周报表，常结合工程例会上报。日报表是在有预警值出现、加强观测时采用的。报表中的主要内容是监测数据，还需写明测点编号、测点位置、施工状况、观测时间、变化量及变化速率等信息，尽可能配备形象化的图形和曲线，使结果信息一目了然。

监控量测是信息化施工的基础，但发挥其作用要靠监控信息及时的获得和有效的流转。现场应以业主牵头建立信息的流转和响应流程，将监控单位、监理单位、施工单位和设计单位整合为有机的整体。

一般应由施工方预先制定对应紧急情况的应急措施方案，经监理和设计方认可后，由业主组织交底会议，告知包括监控量测单位的各相关单位。在不同的施工阶段，应有几次类似的交底。通常情况下，监测数据采集后应立即处理分析，当天将结果按规定反馈给相关方，一般为监理或业主，当工程正常进展，也可随工程例会通告各方。但在监测数据超过预警值、可能发生危险的情况下，尤其是位移观测值变化较快时，监控方在得到结果后应立即将信息反馈给监理或其他相关方，以便第一时间让施工单位采取紧急处理措施。

每个接口环节和联系人在事前应有明确规定，联系方式需保持畅通，并约定有特殊情况下的指令传达程序。对于应急措施涉及的各项资源，尤其是机械设备和材料元件，应定期检查其性能和状态，确保预案实施时不会出现异常。

2）监控工作的保证措施

（1）质量保证。

质量保证通过人员素质保障、仪器设备合格、监测工作规范化三方面着手实现，加强这三方面的工作，将确保监控量测工作的质量和效率。

监控量测是一项技术性很强的工作，为了加强技术管理，由技术负责人负责开展此项工作，同时配备经验丰富、责任心强、工作认真的技术人员辅助技术负责人进行技术管理工作；并建立健全完善的技术岗位责任制，明确各级技术人员的职责和权限，对关键和特殊工序实行技术人员专业分工负责制，从而明确分工，确保各项工作扎实有效。

埋设的仪器元件到货后须经过检验，埋设前应测定初值，零漂较大的应剔除不用；需检定的设备应定期检定，且每次使用应规范操作，做好平日的维护工作。

同时，结合施工图纸、规范以及现场实际情况，制定监控量测工作实施细则，用以指导监测工作。细则内容包括监测方法、监测顺序、进度安排、操作要求、技术标准、质量要求、安全措施等方面。在监控量测工作具体实施过程中，实行复核制度，要做到原始数据现场复核、上报数据多人复核。

（2）进度保证。

优化合理的人员组成和科学先进的实施方案，是所有工作成功的基础。为此，最大程度发挥各成员在监控量测工作中的专业优势，加强监控量测计划、方案的科学性、适用性，提高仪器设备的先进性和配套合理性，是监控量测项目顺利开展的关键。

仪器元件的埋设制约着监控量测的后续工作，因此随着工程进展，应加强协调与业主、施工方和监理方的关系，科学组织人力、物力、财力，确保仪器元件埋设工作有作业面、有时间点。最好将埋设工作安排到施工方的流水作业中，这样对施工影响最小且功效最高。

有计划地进行元件采购、设备维护，保证进度的物资供应以及仪器设备的完好，对于可能影响监测进度的因素，应事先做好充分的准备，制定预防方案；按照监测时间进度安排，对整个工程项目实施动态管理、密切监视、跟踪现场的动态变化，及时调整现场各要素，保证整体与局部工期都处于受控状态。

（3）安全保证。

作业前明确作业步骤、查明作业环境，进行风险辨识，针对风险进行措施制定，并利用会议、学习等形式，对进场技术人员进行安全教育。确保各级作业人员懂得岗位风险及规避措施，并牢固树立安全第一的思想。

同时，加强现场安全检查，组织定期和不定期检查，发现问题，及时整改；对查出的隐患做好记录，跟踪整改。对于监测安全设施、架设机具、机械设备，定期检查、维修和保养，建立检查、维修和保养登记。

3）监测数据分析和成果报告

（1）量测数据的分析处理。

在监控量测进行时，各种可预见或不可预见因素的影响，使现场观测所得的原始数据具有一定的离散性，必须进行误差分析、回归分析和归纳整理等去粗存精的分析处理后，才能很好解释量测结果的含义，充分地利用量测分析的成果。例如，要了解某一日时刻某点位移的变化速率，简单地将相邻时刻测得的数据相减后除以时间间隔作为变化速率，这显然是不确切的。正确的做法应是对量测得到的位移时间数组做滤波处理，经光滑拟合后得位

移—时间曲线，然后求该曲线函数在某时刻的导数值，即为该时刻的位移速率。总的来说，量测数据数学处理的目的是验证、反馈和预报，即：

① 将各种量测数据相互印证，以确认量测结果的可靠性。

② 探求围岩变形或应力状态的空间分布规律，并及时反馈，针对反馈的情况及时调整支护设计。以便提供反馈，合理地设计支护系统。

③ 监视围岩变形或应力状态随时间的变化情况，随最终值或变化速率进行预报预测。

从理论上说，设计合理、可靠的支护系统，应该是一切表征围岩与支护系统力学形态特征的物理量随时间而渐趋稳定。反之，如果测得表征围岩或支护系统力学形态特征的某几种或一种物理量，其变化不是随时间渐趋稳定，支护必须加强或修改设计参数。

对稳定最直观表现的岩体位移，它与时间的关系既有开挖因素的影响，又有流变因素的影响，而与进度的关系虽然反映的是空间关系，但因开挖进度与时间密切相关，所以同样包含了时间因素。由于不可能在开挖后立即紧贴开挖面埋设元件进行量测，因此，从开挖到元件埋设好后读取量测零读数已经历了一段时间，在这段时间里，已有围岩变形释放。此外，在洞室开挖面尚未到达量测断面时，其实也有一定量的变形发生，这两部分变形都加到量测值上以后，才是围岩真实的变形。这两部分的变形值，可用位移—时间曲线拟合后的外延办法和经验法分别估算。

在进行稳定判定时，一定要将多个监测结果综合分析，同时考虑施工和环境因素的影响，切忌片面理解监测数据，否则会出现错报和漏报。

（2）成果报告的提交。

作为监控量测工作的回顾和总结，成果报告一般在监控量测工作全部完成后撰写和提交。任何一个监控项目，从方案拟定通过到实施完成，总能总结出相当多的经验，积累到一定的数据，这对丰富和提高地下洞库现有水平是很大的促进。对于洞库的竣工验收，监测报告也是重要的存档资料。

监控量测的成果报告需要述及以下方面：

① 建设项目的基本情况，如规模、组成部分、场地状况（如地形地貌、所处区域的地质条件、区域地质背景）。

② 监控量测工作的实施情况，包括监测项目、测点布置、测试频率、观测时间，以及与原方案对比有所调整的内容和原因。

③ 各监测项目观测值的变化曲线、成果表格，以及变化规律描述，提出各关键位置的变形或受力的最大值，与原设定的稳定判别标准的比较，并阐述其

产生的原因。这部分是监测报告的核心内容，应结合图形和图表予以明确和形象描述，也可适当附上施工与监测的照片，以反映出监测各阶段的概况。

④ 监测工作的总结和结论，其中包括对围岩稳定和支护系统的评价，应重点说明地下水的变化情况，还可涉及对一些技术问题的特别说明。

监测报告的编写是一项严肃、认真的工作，需要对整个过程中的重要环节乃至各个细节都有所了解，能够真正理解和准确解释报表中的数据和信息，并归纳总结出相应的规律和特点。编写者应是亲自参与测试和整理报表数据工作的人员，并熟悉工程进展情况和过程中出现的问题，在此基础上总结的监测成果才能有价值，才能对今后类似的工程有较好的借鉴作用。

第三节 QHSE 管理

一、施工质量管理

1. 质量目标

（1）确保全部工程达到中华人民共和国国家行业标准、施工验收规范和《地下工程通用规范》验收标准，应明确单位工程质量合格率，工程设备、材料质量合格率，合同履约率等，明确创优目标（如创国家优质工程）。

（2）根据本工程具体情况、体系文件及规范要求的有关质量条款要求进行施工作业。

（3）严格按照有关作业规章、条款进行施工，发现问题及时纠正、调整并解决施工当中存在的不足等因素造成的影响，真正达到并控制好工程各方面沿预定质量目标有条不紊地开展。

（4）加强员工质量意识教育，严格规范作业程序和行为，加强工程质量监控，宣传推广质量管理理念，真实体现质量重要性。

（5）建立健全质量保证体系，成立由项目经理为组长，生产副经理、总工为副组长，各职能部门以及作业队为成员的质量保证小组，各部门相关人员围绕质量控制规定要求进行操作。

（6）定期和不定期地进行工程质量检查，发现问题及时纠正并整理成文字处理意见，严格按照设计图纸以及规范、验评标准等方面质量要求进行操

作、验收。

（7）加强施工场地的管理，控制好原材料、成品、半成品等构件，应严格按照有关要求进行堆码、标识、储存、使用等，可采取挂牌等方式方法进行操作，做到清晰明了、合格使用到工程当中。

2. 质量管理体系

整个质量保障的质量管理体系如图 3-8 所示。

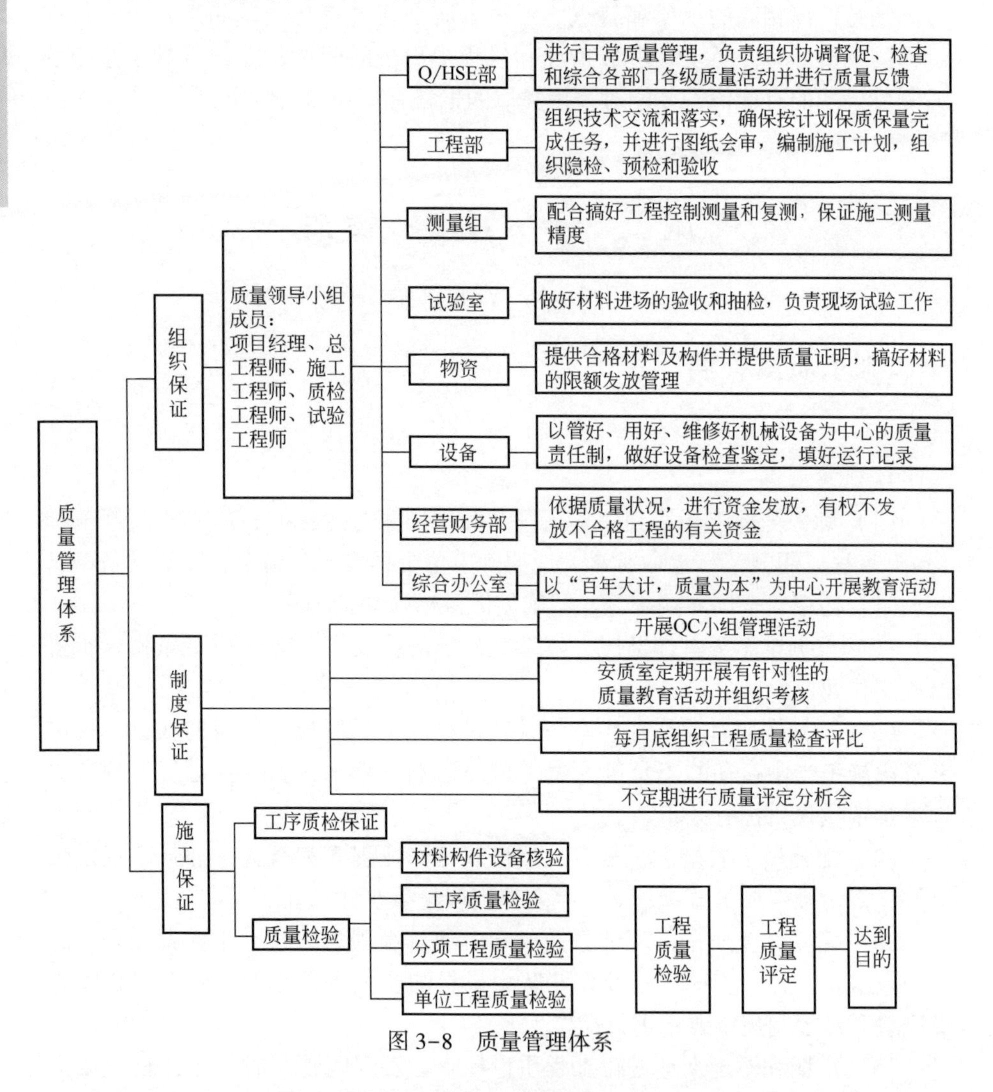

图 3-8　质量管理体系

在项目总工程师的领导下，组成全面管理小组，由组长负责，制定相应对策和岗位责任制，推行全面质量管理。

1）项目总工程师职责

（1）全面负责监控量测组的总体规划。

（2）从宏观上组织实施监测工作，对监控量测工作的调度、人员组织等全面负责。

（3）对重大事项进行决策、处理；定期检查小组的工作情况，掌握监测工作的总体进度。

2）组长职责

（1）对监控量测的技术和质量负责，编写实施细则、审核报告等。

（2）在监测项目负责人的领导下，全面负责监测工作的技术问题和质量问题。

（3）负责监测人员素质、监测仪器设备、元器件材料及技术资料的宏观质量控制工作；组织检测技术人员进行检测技术问题的分析讨论。

（4）参加业主等有关方面组织的重要技术会议。

（5）负责监控量测组织两保证体系的实施和质量管理工作；掌握和了解监测工作中存在的技术问题和质量问题，提出处理意见。

（6）督促监测组增强质量意识，对监测工作人员的质量状况做出评价，经监测项目负责人审定后签发监测报告及监测工作技术文件。

3）专业工程师职责

（1）负责本专业的外业生产组织，数据分析处理，报告编写。

（2）及时向有关方面通报监测工作中发现的异常情况。

（3）配合组长完成总报告的编写工作。

（4）督促监测小组各种监测信息，对监测频率的增减提出要求。

（5）向组长汇报监测信息分析工作中存在的问题，并提出整改意见。

（6）组织监测信息的分析、讨论。

4）监测小组职责

（1）制定监测实施方案和相应的测点埋设保护措施，并将其纳入工程的施工进度计划中。

（2）量测项目人员相对固定，保证数据资料的连续性。

（3）量测仪器采用专人使用、专人保养、专人检校的管理。

（4）量测设备、元器件等在使用前均应经过检校，合格后方可使用。

（5）监测项目在检测过程中必须严格遵守相应实施细则。

（6）量测数据的存储、计算、管理均采用计算机体系进行。

（7）各量测项目从设备的管理、使用及资料的整理均由专人负责。

（8）建立监测复核制度，确保监控数据的真实可靠性。

（9）现场量测的测点埋设、数据采集、相关信息均采用专门表格记录，全部实行表格化管理，表格签署齐备。

3. 施工勘察质量控制

地下水封洞库工程施工勘察是指施工图设计及施工阶段的岩土工程勘察。地下水封洞库勘察不同于普通地面建筑工程的施工勘察，普通地面建筑工程的施工勘察是在基坑或基槽开挖后，岩土条件与勘察资料不符或发现必须查明的异常情况时才进行，一般是对详细勘察的补充；而地下水封洞库施工勘察是施工图设计前各阶段岩土工程勘查工作的继续和深入，是地下水封洞库工程建设中等同于初堪、详勘等前期阶段勘察的不可或缺的重要勘察阶段。地下水封洞库是依靠岩体中裂隙水的渗透压力控制储存介质渗漏或逸散的，因此，与建在岩体中的其他地下洞室工程相比，施工勘察阶段的水文地质工作就显得更为重要。

地下水封洞库施工勘察是在完成初步设计阶段勘察（详勘）的基础上，结合初步设计资料对开挖揭示的围岩进行地质编录，确定围岩类别，观察描述围岩的出水情况，检测地下水的动态变化，以检验前期勘察的地质资料与结论，为施工图设计（主要指岩体支护及裂隙出水控制）提供依据。超前地质预报也是施工勘察需要完成的主要任务之一，随着开挖工作的进行，不断分析研究地质规律，并结合适当的探测手段，为洞、巷、竖井工作面前方一定范围内提供超前地质预报，为开挖施工提供建议。此外，施工勘察上需对洞室围岩稳定性及水封条件进行分析再评价，对施工中出现的岩体失稳、地下水位陡降等专门性工程地质、水文地质问题进行分析研究，提出优化设计方案的建议。

1）施工勘察方案的编制

地下水封洞库施工勘察几乎伴随了洞库地下工程部分建设全过程，工期一般达3~4年，勘察作业环境主要在地下，观察描述是其主要勘察手段，与施工、设计方联系紧密，需随时提交勘察成果。因此施工勘察具有工期长、作业环境差、勘察手段相对单一、伴随动态设计进行等特点。地下水封洞库施工勘察方案除了遵循《岩土工程勘察规范》（GB 50021—2017）、《地下水封洞库岩土工程勘察规范》（SY/T 0610—2008）的基本要求外，应充分考虑其特殊性。

（1）编制前的准备工作。

地下水封洞库施工勘察方案编制前应设计施工图及施工阶段勘察任务委托书或中标通知书，初步设计阶段勘察（详勘）成果资料、初步设计资料、洞库开挖施工方案资料。

施工图设计及施工阶段勘察任务委托书或中标通知书是开展施工勘察的依据。勘察任务委托书或中标通知书由洞库建设方下达，是签订施工勘察合同的依据。勘察任务书一般会给出施工勘察技术要求，明确施工勘察应执行的有关技术规范标准；中标通知书一般会明确施工勘察应执行招标文件给出的勘察技术要求及有关约定。

地下水封洞库工程施工勘察是初步设计阶段勘察（详勘）工作的继续和深入，是施工勘察的主要目的之一，就是要检验前期勘察的地质资料与结论，查明并解决详勘阶段难以完成的有关工程地质、水文地质问题。因此，详勘报告书及有关图表是编制施工勘察方案所依靠的重要技术资料。

初步设计资料，主要包括附坐标的水封洞库（地下工程部分）总平面图、巷道断面图、典型支护图、竖向布置图等有关图件，是确定施工勘察所应完成的主要任务、勘察工作量的主要依据，也是确定人力资源及仪器设备投入的主要参考资料。

地下水封洞库施工勘察是伴随地下洞室群系统开挖施工同时进行的，勘察作业与洞库施工作业联系密切，洞室开挖顺序、方式、作业周期、进度计划直接决定施工勘察的作业方式及进度计划。

（2）勘察任务、方法、仪器设备及人力资源投入。

明确勘察任务是地下水封洞库施工勘察方案的主要内容之一。一般来说，地下水封洞库勘察所应完成的主要任务为：

① 随巷道、竖井、主洞室的开挖进行围岩地质编录，校核确定围岩分类。

② 按围岩地质编录结果编制巷道、竖井、主洞室的地质展示图和主洞室的顶、底板基岩地质图以及洞库围岩富水程度图等图件。

③ 随着开挖工作的进行，不断分析研究地质规律，为洞、巷工作面前方一定范围内提供超前地质预报。

④ 继续进行地下水动态观测，实测洞库涌水量。

⑤ 总结库区水文地质、工程地质条件与规律，并对施工前地面岩土工程勘察成果做出复核。

⑥ 分析施工中出现的岩体失稳原因、处理措施与效果，同时对各类围岩的支护措施、施工方案和施工注意事项等提出建议。

⑦ 提出针对不同性质、类型的含水裂隙的注浆封堵措施的建议。

⑧ 结合工程地质条件，对地下工程部署提出工程处理或调整的建议并做出评价。

⑨ 对洞库投产后的地下水动态及岩体稳定性监测工作等提出建议。

施工勘察所采用的主要技术方法、人力资源及仪器设备投入要与完成的勘察任务相匹配。

地质素描所采用的主要勘察手段，传统的“地质罗盘+测绳”的作业方式已很难满足地下水封洞库施工勘察的生产需要，因其效率低，势必要占用大量的人力资源。因开挖洞室的高度较大，做好地质素描工作尚需架设攀高设施，虽然高性能数码相机的配合使用能够起到一定辅助作用，但仍无法解决人工地质素描效率低下的问题。地下水封洞库工程一般建在岩体质量较好的块状岩体中，传统物探方法在施工勘察的超前地质预报使用中效果较差，在预测预开挖段的围岩质量等级、富水程度时作用甚微。为了做好地下水封洞库的施工勘察工作，在编制施工勘察方案时应充分考虑新技术、新方法的应用研究，并配合高科技含量的仪器设备投入。

地下水封洞库施工勘察是以人工作业为主的勘察方式，投入的人数较多，工期较长，编制方案时应考虑多级人员的搭配。洞内作业人员应具有专业初级职称，组长一般应由有一定作业经验的人员担当；资料处理分析作业人员一般应具有专业工程师以上职称；技术负责人及项目负责人一般应具有专业高级职称。

（3）编制预警方案。

地下水封洞库施工勘察工作，绝不是单纯地为了获取地质资料和施工信息，而是作为洞库地下洞室群施工管理的一个重要组成部分。通过直观的勘察、探测和检（监）测，对施工段前方地质条件做出较准确的预报，对完成巷道和洞室的施工和支护方案的适宜性、有效性和长期稳定性做出及时评价；及时监控库区地下水的动态变化，以满足动态设计和信息化施工的要求。它也是保证地下工程部分施工安全和质量的一项积极有效的管理和控制手段。为此，需建立必要的预警方案和报告制度，预警方案是施工勘察的主要内容之一。

地下水封洞库施工勘察预警方案编制时，一般应考虑已开挖段洞室围岩（包括支护结构）失稳，地质超前预报发现前方有不稳定岩体（Ⅳ、Ⅴ级岩体）或富水岩体（可能出现涌水、突水），以及监测孔出现地下水位陡降或大幅下降等情况。

目前，地下水封洞库工程中岩体失稳预警的准确值确定尚缺乏可靠的规范（标准）依据，地下水位陡降或大幅下降的预警基准值也没有明确规定。编制预警方案时可参考国外同类工程的建设规范，借鉴国内类似工程的建设经验，并与设计、施工方协商共同确定。

(4) 编制项目管理规划。

地下水封洞库施工勘察是为了确保洞库地下工程部分能够安全顺利地施工所做的一项工作，工期较长，且与施工单位的正常施工交叉作业，为不影响施工的正常工作且保证勘察成果质量，必须精心策划和组织，方能按计划高质量地完成勘察任务。

考虑地下水封洞库施工勘察的作业特点，编制施工勘察项目管理规划时，应着重考虑以下两方面的因素：

① 勘察工作与洞库施工作业深度交叉。

编制施工勘察项目管理规划前应认真分析洞库施工组织设计及特殊部位（地段）的专项施工方案，并与施工单位沟通交流，合理安排施工勘察的作业工序。尽量利用洞库施工作业机具进行超前地质预报工作，若勘察单位在超前地质预报方面投入专门的钻探设备进行作业，就会增大交叉作业的协调难度，且效率较低。此外，施工勘察的作业进度及工期，基本上是受洞库施工开挖进度计划的变化而适时做出调整的。

② 职业健康安全方面的管理。

施工勘察作业基本上是在地下洞室内进行的，应加强职业健康安全方面的管理。应建立进出洞登记制度，进洞作业人员应戴防尘面具，并严格遵守洞库施工单位制定的洞内作业安全管理规定，听从安全管理人员的指挥，定期对洞内作业人员进行专项体检。

2）施工勘察方案的动态调整及成果报告提交

大型地下水封洞库施工勘察工期一般超过三年，未开挖岩体工程地质条件及水文地质条件存在一定程度的不确定性，洞库施工方案将随工程进展做出调整。因此，为满足工程需要，施工勘察的作业方式、程度需随时调整，也就是说洞库施工勘察是与动态设计相对应的动态勘察。施工勘察方案的动态调整也是洞库施工勘察的主要特点之一。

洞库施工勘察需要提交的勘察成果主要包括以下 3 部分：

(1) 预警报告。

通过直观的勘察、探测和检（监）测，对施工段前方地质条件作出较准确的预报，以及对完成巷道和洞室的施工和支护方案的适宜性、有效性和长期稳定性做出及时评价，形成预警报告。

(2) 阶段性成果资料和勘察报告。

阶段性成果资料主要包括：

① 随巷道、竖井、主洞室的开挖及时提交开挖断面的地质展示图及富水程度图等图件。

② 及时提交预开挖段的超前地质预报报告。

③ 按月、季度、年度或开挖里程段提交阶段性施工勘察报告。

阶段性勘察报告内容一般应包括：

① 分析施工中出现的岩体失稳原因、处理措施与效果，同时对各类围岩的支护措施、施工方案和施工注意事项等提出建议。

② 提出针对不同性质、类型的含水裂隙的注浆封堵措施的建议。

③ 结合工程地质条件对地下工程部署提出工程处理或调整的建议并做出评价。

④ 对洞库的地下水动态及岩体稳定性监测工作等提出建议。

⑤ 各项检测、监测及岩土工程治理等专项报告。

3）总结报告

(1) 前言：简述施工勘察的起止日期；工作的内容、方法、工作量、参加人员；取得的主要成果；遗留问题与勘察资料深度评价等。

(2) 库址区工程地质、水文条件总结：着重总结有关规律性的问题和对前阶段勘察所做围岩顶分类、围岩稳定性演算、地下工程部署、涌水量预测、地下水动态预测等问题进行验证性评价，在评价中应指出存在的问题，并分析原因总结经验。

(3) 施工中出现的岩体失稳状况、原因及处理结果：列举出现岩体失稳的地段、发生时间、部位、规模；分析产生失稳的原因，说明处理方法和效果。

(4) 施工中出现的岩体出水量较大的情况：列举出水量较大岩体分布地段、部位、发生时间、水量等，分析其对地下水位造成的影响，说明采用的注浆封堵方法和处理效果。

(5) 结语与建议：简要总结库址区的工程地质、水文地质规律；对地下工程部署做出评价；对洞库运营中有关地质问题加以说明，并对应进行的长期观测工作提出建议；对勘察工作的改进和应加强研究的课题等提出建议。

4. 超前地质预报

超前地质预报是指在地下工程施工过程中，以地质为基础，多种探测手段相结合，综合分析、预报掌子面前方可能遇到的不良地质体以及由此可能发生的地质灾害状况，并提出相应措施建议的综合地质方法技术。它是地质勘察工作在施工阶段的延续，对洞库施工起到指导性的作用。因此，作为地下工程必要工序的超前地质预报工作，对整个地下工程意义重大。而地下水封洞库施工过程中，由于其储存原理的特殊性，超前地质预报既要达到在一般地下工程中应起的作用，还有其特殊性。

1）国内超前地质预报发展现状

近年来随着国内地下工程特别是隧道工程的大量建设，超前地质预报近年来成为一个热点技术，隧道及地下工程界对此非常重视。目前超前地质预报应用较广的主要是隧道工程，国外早在20世纪40、50年代就开展了隧道施工超前地质预报工作，日、法、英、苏联、德、美等早已将其列为隧道工程建设必须开展的工作。我国自20世纪60、70年代修建成昆铁路线时开始开展此项工作。80年代以来，国内外隧道施工超前地质预报技术得到了长足的发展。尽管如此，还没有一种仪器和设备能解决所有的地质问题，预报理论与技术仍需完善，仪器和设备仍需不断更新改进，仍属于半科研、半生产性质的技术，各单位在工程实践中仍是探索者前进。

目前，超前地质预报的方法主要包括：

（1）地质分析法。

该法包括地质素描法、地层分界线及构造线地下和地表相关性分析法、地质作图法等。

地质分析法主要是利用理论，根据地下工程已揭露段的地质素描成果，结合勘察成果，利用已揭露的勘察查明的地层性（岩脉）、地质构造（断层）、结构面产状、地下水特征等对掌子面前方未开挖段进行地质预报。该方法设备简单、操作方便且不占用施工时间，但对作业人员地质知识水平要求较高，预报准确性及可靠性较低。

（2）超前导坑预报法。

该法包括平行导坑法、正洞导坑法。

超前平行导坑是指地下工程施工时，在洞室旁边一定距离平行开挖一个断面较小的导洞，以导坑中的地质情况预报正洞地质条件；正洞导坑是指在开挖洞室内先挖一个断面较小的导坑以探明前方地质条件。超前导坑是最为直接、准确的地质预报法，且另具备多种作用（如减压排水、改善通风条件），但其费用极为昂贵。

（3）超前钻探预报法。

超前地质钻探是指在地下工程掌子面进行水平地质钻探获取地质信息的一种超前预报方式，主要有水平超前探孔、加深的炮孔等，可以直观地查明钻孔覆盖区域的工程地质、水文地质条件等。与物探方法相比，它具

有直观性、客观性，不存在物探手段经常发生的多解性、不确定性。但常规超前钻探费用较高，占用施工时间较多，且对地下工程中的不利结构面等复杂地质问题无法查清。同时，可在探孔内借助超前钻孔成像测试进行预报。

(4) 物探方法。

物探方法包括TSP地震波反射法、HSP声波反射法、陆地声呐法、负视速度法、地质雷达、红外探测、单孔和跨孔CT等。

利用物探方法进行超前地质预报在国内地下工程和隧道工程中应用较多，主要是根据地质体内部的各种物性差异，借助物探手段，利用地震波、声波、高频电磁波、红外电磁波、声波CT等，通过综合分析对未开挖段的地质体进行推断、解译。目前，利用物探方法进行超前地质预报是地下工程及隧道建设中的主要方法，其中地震波法超前预报是当前应用的主流，SF声波反射法、红外探测及地质雷达也应用较多。

TSP地震波反射法超前地质预报系统是利用地震波在不均匀地质体中产生的反射波特性来预报掘进面前方及周围临近区域地质状况的。该方法属多波多分量探测技术，可以检测掌子面前方岩性的变化，如不规则体、不连续面、断层和破碎带等，对于小的点状地质构造反映不明显。

SF声波反射法是利用声波在地层中传播、反射，通过信号采集系统接收反射信号，根据波的传播、反射理论计算判断隧道掌子面前方反射界面（断层破碎带、软弱夹层等）距掌子面断层距离来进行预报的。其原理与TSP相一致，同样对于小的地质构造反映不明显。

红外探测属广义遥感技术，它建立在红外辐射场的基础上，根据存在的隐伏水体或构造产生的异常场叠加在已开挖段围岩正常场产生的畸变，确定隐伏水体或含水构造所在空间方位。但它一般只能告诉探测点前方30m范围内有没有水，至于水量大小、水体宽度及具体位置等则难以说清。

地质雷达是一种利用高频电磁波技术探测地下物体的电子设备。其通过结合工程地质理论分析，达到对埋藏目标（地质体）的探测与判断的目的。该方法一般作为TSP超前地质预报的补充，对作业环境要求较高。由于地下工程内的环境条件以及洞内钢拱架、钢筋网、锚杆、钢轨等金属构件的影响，地质雷达探测结果一般不太理想。

目前国内主流的以物探方法进行的超前地质预报的工作重点主要侧重于查明地下工程施工过程中可能遇到断层破碎带、岩溶发育带、高地应力带和高瓦斯带等不良地质体，以避免施工过中坍塌—塌方、大涌水—突泥突水、煤与瓦斯突出、岩爆和冲击地压等地质灾害的发生，而地下水封洞库由于其储存原理的特殊性，其施工过程中的超前地质预报与其他地下工程差别较大。

2）地下水封洞库工程的超前地质预报

目前国内地下水封洞库工程的超前地质预报工作可依据的规范非常少，主要还是在《岩土工程勘察规范》（GB 50021—2001）（2009版）、《地下水封洞库岩土工程勘察规范》（SY/T 0610—2008）的基础上，参照水利水电地下工程、公路、铁路隧道方面的超前地质预报规范进行。

《岩土工程勘察规范》《地下水封洞库岩土工程勘察规范》均没有针对超前地质预报的专门章节，仅后者提到“地下水封洞库施工图设计及施工阶段勘察应采用先进的地质预报系统进行超前地质预报。”因此地下水封洞库的超前地质预报工作主要还是借鉴其他地下工程的相关规范，有行业规范《铁路隧道超前地质预报技术指南》（铁建〔2008〕号）、湖北省地《湖北省公路隧道地质超前预报规程》（DB 42/T 561—2009），还有水利行业标准《水利水电工程物探规程》（SL 326—2005）等。

目前国内地下水封洞库工程的超前地质预报工作，根据其采用的方法不同主要分为两类。

一类是广东汕头 $25\times10^4m^3$LPG 地下库、宁波 $50\times10^4m^3$LPG 地下库、广东珠海 $20\times10^4m^3$LPG 地下库、黄岛 $50\times10^4m^3$LPG 地下库这四个以国外技术力量为主导建设的地下水封洞库。施工过程中采用的超前地质预报主要是水平超前探孔、炮孔探测，考虑工期及交叉作业影响一般采取不取心钻探，在已揭露和勘察查明的地质条件基础上，根据对钻探过程中钻进速度，岩粉、冲洗液、钻机机具的反映及钻探完成后探孔出水量情况的描述和测量，对前方围岩的工程地质、水文地质条件进行推测。

另一类是黄岛 $300\times10^4m^3$ 国家石油储备地下水封洞库，以国内技术力量为主导进行建设。施工过程中采用的超前地质预报方法基本是参照水利水电地下工程、铁路和公路隧道工程中普遍采用的全程选用 TSP 地震波反射法，配合使用地质雷达、瞬变电磁、复合式激电法、陆地声呐等物探技术，以查明断层破碎带等不良地质体为重点的超前地质预报方法。

这两类是目前地下水封洞库工程超前地质预报的主要方法。其中第一类由于整个洞库建设是以国外技术力量为主导进行的，国内技术力量介入较少，而国外企业对地下水封洞库技术的保求较为严格，可借鉴的东西较少。第二类将地下水封洞库超前地质预报工作视为一般地下工程的超前地质预报，这也是目前国内地下水封洞库工程建设中最可能采用的超前地质预报方法。但其未针对地下水封洞库的特点开展工作，是以查明可能危害洞库施工开挖的断层破碎带及可能危害施工的涌水等地质灾害为主要目的，忽略了地下水封洞库施工过程中超前地质预报的另外一个重点——对围岩裂隙水的控制。这类裂隙水的出露往往不足以引起塌方、危害施工的涌水和突泥等地质灾害的发生，物探成果也往往不显示异常，但其开挖后引起的地下水流失却足以引起场地局部地下水位陡降，可能形成降水漏斗，当水位降至场地地下水位安全界限以下时将直接威胁到洞库的水封条件，决定地下水封洞库建设的成败。因此，这类超前地质预报方法对地下水封洞库建设的指导性和辅助性大打折扣。目前，我国的大型（容积 $100\times10^4m^3$ 以上）地下水封洞库工程建设尚处于摸索阶段，其建设过程中的超前地质预报工作更无可借鉴的经验，只能不断地积累经验，摸索出一套适合地下水封洞库工程的超前地质预报方法。

国内某石化企业在烟台万华液化烃地下水封洞库工程施工勘察中，借鉴国外经验，采用先进的勘察技术，摸索出一套充分利用前期勘察成果，全程采用“地质素描+超前探试+智能钻孔电视成像测试+探孔出水量监测+地表钻孔水位监测”的地下水封洞库综合超前预报方法。该方法结合地下水封洞库的特点，采用先进的仪器设备和测试技术，在工程实践中取得了良好的效果。

3）地下水封洞库工程超前地质预报案例

（1）黄岛国家石油储备地下水封洞库工程。

黄岛国家石油储备地下水封洞库工程是目前国内首例正在实施的地下原油水封洞库建设项目。设计库容 $300\times10^4m^3$，地下工程主要包括 2 条施工巷道、9 个主洞室、6 个竖井及 4 条水幕巷道。

该项目的超前地质预报工作主要采用 TSP 测试法进行长距离预报，辅以短距离地质雷达、瞬变电磁、复合式激电法、陆地声呐等物探技术，特殊部位采取超前钻探，其超前地质预报的主要内容为：

① 预报断层的位置、宽度、产状、性质、充填物的状态，是否为充水断层，并判断其稳定性；

② 预报风化岩脉的位置、宽度、产状、性质，并判断其稳定性；

③ 预报掌子面前方的围岩级别，判断其稳定性，随时提供修改设计、调整支护类型、确定二次衬砌时间的建议等；

④ 预报掌子面前方一定范围内有无涌水、涌泥，并查明其范围、规模、性质，预测涌水变化规律，并评价其对施工的影响。

该项目采用了国内水利水电地下工程、铁路和公路隧道工程普遍采用的以物探方法为主的超前地质预报，主要是为了查明掌子面前方可能存在的断层破碎带、风化岩脉等不良地质体，以避免施工过程中坍塌、涌水、涌泥等地质灾害的发生。但在黄岛地下水封洞库交通巷道、水幕巷道及主洞室顶层的开挖过程中（其余部分尚未开挖），未知的可能引起塌方、涌水、涌泥等地质灾害发生的地质体很少，物探也未显示明显的异常，这样以预报该类情况为主要任务的超前地质预报就未能充分起到应有的作用。

一方面，这是由于物探测试的多解性和不确定性造成的，另外主要还是由地下水封洞库的特性决定的。地下水封洞库不同于其他地下工程，它是在充分利用洞库周围岩体和地下水的基础上，依靠岩体中裂隙水的渗透压力控制储存介质渗漏或逸散的，因此对场地工程地质、水文地质条件要求较高。一般选择在化学成分稳定、以结晶岩体为主的工程地质和水文地质条件较好的岩浆岩或变质岩等块状岩体内。经过严格的预可研阶段、可研阶段、初步设计阶段勘察，进入洞库施工阶段的洞库建设场地已尽可能地避开了断层等地质构造，即使存在规模也不会很大。而且，前期勘察中也针对场地内断层进行了大量勘察和论证工作，基本查明了可能的发育范围，场地存在未知断层等地质构造的可能性很小。黄岛国家石油储备地下水封洞库工程实际开挖揭露的情况也基本如此。超前地质预报手段，在黄岛国家石油储备地下水封洞库工程建设中也就无法发挥出其原有的优势。

另一方面，该地下水封洞库开挖过程中，洞室围岩裂隙水的控制成为洞库建设的难点。洞库开挖后出现的裂隙水一般水量不是很大，不足以发生涌水、涌泥等危害施工的地质灾害。黄岛国家石油储备地下水封洞库超前地质预报中所采用的各类物探测试均未显示异常，但开挖揭露后，很多贯穿洞室的裂隙、岩脉接触带出水；由于洞室截面较大，对这类面状出水，后注浆封堵会难度很大，往往经过多次注浆仍无法完全封堵。这类地下水的流失对洞库施工基本无影响，但其他引起场地内局部地下水位陡降，个别地表钻孔水位测量结果显示，该处地下水已降至水幕系统标高附近；虽然该洞库建设尚未进入水幕效率测试、洞库密闭性测试阶段，但参建各方均已意识到，这对整个洞库水封条件将产生很不利的影响。

（2）烟台万华液化烃地下水封洞库工程。

烟台万华液化烃地下水封洞库工程是目前世界上库容最大的LPG地下水封洞库，设计库容$100\times10^4m^3$，主要包括9条主洞室、4个竖井、10条水幕巷道、1条施工巷道。

该项目的超前地质预报工作采用了“全程地质素描+超前探孔+智能钻孔电视成像测试+监测+地表钻孔水位监测”的地下水封洞库综合超前地质预报方法。

该种超前地质预报方法是在借鉴国外建设经验的基础上建立起来的。项目实施过程中，根据该工程技术咨询单位和初步设计单位之一的法国 GEOSTOCK 公司要求，放弃了物探技术为主的传统超前地质预报方法，以超前钻探作为超前地质预报的主要探测手段。

烟台万华液化烃地下水封洞库工程的超前地质预报工作中，引进了先进的智能超前电视成像测试系统。该技术系统具有高度集成、探头全景摄像、剖面实时自动提取、图像清晰逼真、方位自动准确校准等特性，可对所有的观测孔全方位、全柱面观测成像（垂直孔、水平孔、斜孔、俯/仰角孔），测试结果通过数据线由仪器传到电脑上后，就可以利用软件提取产状、裂缝宽度等信息，且整个测试过程操作快捷、简便，无须其他辅助工作。

由于采用了智能钻孔电视成像技术，超前探孔可采用不取心钻进，大大减少了钻探时间，减少了钻探成本，使得全程进行超前钻探预报成为可能。在烟台万华液化烃地下水封洞库工程实际开挖中，利用多臂凿岩台车施工快捷的优势，每次超前钻探尝试 20m，钻探时间一般为 30~40min，钻孔电视成像测试一般为 30~60min 即可完成，一次超前地质预报 1~2h 即可完成，对施工费用、时间均影响很小。经过智能钻孔电视成像测试后，达到了完整取心的效果，可直观地查明钻孔覆盖区域的工程地质、水文地质条件，而且相对于常规的超前钻探，经过智能钻孔电视成像测试后，还可以查明掌子面前方围岩的节理裂隙发育特征，如产状、宽度、间距等，对传统的超前钻探预报法有较大程度的改进和完善。

在烟台万华液化烃地下水封洞库超前地质预报中，该系统不但准确、直观地查明了掌子面前方围岩类别、裂隙发育、岩脉发育、断层、破碎带等构造情况及地下水出露情况，而且确定了不利结构面发育特征、出水点位置等，为整个洞库开挖提供了准确有效的地质资料。

另外，该种超前地质预报方法对裂隙水的控制方面起到了良好的效果。该工程场地岩体中岩脉发育众多，洞库实际开挖过程中，岩脉接触带一般有地下水出露，这类裂隙水水量一般不足以引起危害施工的涌水、涌泥发生，但开挖揭露后却会引起场地局部地下水位下降，影响洞库水封条件。对超前钻孔进行出水量监测，根据出水量大小制定合理的注浆封堵方案，以达到控制地下水的目的。因有超前探孔出水量监测数据为依据，洞库开挖施工中对裂隙水进行了一定数量的预注浆封堵，对地下水位下降起到了很好的控制作用。

4）地下水封洞库工程超前地质预报的发展与未来

随着国内地下水封洞库建设的开展，国内洞库的勘察工作者们，正努力摸索出一套适合地下水封洞库建设的超前地质预报方法。

烟台万华液化烃地下水封洞库工程采用的超前地质预报方法是在借鉴国外经验的基础上发展起来的，还缺少大量工程实例的支撑，也存在很多不足之处：

（1）智能钻孔电视成像测试数据中，节理裂隙的产状还存在一定误差，这对不利结构面的分析有一定影响。

（2）这种超前预报方法的一些参数主要是借鉴国外经验而来，比如超前预报的频次、深度、搭接长度等，这些参数需要经过大量工程实例来检验、总结，以做到安全、合理。

（3）超前预报查明的地下水出水量大小的处理。根据出水量的大小采用的处理措施，也是借鉴国外经验而来，缺少工程实例的总结和积累。

（4）如何更好地结合地表钻孔水位监测成果来完善超前地质预报成果也需要工程实践积累。

对于尚处于摸索阶段的国内大型（容积 $100\times10^4m^3$ 以上）地下水封洞库工程建设，其超前地质预报更是需要不断改进和完善。

5. 地质素描及围岩质量分级

1）地质素描

地下水封洞库工程施工勘察中的地质素描工作是前期勘察工作的继续和深入，其目的是，根据施工开挖获得的勘察资料校核施工前向设计、施工提供的勘察成果，深入认识和总结库区地质规律。地质素描图应主要包括以下内容：

（1）应标出围岩的岩性（层）界线、风化程度、断层和软弱夹层的性质规模及分布状况；主要结构面的产状、间距、粗糙度、充填情况等。

（2）洞库围岩富水程度，应标出含水裂隙带分布与宽度、出水点位置及渗流状态等。

（3）围岩结构面组合形态分布图，应标出掉块、塌方、片帮等发生处的结构面组合形状与规模，并简要描述其发生原因。

传统的地质素描方法是沿用地面露头编录的常规方法，即采用地质罗盘和皮尺对露头剖面进行人工测绘，画出地质构造线，测量其产状，注明其岩性、填充物等属性特征。将传统的地质素描方法直接用在地下水封洞库施工勘察作业中显然存在劳动强度大、速度慢、影响施工、作业危险较大等弊端。同时采集受操作条件限制等因素影响，测量信息量不足、数据粗糙、几何精度低等，从而难以全面反映地下工程开挖面的实际情况。此外，现场地质编录和量测往往是非三维的，几何精度低、信息反馈慢、编录结果不易统计分析和查询。为此，许多专家学者在这方面做出了研究，提出基于近景测量原理的摄像方法，常见方法有：

（1）基于近景摄像机——测图仪/坐标仪方法，通过建立严格的空间模型，利用量测立体相片实现编录信息的获取。

（2）普通相机——目视判读方法。

（3）摄像机或数码相机——人机交换提取方法。

（4）以近景摄影测量方法、数字图像处理和 GIS 技术为手段的地质快速编录系统。

目前运用较为成熟的是第四种方法，即基于数字影像的地质快速编录系统。

2）围岩质量等级分类方法

现场地质人员对新揭露洞段围岩进行详细描述后，另外一项很重要的工作就是对围岩稳定性进行初步判定，对围岩进行等级分类，将围岩等级提供给设计单位，由设计单位对应确定支护参数。

针对不同目的，考虑不同因素产生了许多工程岩体分类方法。其中，挪威岩土工程研究所（Norwegian Geotechnical Institute）的 N. Barton、R. Lien 和 J. Lunde 等人提出的 Q 系统分类方法和 Bieniawski 提出的地质力学 RMR 分类方法在国际上受到了广泛的应用。在 1972 年以后，我国各个行业也逐渐提出了自己的围岩分类标准，但针对地下水封洞库工程的围岩分类尚无专门标准和规范，主要参考国标《工程岩体分级标准》（GB/T 50218—2014）来进行岩体等级分类。

6. 施工勘察中的水文地质工作

水文地质工作是地下水封洞库工程施工阶段勘察的一项重要工作，所需完成的工作主要包括：地面调查、地下洞室施工过程中揭露地下水的调查、水幕系统形成后的水幕注水情况调查。其作用是：在施工勘察过程中不断收集并整理、分析以上水文地质资料，提出针对不同性质、类型含水裂隙注浆封堵措施的建议；根据地下水动态规律的新认识提出地下水观测网的补充和调整建议；为地下洞库投产后地下水位恢复预测提供资料；为评价“水封条件”提供依据。

1）现场水文地质调查

（1）地面调查。

地面调查工作主要包括：为部分前期地质勘探孔及新增的专门水文观测孔建立地表的地下水面系统，定期对地下水位进行观测，及时掌握由于施工对库址区深部地下水位的影响；定期对地表水体及出露泉水进行观测，及时掌握由于施工对库址区浅部地下水的影响；收集库址区一定范围内降水的资料，辅助分析地下水动态变化的规律。

（2）地下洞室施工过程中揭露地下水的调查。

该项工作主要包括：对新揭露洞室及时进行水文地质观测和编录，在地下洞室素描展示图上，详细描述地下水的出露位置、含水裂隙的产状（走向、倾向、倾角）、出水状态（潮湿、渗水、滴水、线状流水、涌水）、集中渗漏点的渗流量及其动态变化、所在岩体的岩性；分别对交通巷道、水幕巷道、储库洞室在施工过程中的抽排水量进行记录，估算地下洞室的涌水量。

（3）水幕系统形成后的水幕注水情况调查。

在水幕孔施工完毕后，根据单孔注水试验，得出单孔单位时间内注入量，计算得出单孔平均渗透系数，若单孔渗透系数超过一定范围后需找出主要的渗漏点，在主洞室进行封堵。施工期水幕孔注水过程中单孔的注水量、注水压力需详细的记录。

（4）施工期水文观测方法及水幕孔试验。

施工期水文观测方法及水幕孔试验有人工观测及自动化观测两种。

当前，现代电子技术、传感技术、通信技术和计算机技术的迅速发展，促进了水文监控技术自动化的发展，目前自动化水文观测系统技术已经趋于成熟。在地下水封洞库施工期和运营期对库址区地下水及水幕系统实行自动化监控，对水文数据的准确性、工作效率将会有大幅度的提高。在黄岛国储地下水封洞库施工勘察中，结合洞库场地条件经过分析研究，勾勒出了适合地下水封洞库的水。

2）水文地质资料的整理与分析

收集以上现场资料，定期进行整理，如发现局部地下水水位变化幅度异常，应立即找出相关现场水文观测资料进行分析，找出缘由，提出应对处理措施，确保地下水位的稳定。

统计分析洞室内渗漏裂隙的含水状态、产状（走向、倾向、倾角）、出水状态（潮湿、渗水、滴水、线状流水、涌水）、集中渗漏点的渗流量及其动态变化来确定注浆封堵参数。

由黄岛洞库工程施工勘察统计的主要渗水裂隙的产状特征可知，洞室内渗水裂隙倾向主要集中在 SE130° ~ 160°，倾角集中在 30° ~ 40°、50° ~ 60°、70° ~ 90°，其中倾角在 30° ~ 40°之间的节理约为 20%，倾角在 50° ~ 60°之间的节理约为 29%，倾角在 70° ~ 90°之间的节理约为 38%。总体来看，渗水的裂隙主要为陡倾角。根据这个统计结果，就可以调整注浆孔孔向尽量垂直优势裂隙面，以使单位长度钻孔内穿越的裂隙面最多，这样对注浆的效果会有较大幅度提高。

7. 洞室围岩稳定性及水封条件分析

地下水封洞库施工勘察是前期各阶段岩土工程勘察工作的继续和深入，对洞库施工起到指导性的作用，是各施工图设计和制定洞库长期运营期间监（检）测方案的重要依据。因此，地下水封洞室围岩稳定性和水封条件评价也是施工勘察所应完成的主要内容之一。

1）地下水封洞库洞室围岩稳定性评价

地下水封洞库洞室围岩稳定性评价包含两部分，一是对施工过程中可能出现的岩体失稳进行分析评价，二是对支护后的洞室岩体稳定性进行评价。

对于施工过程中可能出现的岩体失稳要进行专门性的研究，列举出可能出现岩体失稳的地段、部位和规模。对已经失稳的岩体应分析其失稳原因，提出优化设计方案的建议，并对处理措施与效果进行总结。根据失稳原因对施工过程中出现的岩体失稳进行分类，可从断层构造、岩体基本质量较差、不利结构面组合、特殊部位等方面进行分类；根据各自的特点来提出优化设计方案的建议，并对其提出专门性的施工期监控量测建议；根据监控量测的结果，对其处理措施与效果进行评价。以此总结整个地下水封洞库岩体失稳的规律和特点，优化设计方案，为洞库运营期间的长期监控量测提供依据和建议。

对于支护后的洞室岩体稳定性评价要进一步分成两步评价。首先根据地质素描成果，综合前期勘察分析总结岩体的地应力、结构面、各类物理力学参数等特征，分段建立地质模型，进行数值模拟计算，对其自身稳定性进行评价。根据洞室岩体自身稳定性评价结果，对各类围岩的支护措施、施工方案和施工注意事项等提出建议，随后根据监控量测成果，对支护后的洞室岩体稳定性进行评价。

另外在整个洞室围岩稳定性评价中，要对不利结构面组合和交叉区域稳定性进行专门的研究。对于可能的不利结构面组合，要根据地质素描成果，统计分析揭露的不利结构面组合，利用 Unwedge 等软件实行块体理论分析，进行随机块体搜索、体积估算及稳定性分析；根据计算结果在洞壁寻找对应的不稳定块体，评价其支护措施，结合监控量测数据对其稳定性进行评价。对于交叉区域要根据地质素描成果，选取交叉区域的结构面特征，进行数值模拟计算，对其自身稳定性进行评价，并根据监控量测成果，对支护后的交叉区域岩体稳定性进行评价。

最后，总结以上洞室围岩稳定性评价结果，根据监控量测数据，对地下水封洞库总体稳定性进行评价，为洞库运营期间长期监控量测方案提供依据和建议。

2）地下水封洞库水封条件分析

地下水封洞库是依靠岩体中裂隙水的渗透压力控制储存介质渗漏或逸散，施工期间通过对地下水位的监测来控制洞库施工对地下水位的影响，是最终影响洞库水封条件的重要因素。施工勘察阶段需要对施工期间地下水位进行长期监测与控制，对洞库水封条件进行评价。

（1）施工期间地下水位监测与控制。

施工期间地下水的监测与控制是地下水封洞库不同于其他地下工程的特点之一。

地下水封洞库场地特征决定了建设中遇到的地下水主要是深层脉状裂隙水，这类地下水含水层为弱富水性，径流速度较为缓慢，水量一般不会很大，不足以引起涌水等危害施工的地质灾害。在其他地下工程中一般不会对其进行处理和控制，而在地下水封洞库建设中，这类地下水流失引起的地下水位下降却可能会对洞库水封条件造成不利影响，影响洞库建设的成败。因此需要根据开挖进度对地下水位进行长期监测，及时了解洞库施工对地下水位的影响程度。

施工勘察阶段对地下水位的监测，主要通过对地面各钻孔的地下水位监测来完成。需要结合前期勘察钻孔，在整个洞库场地布置多种不同类型的地下水位监测孔，对各钻孔水位进行长期测量，一般每天测量一次。对于水位变化较大的钻孔，应根据情况提高测量频次，必要时可放置智能水位监测仪，对地下水位进行实时监测。当洞室内出现大的、集中的地下水出露点时，要加强临近地下水位观测孔的水位监测，以结合洞内地下水流量测量，综合评

价各出水点对洞库水封条件的影响。

通过对地下水位的长期监测，可以更为准确地查明场地地下水位动态特征，优化洞库设计地下水位，更为重要的是可以控制施工对场地地下水位的影响。洞库施工过程中，由于揭露的脉状基岩裂隙水一般水量较小，易引起地下水位的下降，且一旦损失，恢复困难，具有不可逆性。如果水位下降超过一定的界限，造成裂隙水的渗透压力过小，将会影响到洞库的水封效果，造成储存介质的渗漏或逸散。因此洞库施工过程中，需要对揭露的裂隙水进行控制，根据影响程度对其进行封堵或者放任处理。

地下水封洞库建设中地下水的控制主要有两个原则：一是不能影响到洞库施工，避免地下水的大量出露对洞库的施工过程、质量、工期等造成不利影响；二是避免引起地下水位发生不可接受的下降，影响洞库水封条件。而在地下水封洞库建设中遇到第一种情况的可能性一般很小，洞库开挖过程中地下水的控制主要是以第二种为主。根据国外的建设经验，LPG 地下水封洞库施工期间允许的最低地下水位为水幕系统以下 20m 施工所引起的地下水位下降。最低不能低于该标高，否则将影响到最终的水封效果，储存介质有可能渗漏或逸散。但目前世界上建成的地下水封洞库在施工过程中还未发生过地下水位陡降至此的情况。所以地下水封洞库建设过程中，要对地下水陡降进行严格的控制，根据场地水文地质条件和出露的地下水流量、压力的大小制定适宜的地下水下降控制标准，制定地下水位下降不同深度所对应的地下水处理措施、处理效果要求等。国内地下水封洞库建设中该方面主要还是借鉴国外经验执行，尚缺乏有关工程实例的支撑。

（2）地下水封洞库水封条件评价。

施工勘察中，地下水封洞库水封条件评价的主要任务是：通过洞库施工期间地质勘察工作的继续和深入，检验前期水文地质资料和结论，评价洞库设计地下水位，根据地下水位监测成果和实测的洞库涌水量等评价洞库施工对场地水文地质条件的影响。结合对水幕供水情况的记录和分析，初步评价水封系统，为洞库水幕系统的各类测试、洞库水封效果的评价提供资料，为洞库长期水文地质监测提供依据和建议。

洞库设计地下水位是洞库水封条件评价的重要因素，通过施工勘察中的水文地质工作，检验前期水文地质资料和结论，进一步论证洞库设计地下水位标高的合理性。

通过施工勘察中的水文地质工作，查明洞库施工及其水封条件的影响，绘制施工完成后的场地地下水等水位线图，详细列出洞库施工过程中揭露的地下水出露点，根据地下水监测成果分析各出水点对场地地下水的影响，查明地下洞库不同位置的地下水位下降幅度和施工期降落漏斗情况，总体评价洞库施工期间的水封条件。根据实测的洞室涌水量、水幕供水记录等分析评价地下洞库运营期间涌水量、水幕补给量等，总体评价洞库施工完成后的水封条件。根据各类洞库水封系统测试的要求提供所需的相关资料，并对其进行优化。另外，通过对洞库施工完成后水封条件的评价，为洞库运营期间水文地质监测方案的设计提供所需资料，并提出地质方面的建议。

地下水封洞库水封条件控制是目前国内水封式洞库建设的难点，也是地下水封洞库建设的核心技术，一直为国外企业所垄断。随着国内大型地下水封洞库工程建设的不断开展，国内的地下水封洞库建设者们正在一步步地打破国外企业的技术垄断。

二、质量风险现状

根据现场施工现状，施工质量主要存在如下风险：

（1）现场施工不严格按照交底要求进行作业：部分作业面边墙开挖爆破未严格按交底要求进行施工，造成边墙部位有较大超、欠挖，成型质量差；底板眼间距较大，爆破后底板凹凸不平，影响出渣速度，并对行走机械造成较大的伤。

（2）锚杆施工中存在部分锚杆不紧贴岩面的现象，致使喷浆厚度增加，增加项目成本；网片施工部分网片未紧贴岩面、网片与锚杆连接不稳固、网片固定钢筋搭设间距较大，喷浆过程中有网片脱落的现象，给施工带来不必要的麻烦。

（3）围岩较差地段开挖爆破作业未根据围岩情况适时调整爆破参数，造成较大超挖，对周边围岩带来较大扰动，增加了掉块、片帮的危险。

（4）因初支较风水管、电缆相对滞后，造成挂设风水管、电缆部分喷浆不能全部覆盖岩面，只能等开挖完成拆除风水管后进行复喷。

三、HSE 管理

1. HSE 管理综述

1）HSE 方针

HSE 方针是：安全第一、以人为本、环保优先、创建驰名国储基地；遵章守法、履行责任、创新管理、实现稳定持续发展。

2）HSE 目标

HSE 目标是：追求零事故、零伤害、零污染。具体目标包括：

（1）职业健康（H）管理目标：杜绝较大食物中毒事件；杜绝较大疫情事件和职业病危害事故；使全体人员的健康得到充分保证。

（2）安全（S）生产总体目标：杜绝一般事故 A 级；杜绝交通责任事故；杜绝火灾、爆炸事故。

（3）环境（E）管理目标：确保清洁生产，保护自然与生态环境；妥善处理各种施工作业废弃物、生活垃圾，各种污染物排放达到国家排放标准；杜绝发生环境污染和文物破坏事件；排除水土流失隐患；环境保护和水土保持工作达到设计和相关规定要求。

3）HSE 管理机构

（1）HSE 管理领导小组，应设项目经理、安全总监及各部门负责人及各机组长。

（2）HSE 管理组织机构，示意图一般如图 3-9 所示。

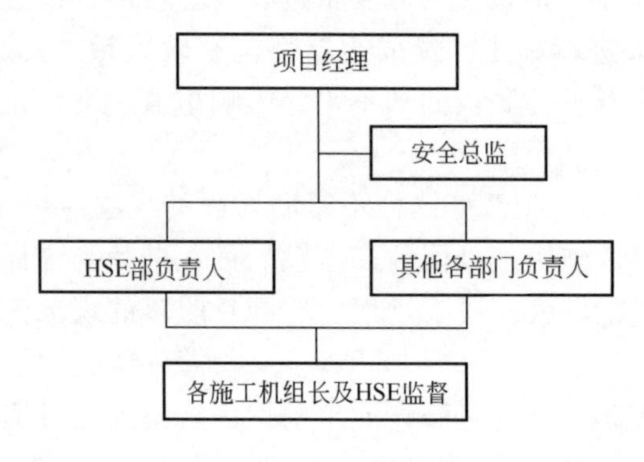

图 3-9　组织机构示意图

4）HSE 责任制

（1）项目经理。

项目经理是工程施工 HSE 管理的第一责任人，贯彻并执行有关 HSE 标准、规定。其工作职责包括：

① 配备项目部施工生产所需的 HSE 资源。

② 主持召开 HSE 会议，及时解决 HSE 管理工作中出现的各种问题。

③ 落实“有感领导”，制定项目施工期间的个人安全环保工作计划，每

月对照计划落实履职情况。

④ 按照“直线责任”原则，划分项目副经理、安全总监及各部门、机组直线责任区，并组织监督责任落实。

⑤ 组织事故的调查、分析、处理和上报工作。

（2）安全总监。

安全总监是在项目经理领导下，负责项目部 HSE 体系建立及运行的协调和控制工作。其工作职责包括：

① 负责制定详细的 HSE 工作计划、规章制度，包括安全管理程序、安全保证措施等并组织实施。

② 有计划地组织员工进行 HSE 培训工作。

③ 组织开工前进行工程的风险识别及评价工作，并组织落实各项风险削减措施。

④ 负责收集、传达并监督执行 HSE 方面的法律法规和国家政策。

⑤ 组织参与 HSE 事故调查、分析处理和事故报告。

⑥ 落实“有感领导”在项目的具体实施、监督。

⑦ 监督直线责任和属地管理落实情况，及时向项目经理汇报。

（3）项目副经理。

项目副经理协助项目经理做好分管业务范围内的安全工作，对自己主管的业务范围内的安全负责领导责任。其工作职责包括：

① 参与施工安全重大问题的决策，做到管生产必须管安全。

② 参加项目安全事故的调查工作。

③ 定期向项目经理汇报分管业务范围内的安全工作，完成项目经理交办的安全生产工作。

（4）HSE 部。

HSE 部是在项目经理和安全总监的领导下，负责编制项目部 HSE 管理体系文件。其工作职责包括：

① 负责收集和传达有关健康、安全与环境方面最新的法律、法规和国家政策信息，并监督有关部门实施。

② 负责建立、健全项目 HSE 体系，确保体系在项目有效、持续运行。

③ 负责 HSE 工作监督检查，及时发现、纠正存在的问题。在紧急情况下，有权发出停止工作的指令，并向项目经理和安全总监汇报。

④ 将施工中的风险和风险削减措施传达到每一名员工；组织对施工人员进行安全教育，组织员工开展应急演练工作，不断提高员工安全素质。

⑤ 加强对分包商的 HSE 检查工作。

⑥ 组织员工进行健康检查，建立员工健康档案。

(5) HSE 监督员。

HSE 监督员负责对员工进行安全知识培训。其工作职责包括：

① 负责现场 HSE 监督检查工作，监督安全保证措施的落实和 HSE 隐患整改工作，并做好现场 HSE 记录。

② 负责劳动防护用品的管理和检查工作。

③ 现场检查发现有可能危及人员生命财产安全时，有权责令立即停止作业；有权对违反 HSE 规定的现象、行为进行处罚。

④ 监督作业许可实施、落实情况。

⑤ 现场发生事故时，积极协助主管领导进行现场应急、救援工作。

⑥ 参加重大安全事故的调查、分析和处理。

(6) 机组长。

机组长的工作职责包括：

① 在组织施工作业时，认真执行 HSE 管理的有关政策、规定和有关程序。

② 对作业人员进行 HSE 培训教育，组织每日风险削减活动和现场监督检查。

③ 在施工作业现场按规定设置必需的安全防护措施。

④ 负责组织机组安全检查，及时发现和消除事故隐患，重大隐患及时向上级报告。

⑤ 负责属地范围内作业许可审批和各项管理措施的落实。

⑥ 认真贯彻和落实工作前安全分析、班前讲话及每周一次的 HSE 培训工作。

⑦ 发生事故时立即组织抢救、采取措施防止事故扩大，保护好现场，并向上级报告。

(7) 作业人员。

作业人员的工作职责包括：

① 严格执行 HSE 规章制度和本岗位安全技术操作规程，落实“六条禁令”要求，有权拒绝违章指挥作业。

② 熟悉本岗位和管道施工中的安全风险，熟练掌握风险削减措施，在工作中做到“保证自身的安全同时，监督他人的工作安全”；确保本岗位属地范围内安全施工。

③ 及时发现和消除事故隐患，不能整改的立即向上级汇报。

④ 正确使用、穿戴安全防护用品，做好安全防护装置、设施的维护保养工作。

⑤ 积极参加 HSE 活动，增强 HSE 意识。

⑥ 遵守环境保护的各项规定。

⑦ 积极参与 HSE 管理，提出建议，改进 HSE 表现水平。

2. 风险识别

为确保生产生活的正常进行，在项目正式开工前，应召集项目有经验的各级人员对项目的各项 HSE 危害因素进行全员全过程识别，并根据以往经验和 LEC 打分法进行评价，得出本项目实施期间的重大 HSE 危害因素和普通 HSE 危害因素识别评价成果。该办法编制的目的是保证现场 HSE 危害因素在开始出现前，就已经得到重视，并已采取削减和预控措施，是一份如何具体实施 HSE 危害因素控制的办法。

项目开工前，由安全总监负责召集领导小组、职能部门成员进行 HSE 危害因素识别评价动员和分工：由工程管理部负责生产工艺流程上的 HSE 危害因素识别；设备物资部负责设备、材料使用过程上的 HSE 危害因素识别；办公室负责生活区域的 HSE 危害因素识别；HSE 部负责体系、人员行为方面的 HSE 危害因素识别。

各职能部门由部门负责人再进行分工动员，利用公司危害因素辨识评价表清单范本进行内容增减，并由 HSE 部进行汇总整理，原则上应对全员全过程进行识别，发现危害因素立即记录以留待判别评价。

当识别完成后，由安全总监召集项目领导和部门负责人，分别打分评价的方式，对危害因素识别清单进行评价，并按照平均汇总方式形成危害因素辨识评价表。

对重大 HSE 危害因素，由安全总监召集组织制定详细的 HSE 危害因素管理方案，明确削减和控制措施，明确实施时间。

3. 风险管理

1）HSE 危害因素削减和控制

（1）方案和制度。

项目对重大 HSE 危害因素制定专项方案和各项管理制度，作为进行现场控制的主要实施依据，包括以下内容：

① 针对现场火工品使用。由工程管理部在进行爆破作业前制定爆破专项

施工方案，组织专家评审并报监理等进行审核，同时由 HSE 部编制爆破作业安全管理制度，并组织进行宣贯以确保现场得到执行。

② 针对出入隧道内的不同车辆。由机电总工牵头，组织设备物资部在隧道进洞后的不同阶段编制洞内行车方案，并编制车辆维护检修管理制度和针对驾驶员的驾驶员管理制度，在相关车型投入使用前还应编制相关的专业检查表格和检修维护记录；同时 HSE 部编制车辆安全管理制度，并组织进行宣贯以确保现场得到执行。

③ 针对生活区供热锅炉的使用。由机电总工牵头，组织设备物资部编制锅炉运行使用管理制度，并组织进行宣贯以确保现场得到执行。

④ 针对高压配电系统。由机电总工牵头，组织设备物资部编制临电施组和相关电气设备选型方案，并报监理等审批，并制定针对现场不同用电设施的管理制度，电工日常检查维护管理制度和相关的漏保测试记录、接地检查记录等记录，并组织进行宣贯以确保现场得到执行。

⑤ 针对人员不安全行为。由安全总监牵头，制定有关的进场人员登记管理程序、教育培训制度、周一活动和班前讲话制度，组织进行进场 HSE 教育，保留有关的记录。

（2）作业前的安全交底。

项目工程管理部和设备物资部，根据 HSE 危害识别评价成果，认真研究重大 HSE 危害因素管理方案中确定的削减和控制措施。在各道工序实施前，针对 HSE 危害因素清单提及的相关 HSE 危害因素内容，有针对性地编制安全交底，并及时向作业人员进行交底，确保其充分掌握该工序的 HSE 危害因素。

HSE 危害因素是否被充分提及是土木总工、机电总工、安全总监和部门负责人进行交底审核的主要依据。同时在技术交底过程中，应充分尊重 HSE 危害因素评价成果，编制的工艺流程和操作流程不应存在对已提及 HSE 危害因素不加考虑的情况。

（3）过程巡视检查。

HSE 危害因素是现场过程控制的重点，项目首先致力于采取措施将 HSE 危害因素在出现前将其消除或者制定措施加以控制，为保证得到有效的控制，项目职能部门和执行部门进行过程巡视检查。

根据公司管理习惯，各种不同类型的检查活动和过程记录已经在 HSE 作业计划书（JZGC-C2-HSE-0002）和 HSE 管理制度分册（JZGC-C2-HSE-0004）中提及，不再详述。

这里要求：各职能部门成员和执行部门负责人，必须熟悉各场所和各工序存在的 HSE 危害因素，尤其是重大 HSE 危害因素的内容必须熟记。

（4）例会内容的确定。

项目为保持对 HSE 危害因素的持续关注，及时纠正在过程控制上出现的偏差，应每周召开 HSE 例会，并组织 HSE 检查，相关活动应围绕 HSE 危害因素的过程控制而展开。为此，作为项目 HSE 部和安全总监，应时刻提醒项目领导和 HSE 职能部门注意 HSE 危害因素的发展变化。

2）HSE 危害因素的修订

（1）识别评价的再启动程序。

项目进入正常生产阶段后，依据以下因素组织进行 HSE 危害因素的更新：

① 有关的健康安全环境的法律法规及要求发生变化时。

② 重大环境污染和健康安全事故发生后。

③ 基础办公设施发生变化时。

④ 有新工作内容开工前。

⑤ 施工生产过程、工艺及规模发生重大变化时。

⑥ 审核和管理评审要求时。

⑦ 顾客和相关方提出抱怨或合理要求。

⑧ 绩效监视与测量发现危害因素识别有遗漏时。

⑨ 每年 1 月份组织的定期更新（公司管理体系文件要求）。

（2）削减和控制措施的修订。

当出现以下情况时，应及时组织对 HSE 危害因素的削减和控制措施的修订：

① 活动、产品或服务发生较大变化（如增加新项目、增加新设备、采用新工艺等）。

② 有关的法律、法规和其他要求发生变化。

③ 方针、目标、表现准则发生重大变化。

④ 管理评审和审核要求。

⑤ 出现重大事故，相关方的合理报怨。

削减和控制措施的修订引起的文件变更，执行《变更管理程序》有关规定。

3）风险预防措施

施工中各作业台班要努力做好安全宣传、教育工作，严格执行各项安全操作规定和安全制度的落实，做好安全检查、监督、整改工作，严格纠正违章作业。

风险管理监理员要随时到施工现场巡回检查，发现问题要及时整改，一时整改不了的要立即向监理部应急管理小组报告。下面就巷道施工中常见的风险事故做出风险反应应急预案。

（1）测量放线风险预防措施。

① 放线工作人员是否携带有效的通信工具，是否能随时与外界保持联系。

② 测量放线人员是否应穿戴好工作服、工作鞋，是否配备防蚊虫和个人防护用品、急救药品。急救药品是否包括感冒、腹泻等常见病用药，是否有绷带、纱布、棉签、甲紫、消炎粉等创伤救助物品。

③ 应注重行车安全，避免夜间行车，严禁疲劳驾驶。

④ 禁止测量人员单独出行测量，对情况不明地带不得冒险进入。

（2）掘进爆破施工风险预防措施。

爆破工程技术人员要根据巷道掘进工程量、几何尺寸、地质等情况计算出合理的药量，确定孔径、孔深、孔距、排数、排距等参数，并考虑爆破安全距离和爆破冲击波安全距离的要求。施工时严格按照施工组织设计要求进行打眼、装药，并用炮泥将孔口填塞密实。连线不能漏线，将起爆药包的导爆管与引爆雷管用胶布缠绕紧密。

应急方案为：

① 掘进钻眼必须按规程操作。

② 爆破时应在确定的安全警戒线设置专人示警。

③ 组织疏散人员后方能进行引爆，防止爆破冲击波及飞散物对人员造成伤害。

④ 掩盖好巷道内其他不易搬动的设备，防止爆破冲击波和个别飞散物对设备造成损伤。

⑤ 爆破后及时通风，并检查爆破效果，若发现没有起爆或残留有炸药、雷管，应让有经验的施工人员进行处理，其他人员不能进入作业现场。

⑥ 发生意外，立即疏散施工人员。

⑦ 运输机车做好转运巷道内设备的准备。

⑧ 兼职卫生员在洞口做好一切急救准备，发现人员受到伤害，立即进行处理，并根据需要送往协作医院。

（3）渗、涌水风险预防措施。

在进行巷道施工时，当巷道施工掘进过程中偶遇“漏含水层”（补给天窗）时，将发生突发性大规模涌水，涌水量可能将急剧增加。

应急方案为：

① 必须了解突水的地点、性质，估计突出水量、静止水位、突水后涌水量，影响范围、补给水源及有影响的地面水体。

② 掌握灾区范围、事故前人员分布，巷道中有自下而上条件的地点，进入该地点的可能通道，以便迅速组织抢救。

③ 按积水量、涌水量组织强排水，同时堵塞地面补给水源。

④ 加强排水和抢救中的通风，切断灾区电源，防止突然涌出其他有毒和易燃、易爆气体。

⑤ 搬运和抢救伤员，应防止突然改变伤员已适应的环境和生存条件，防止不应有的伤害。

抢救长期被困在井下的人员时应注意的问题是：

① 发现被困人员时，严禁用强光光束直射眼睛，以免在强光刺射下瞳孔急剧收缩，造成失明。

② 发现被困人员时，不可立即抬运出井，要注意保护体温。应在井下安全地点进行初步处置（如包扎、输液、注射等），并待其情绪稳定以后，才能送到医院进行特别护理。在治疗初期，避免亲友探视，以防过度兴奋。

③ 被困人员长期不进食，消化系统功能极度减弱又急需补充营养，应以少量多餐的方法，以稀软的、高营养、高蛋白的食物为宜。

（4）中毒窒息风险预防措施。

① 爆破后在进行出渣前必须先对洞内空气质量进行检查，符合要求后才能进洞施工，避免洞内氧气不足或产生有毒气体的危害。

② 施工中将以准确的监测来指导施工，确保施工安全。

③ 施工通风进行专项设计，并成立现场监测组和专门的通风班，通过加强现场监测和强有力的施工通风来确保安全，控制有害气体含量符合安全作业要求。

④ 施工通风设备做到备用，洞内24h不间断通风。

⑤ 对施工人员进行有关防治有害气体安全知识的学习，制定相关安全制度并严格执行。

⑥ 当巷道施工中出现瓦斯，应按照《铁路瓦斯隧道的技术规范》（TB 10120—2002）执行。

（5）片帮冒顶风险预防措施。

巷道掘进过程中冒顶片帮现象极为常见，掘进爆破后，破坏了岩石的结构，局部地方因爆破震动出现裂缝，表面常见未掉下的块石，软弱地段还易发生大片掉落的现象。在巷道穿越软弱地带，巷道顶部还易发生冒顶现象。

应急方案为：

① 发生冒顶片帮事故后，救援人员首先应以呼喊、敲打、使用地音探听器等与其联络，确定被困人员的位置、人数及被困环境状况等。

② 如果被困人员所在地点通风不好，必须设法进行通风。被困人员若因冒顶被堵在里面，应利用压风管、水管及开掘巷道、打钻孔等方法，向被困人员输送新鲜空气、饮料和食物。在抢救中，必须时刻注意救护人员的安全。

③ 如果发现有再次冒顶危险时，首先应加强支护，选择好逃生路线。在冒落区工作时，要派专人观察周围顶板变化。

④ 在清除冒落岩石时，使用工具要小心，以免伤及被困人员。在处理时，应根据冒顶事故的范围大小、地压情况等，采取不同的抢救方法。

⑤ 顶板冒落、岩石块度比较破碎、被困人员又靠近巷道两帮位置时，可采用沿巷道侧边由冒顶区从外向里掏小洞，架设梯形棚子维护顶板，边支护边掏洞。

⑥ 较大范围顶板冒落，把人堵在巷道里，也可采用另开巷道的方法绕过冒落区将人救出。

发现有人被岩石埋压时，应按照以下程序进行抢救：

① 认真观察事故地点的顶板和两帮的情况，查明被困者的位置和被埋压的状况。通过由外向里边支护边掏洞的办法救出遇险人员，如果发现顶板或两帮存在再次冒落的危险时，应先维护好顶板和两帮，然后将被困者身上的石块搬开。如果石块较大，无法搬运，可用千斤顶等工具将其顶起，严禁用镐刨或铁锤砸打。

② 如果救出的人身上有外伤，应迅速移至安全地点，尽快脱掉或剪开衣服，先止住伤口出血，缠上绷带。包扎时，如果伤口里有粉尘，不得用水洗，避免用手直接触及伤口。

③ 如果救出的人有骨折等现象，应先对骨折做临时固定，条件允许时可让其服用止痛药和消炎药。但头部和腹部受伤时，不可服药和喝水。

④ 如果救出的人已经停止了呼吸，应立即让他平躺，解开他的衣服和裤带，敲开他的嘴，取净他嘴和鼻孔里面的粉尘，用手帕拉出他的舌头，然后进行人工呼吸抢救。若心跳已停止，应进行心脏按压，促使其恢复心跳。

（6）民用爆破物品风险预防措施。

应急预案为：

① 应急处置原则为“先人后物，及时施救，统一指挥，分工负责”。

② 民用爆炸物品在购买、运输、储存过程中发生火灾事故，应由专业消防队进行火灾扑救，其他人员不可盲目行动，只可配合专业消防队进行扑救。

③ 扑救初期火灾。在火灾尚未扩大到不可控制之前，立即使用适当的移动灭火器来控制火灾，并立即启用现有的各种消防设备器材扑灭初期火灾和控制火源。

④ 对周围设施采取冷却保护措施，并迅速疏散受火势威胁的物质，以防止火灾威胁相邻设施。

⑤ 火灾扑救。针对燃烧物的性质，选取正确的灭火器和灭火方法进行扑救。必要时，采取堵漏或隔离措施，预防次生事故发生或灾情扩大。当火势被控制后，仍然要派人监护，清理现场，消灭余火。

⑥ 必须注意切忌用沙土盖压，水流应采用吊射，避免强力水流直接冲击爆炸物品。

⑦ 民用爆炸物品在购买、运输、储存过程中发生火药爆炸事故，立即让伤员脱离危险环境，根据情况进行紧急心肺复苏、止血、伤口包扎、骨折固定等现场急救。如果伤员被压埋，则应迅速掏挖伤者头部的掩盖物，尽早使伤者头部先露出，并立即清除口腔和鼻腔里的杂物，以保证呼吸道的畅通，同时进行口对口的人工呼吸，再依次掏出胸腹、四肢部位；立即紧急处理伤员的各种外伤；口服碱性饮料（8g 碳酸氢钠溶于 1000~2000mL 温开水中，再加入适当的糖和食盐）或淡盐水；如无法口服，有条件的可静脉点滴 5%碳酸氢钠 150ml。在现场救护时应注意防止次生事故发生。

⑧ 民用爆炸物品在巷道使用过程中发生爆炸事故，易使顶板冒落，困住或直接伤害、埋压洞内人员，同时产生有毒气体。在救援过程中应按照冒顶片帮应急救援的内容进行救治，同时整个现场抢救应采取通风措施。现场抢救结束，立即将伤员送往医院治疗。

（7）雷电风险预防措施。

一旦遭到雷电伤害时，要注意伤员是否失去意识；如果伤员已失去知觉，但仍有呼吸，则应让其安静休息，注意观察；如果发现伤员停止呼吸，就应迅速进行口对口的人工呼吸，并转送医院治疗。

（8）交通安全风险预防措施。

① 发生野外交通事故，必须立即停车，保护事故现场。

② 应立即组织人员对伤者进行抢救，并进行现场急救（立即让伤员脱离危险环境，根据情况进行紧急心肺复苏、止血、伤口包扎、骨折固定等），同时将伤员送医院救治。

③ 保护好事故现场，并报告当地交通管理部门和安全管理部门，请求进行事故的调查和处理。

（9）生产性火灾风险预防措施。

按照“救人第一”和“先控制，后消灭”的指导思想，依托基层和当地消防、林业部门，快速而高效地实施扑灭救援行动，发生森林火灾事故或其他事故，需要请求专业救护队支援的，应请求相关专业救护队支援。

① 事态控制。

事故发生后，首先迅速扑灭火源，发生火灾部位的人员要及时扑灭初起火灾，施工现场负责人应立即组织现场相关部门和人员组成现场应急救援指挥部，采取相应扑救控制措施，疏散无关人员，避免事故扩大，同时向公司应急救援指挥部和消防部门报告。

及时切断事故现场电力和可燃气、液体的输送，限制用火用电，在防护可靠且有专业人员指导的前提下，及时清理燃油、乙炔、氧气等易燃、易爆物品和压力储罐、容器，防止引发次生灾害事故。

② 灭火方法的选择。

a. 断绝可燃物。当起火点附近有可燃物存在，能搬动的及时移至安全地点，不能搬动的，要采用不燃材料隔挡；对受到火势威胁的储罐、容器，可打开有关阀门，通过管道将其内部的易燃、可燃气体导致安全地点；对于流淌的可燃液体可采用泥土、黄沙筑堤，阻止流向燃烧区。

b. 冷却灭火。冷却灭火主要是用水或喷射其他灭火剂灭火。迅速利用水灭火，同时使用灭火器灭火；在消防器材不足时，应使用简易工具取水灭火。但必须注意：钾、钠、碳化钙等忌水物质切不可用水扑救。

c. 窒息灭火。使用泡沫灭火器喷射泡沫覆盖燃烧断绝空气而熄灭；利用棉被、麻袋等浸湿后覆盖在燃烧物表面灭火；忌水物质须用沙、土覆盖燃烧物灭火。

d. 抑制灭火。采用卤代烷、干粉灭火器喷射灭火剂到燃烧区，使燃烧反应过程中的游离基消失，终止燃烧。

e. 扑打灭火。对小面积草地、灌木及其他固体可燃物燃烧，火势较小时，可用扫帚、树枝、衣物等扑打灭火。对容易飘浮的絮状粉尘等物质，则不能用扑打方法，以防着火物质因此飞扬，而扩大火情。

f. 断电灭火。对于电气线路设备发生火灾，首先要切断电源，再采取扑救。在没有断电时，不能用水、泡沫、酸碱灭火剂灭火，可用不导电的惰性气灭火剂、二氧化碳灭火剂等。

g. 防止爆炸。对受到火势威胁的储罐、容器要加强冷却降温，有手动放空泄压装置的，应打开有关阀门放空泄压，防止爆炸，造成火势蔓延扩大。

h. 对处于火灾初起阶段的巷道火灾可用清除可燃物、降低燃烧物温度(用水、灌浆、泡沫灭火剂)、断绝空气的供给（用砂子和岩粉、干粉灭火器、封闭火区、惰气灭火剂）等方法。同时，必须对紊乱的风流进行防治。

③ 人员紧急疏散及撤离。

火灾发生后，现场指挥部应立即查清现场空气流动方向、火势蔓延的方向、热辐射的区域、可爆炸物质波及的范围以及地形地貌等对人员疏散的影响，对撤离人员进行防护指导和清点疏散人数。发生森林火灾，应当逆风逃生，切不可顺风逃生，被大火包围在半山腰时，要快速向山下跑，切忌往山上疏散及撤离，也不可选择容易沉积烟尘的低洼地或坑、洞。

对浓烟和烈火，被围困的人员首先要强令自己保持镇静，迅速判断危险地点和安全地点，决定逃生的办法，尽快撤离险地，千万不要盲目地乱冲乱窜。撤离时要注意：朝空旷地方跑，若道路已被烟火封阻，则应背向烟火方向离开；逃生时经过充满烟雾的路线，要防止烟雾中毒、预防窒息。为了防止火场浓烟呛入，在紧急情况下，可采用毛巾、口罩蒙鼻，匍匐撤离的办法，贴近地面撤离，避免烟气吸入。穿过烟火封锁区，应佩戴防毒面具、头盔、阻燃隔热服等护具；没有护具时，可向头部、身上浇冷水或用湿毛巾、湿棉被、湿毯子等将头、身裹好，身体尽量贴近地面行进或者爬行，再穿过险区。

对受火势威胁周边区域的单位、人员的撤离和疏散，应迅速与当地政府或应急机构联系疏散撤离。

④ 人员救护。

事故发生后，火灾现场以现场的应急救援队伍和义务消防队为主要施救队伍。在未进火场救人之前，要尽可能地掌握被困人员的基本情况、人数和燃烧物、建筑结构及火场环境等情况，迅速确定救人的进退路线、救护器材及安全保护措施。进入能见度较高的烟区或毒气较小的地方，可戴过滤式面具或用湿毛巾捂嘴鼻，匍匐前行。在进入浓烟大、毒烟大、能见度极低的区域，要佩戴隔绝式防毒面具向前慢慢地摸索行走。在进入高温区救人时，要穿戴阻燃性能好的防护服，并由水枪跟随掩护。参与现场急救的人员，应对伤员按“先复后固、先止后包、先重后轻、先救后运、急

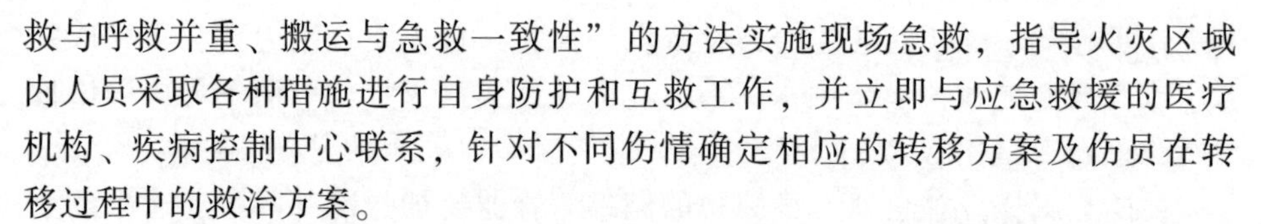

救与呼救并重、搬运与急救一致性”的方法实施现场急救，指导火灾区域内人员采取各种措施进行自身防护和互救工作，并立即与应急救援的医疗机构、疾病控制中心联系，针对不同伤情确定相应的转移方案及伤员在转移过程中的救治方案。

火场救人。对呼吸和心跳停止者立即实行人工呼吸和胸外心脏按压。口对口人工呼吸法操作如下：施行时将伤员置于仰卧位，一手托住其下颌稍用力向上、向后仰，以使气道打开，另一手捏其鼻孔；操作者深吸一口气后，对准伤员口部用力吹入，能见到胸廓隆起后口唇脱离，做下一次人工呼吸；每分钟吹入 12 次或 16 次。胸外心脏按压法操作如下：施行时将伤员仰卧于地上或硬板上，伤员不宜躺卧在帆布、绳索担架或在钢丝床上；操作者双手重叠以掌根放在胸廓正中（胸骨）下 1/2 处，用力向下按压，使胸骨向下 3~5cm 后然后放松，如此反复有节律，每分钟按压 60 次或 80 次；切忌按压左胸部，这样不仅压不着心脏，反而会压断肋骨，造成更多的损伤；若为小孩则用单手按压，婴幼儿则一个指头按压。作心脏按压的同时，应进行人工呼吸，比例为 5∶1，即每进行一次人工口对口吹气，则进行 5 次胸外心脏按压，按压中断时间不超过 30s，有条件时可给氧。在冬春季节注意保暖，迅速送医院抢救。对中毒昏迷的人员，先用阻燃布包裹好昏迷者，针刺人中、十宣、涌泉等穴；待病人自主呼吸、心跳恢复后，然后用抬、背、抱的方法，送医院救治；对中毒轻、还能行走的人员，可用湿毛巾或衣服将他们的嘴、鼻捂着，然后披上阻燃布，由救护人员送医院救治。

合并伤处理。有骨折者应予以固定；有出血时应紧急止血；有颅脑、胸腹部损伤者，必须给予相应处理，同时防止休克、感染。应给伤员口服止痛片（有颅脑或重度呼吸道烧伤时，禁用吗啡）和磺胺类药物，或肌肉注射抗生素，或饮淡盐茶水、淡盐开水（约 1g 盐溶于 100mL 水）等；一般以多次喝少量为宜，如发生呕吐、腹胀等，应停止口服；出现呕吐者，头应侧向一边，避免呕吐物呛入气管；要禁止伤员单纯喝白开水或糖水，以免引起脑水肿等并发症；并及时送医院救治，在搬运时动作要轻柔，行动要平稳，以尽量减少伤员的痛苦。

火场上的人发现身上着火时，应沉着冷静，首先迅速脱去烧着的衣服；难以脱下时，应就地躺下滚压灭火或滚动到水龙头下，用水灭火或跳入水池、河沟灭火；无水源时，应用手边的材料覆盖着火处，防止火势扩散。千万不可惊跑或用手拍打，因为奔跑或拍打时会形成风势，加速氧气的补充，促旺火势，加重烧伤，并注意不要大声呼叫，以免烧伤呼吸道。

对仅为表皮烧伤，局部干燥、微红肿、元水泡、有灼痛、感觉过敏、伤及真皮层、局部红肿、有水泡形成及浅2度烧伤以及烧伤面积约为人身表面积1%的小面积烧伤的紧急救护。立即将烧伤部位用冷水冲淋或浸泡在冷水中，以减低温度减轻疼痛与肿胀，对被污染和较脏的烧伤部位，可用肥皂水冲洗，但不可用力擦洗；眼睛被烧伤，则将面部浸入冷水10min以上，并做睁眼、闭眼活动；躯干烧伤，无法用冷水浸泡时，可用冷湿毛巾冷敷患处，冷却处理后，用灭菌纱布或干净布巾覆盖包扎，转送医院治疗；注意不要用紫药水、红药水、消炎粉等药物，可适当使用红花油、紫草泊、湿润烧伤膏等油膏。

对大面积烧伤人员的紧急救护。局部冷却处理后对创面覆盖包扎，包扎时要稍加压力，紧贴创面，不留空腔。烧伤后出现水泡破裂，可用生理盐水（冷开水）冲洗，并保护创面，包扎时范围加大，防止污染伤口。注意保持呼吸道通畅，让休克伤员平卧，不垫枕头并抬高下肢，以增加回心血量；用毛毯、衣被等包裹保暖；有条件时可吸氧、输液、输血，以补充血容量；对消化道无损伤的人员，可饮水或糖、盐水以补充液体。在救护的同时迅速转送医院治疗。

对面颈部烧伤，咽喉肿痛、声音嘶哑，呼吸道黏膜充血水肿，出现呼吸梗阻表现，可咳出大量粉红色泡沫痰的呼吸道烧伤人员的紧急救护。要保持呼吸道通畅，情况紧急时可作环甲膜穿刺或切开；必要时可作气管切开。颈部用冰袋冷敷，口内可含冰块，以收缩局部血管，减轻呼吸道梗阻，并立即转送医院治疗。

在火场上出现有头晕、头痛、恶心、呕吐、无力等不适或皮肤、黏膜呈现樱桃红色，多汗以及突然昏倒等现象，应立即意识到是一氧化碳中毒。一氧化碳是火场上较为常见的有毒气体，无臭无味，不易被察觉，能取代人体血液中的氧，使人缺氧窒息中毒。

对一氧化碳等有毒气体中毒人员的紧急救护。中毒人员应迅速脱离现场到有新鲜空气处休息，松解衣服、裤带，放低头部，开启门窗或开启巷道排风送风设备，改善封闭环境内空气条件，尽量压低身体或匍匐前进。给中毒人员吸氧，减轻组织反应可用地塞米松10~30mg静滴，一氧化碳中毒症状较轻的伤员，可喝少量食醋，让其迅速清醒。立即将中毒人员转送到有高压氧舱的医院治疗。

⑤ 设置危险隔离区。

按发生火灾的范围，计算出燃烧中心区域、波及区域及受影响区域三个层次，划分出危险区。按危险区的大小，充分考虑救援和现场及周边环境情况，划分出隔离区。

采用对现场周边道路或交通进行疏导、设立现场警戒线、隔离网、警示标志，警戒线外派人值班及张贴隔离区图等办法，实施危险区的隔离。

⑥ 火灾后期处置。

火灾扑灭后，现场负责人应当按照公安消防机构和安全生产监管部门的要求保护现场，未经公安消防机构部门的同意，任何单位和个人不得擅自进入、清理、撤除火灾现场。

⑦ 事故调查。

现场发生事故后，应及时、如实向公安消防机构和安全生产监管部门提供火灾事故的情况，接受事故调查。

⑧ 应急救援预案的关闭。

确认事故已得到完全控制不再复发，受伤人员得到有效救治，受害人员已被全部救出，余火得以清除，抢险工作已全部完成或现场不会再发生二次事故时，由指挥长负责宣布应急救援程序关闭。

联络小组安排人员负责将应急救援程序关闭、危害（危险源）已清除等信息以书面或其他有效文本形式，通知当地政府及参与应急救援的单位、机构、人员和周边单位、群众，并确认这些单位和人员已知晓。

(10) 触电风险预防措施。

① 发现有人触电，要首先设法切断电源，切记不能用手、脚触摸伤者，造成再次触电。

② 如电源控制器较远，应就近使用木、竹等绝缘器具给触电者切断电源。雨雪天气要采取措施防止再次触电。

③ 切断电源后，应立即检查伤者伤情，重点检查呼吸和心跳。需要时，应立即做心脏按压和口对口人工呼吸，并及时送医院救治。

(11) 洪水灾害风险预防措施。

① 发现洪水汛情，要立即通知现场指挥员，并组织抢险。

② 现场应急领导小组应立即明确撤离地点和撤离路线。

③ 现场应急小组组织人员撤离易损材料等。

④ 关闭所有运转设备，切断供电线路，有条件时将机动设备先撤离出现场。如无条件应将机动设备顺着来水方向停放，避免冲翻设备。

⑤ 洪水来势凶猛无法阻挡时，首先保证人身安全，要求所有人员迅速撤离。

⑥ 与当地管理部门联系，组织救生船只进行救援。

⑦ 洪水消退后，对现场进行清理，对设备进行维修，恢复生产。

(12) 重大传染病风险预防措施。

① 定期对所有人员进行体检，将流行隐患减少到最小。

② 一旦发现有人患传染病，应立即隔离该人员，其余人员重新体检。

③ 若是疫区大环境流行传染病，如无法确保人员安全，应撤离疫区。

(13) 环境破坏风险预防措施。

① 一旦出现环境破坏，首先停止破坏环境工序，力求将破坏减小到最少。

② 对已经出现的环境破坏，协同环保相关部门做好环境破坏影响评价。

③ 针对环境特点，制定特定施工方案。

(14) 食物中毒风险预防措施。

① 一旦发生食物中毒，立即将中毒的人员送往医院治疗。

② 对食物进行检验，查出食物内的有毒物质，对附有毒素的生、熟食品和器具进行处理，并进行检验，符合卫生条件方可使用。

(15) 员工生活习惯风险预防措施。

① 监理部设后勤组，全面负责住宿和劳动卫生保障工作。各施工营地均按标准平面结合场地地形等实际进行布置。施工住房采用砖房和活动板房相结合的形式，室内统一布置床被。

② 施工前对所有进场人员进行严格体检，并对施工人员建立健康档案，实行全程动态健康监护。

③ 采用各种特定仪器，按照相关检测方法对生产性粉尘、洞内有毒有害气体（一氧化碳、氮氧化合物、洞内空气成分）、洞内温度、洞内风量、噪声等进行检测，并采取积极措施，保证巷道内施工作业段的空气符合卫生条件。

4）风险应急措施

为减少各种自然灾害和突发事件的损失和破坏，保障项目应急高效、有序地开展，避免事态的失控和恶化，保证人员安全健康、防止环境破坏，特制定应急管理程序，内容如下：

(1) HSE 部要高度重视 HSE 工作，制定的应急措施相关人员与部门必须恪守执行，责任到人。任何懈怠都会受到国家法律法规、公司和项目的惩处。

(2) 合同采办部设备责任人负责落实应急物资准备、应急设备购置，保障应急必需物资设备的供给。

(3) HSE 部负责定期组织总体应急演习，培训应急抢险人员，不断提高整体应急反应能力。

(4) HSE领导小组部定期组织对应急力量、应急培训、应急物资准备和各监理组的应急演习情况的检查，监督搞好应急工作。

(5) HSE领导小组负责每天24小时监控现场监理情况，掌握监理动态，发生紧急情况时按应急管理程序规定的应急程序采取应急行动。

5) 风险削减及控制

(1) 风险削减总则。

为使在监理工作中固有风险得到有效削减，使实际风险水平达到“合理实际并尽可能低”，保障风险削减措施得到全面落实，制定风险识别和削减措施。

(2) 风险削减部门职责。

监理部是风险削减措施的负责部门，负责制定、审核、批准、评价所提出的风险削减措施，并监督巡视监理实施风险削减。

(3) 风险削减的范围。

对项目施工作业过程中每一项超出判别准则的风险，都制定具体的风险削减措施，实施风险削减，使风险控制在可接受程度。

(4) 风险削减方案的制定和审批。

① 风险削减措施由巡视监理HSE监督员根据风险评价结果，编制风险削减项目建议书，上报监理部HSE部，纳入项目总体计划，经审批后实施。

② 风险削减措施经批准后，由各专门负责人按风险削减措施组织实施。

③ 风险削减措施实施过程中，由监理部HSE部组织监督检查并验收。

④ 巡视监理HSE监督员负责实施的HSE风险削减措施得到相关部门验收后，填写验收报告，并进行风险削减措施效果评价，记录评价结果。

⑤ 经评价仍然确认风险削减措施不能满足要求时，QHSE部要重新制定风险削减措施，监理标段HSE领导小组审查后实施，如此循环，直至符合要求。

6) 风险削减纠正和预防措施

项目依据纠正和预防措施管理程序，消除实际或潜在的不合格因素。

实施纠正措施的范围是已发生的不合格因素。对在施工监理工作和HSE管理体系运行过程中发生的不合格因素进行分析并采取纠正措施。

实施预防措施的范围是潜在的可能发生的不合格因素。对影响健康、安全与环境表现的过程、作业、记录、不合格评审、审核结果等进行分析，以便消除可能发生不合格的潜在原因并采取预防措施。

纠正措施的实施包括：

（1）对已重复发生的和后果严重的不合格因素应采取纠正措施；

（2）对来自各单位的健康、安全与环境信息或接到投诉和经过核实的问题应采取纠正措施；

（3）制定消除不合格因素的纠正措施；

（4）实施控制，确保纠正措施有效执行。

预防措施的实施包括：

（1）利用各种健康、安全与环境信息发现、分析并消除不合格因素；

（2）对任何要求采取预防措施的问题要确定所需的处理步骤和方法；

（3）实施预防措施并进行控制，以确保有效性；

（4）确保将所采取措施的有关信息提交管理评审。

7）职业健康管理

（1）加强施工人员的健康安全培训工作。定期安排施工人员进行全面的健康体检，身体健康不符合要求的，不得参加工程施工，并及时采取相应的医疗治愈措施安排就诊。按标准选择合理的生活居住营地，加强营地卫生管理，保证宿舍的住宿质量。

（2）加强职工食堂管理。厨房工作间应保持整洁干净，配备必需的冷藏、消毒、防鼠和灭蝇设施；生熟食要分开放置和操作；饮用水要符合国家饮用标准；厨师要定期进行体检，持有健康证上岗操作，并严格注意个人卫生；保证职工每天的营养摄入要符合要求。

（3）加强营地建设，为职工配备健康向上的生活娱乐设施（如体育运动设施、图书室等）；加强职工的文化娱乐活动管理，丰富职工业余文化生活；营地要配备淋浴设施，与当地相关主管部门和单位签订急救和垃圾处理协议。

（4）构建和谐的生活、施工环境，关心职工的思想健康，为职工树立乐观、积极向上的思想理念，保持团结、健康、活泼的工作作风。

（5）在施工作业中，按要求采取“消除—减弱—隔离—设置薄弱环节”的方式对风险进行预防。在施工中，为作业人员配备合理、舒适、符合国家相关标准要求的劳动保护用品。

（6）保证营地与现场、项目部与机组、项目部与分包商间的通信畅通，现场和营地要配备急救车辆和急救药品。

4. 安全管理措施

1）特殊工种安全措施

（1）电焊工。

① 只有取得特殊工种电焊操作证的电焊工才能从事焊接作业。

② 焊接工作前，先检查焊机和工具是否安全可靠。焊机外壳应接地、焊机各接线点接触应良好，焊接电缆的绝缘应无破损。

③ 施焊前佩戴齐全防护用品，面罩应严密不漏光，清焊渣时，佩戴防护镜或防护罩。

④ 在地面上或沟下作业时，应先检查管线垫墩和沟壁情况；沟下作业时，沟上应设专人负责监护，如有塌方可能，要立即停止作业，采取有效防护措施后，方准作业。

⑤ 在高处作业时，要采取防坠落等措施。

⑥ 在容器内施焊时应采取通风和排烟措施，防止烟尘中毒，并设专人监护。

⑦ 焊接储、输易燃易爆或有毒介质的容器或管线，在焊接前应经过监测和处理，按工业动火管理规定办理施焊手续，否则不应施工作业。

⑧ 焊接地点周围 10m 内，应清除一切可燃易爆物品。

（2）气焊工。

① 气焊工必须取得资格证书，熟悉本工种安全技术知识，工作前应穿戴防护用品，检查工具设备，在确保安全的情况下，方能工作。

② 搬运氧气瓶时，不准摔、碰、撞击。装卸氧气表或试风时，开闭阀门的人要站在一旁，同时还要躲开其他人，以防沉积在阀门里的粉尘或脏物打击伤人。

③ 在储存、使用时，压缩气瓶必须保持直立状态，气瓶阀门不可随意更换。

④ 氧气瓶距明火地点 10m 以外；乙炔瓶和氧气瓶应间隔 5m 以上。

⑤ 所有钢瓶的开启应使用螺帽扳手，不可用锤子和其他工具击打。

⑥ 放气时不可直接对着火源。

⑦ 当开启气瓶阀门时，如果阀杆周围有泄漏情况发生，应将阀门关闭，并将密封螺母拧紧。

⑧ 从钢瓶上拆下调节器之前，要将气瓶阀门关闭。

⑨ 在气割期间，10m 范围内严禁存放易燃物品。

（3）起重工。

① 起重作业人员必须经过特殊工种培训，并取得起重工资质方可上岗。

② 吊车等必须经过检定合格，起重工在工作前要认真检查，并维护好工具设备；不合格的起重工具设备，严禁使用。

③ 各种吊机在工作中必须有专人指挥，明确规定，并熟悉指挥信号，严禁多人指挥和无人指挥。

④ 起吊中，工作物上、吊臂下，严禁站人，也不许有人通过或停留。

⑤ 起吊前，必须检查周围环境，如有障碍物要及时清除；同时鸣笛示警。

⑥ 六级以上大风、雷雨天气禁止起重作业。

（4）机械操作手。

① 机械操作人员必须经过考试合格，持有操作证，实行定机定人，不准擅自换岗。

② 酒后不准驾驶和操作机械设备。

③ 设备起动前，须认真检查各部位技术状态，如油位、水位、仪表、线路。不得有漏气、漏油、漏水、漏电等现象存在，坚固部位不得松动，如不符合要求，必须采取相应措施。

④ 开机前须检查机上、机下是否有障碍物，设备移动前应检查周围是否有人，应鸣笛示警。

（5）电工。

① 从事电工作业人员必须经专门培训，取得地方电业部门或劳动部门颁发的操作证，并持证上岗。

② 作业前必须对所使用的工具和防护用品进行检查，确保“一机、一闸、一漏电保护”。

③ 对电气线路进行维修时，作业前必须执行“停电、检电、挂接地线”的规定，并在开关处挂“有人作业，禁止合闸”的标牌。作业时必须有人监护。

④ 施工工地所用一切电气设备、线路都必须绝缘良好，各连接点都必须连接牢固；各金属外壳必须有可靠的接地装置。

⑤ 普通绝缘导线不准在地面、钢结构件、脚手架及其他作业面上挂拉；移动式电气设备应采用橡胶绝缘或橡胶保护的电缆。

（6）防腐工。

① 防腐作业人员应参加特种作业安全培训，取得主管部门颁发的防腐作业操作证。

② 防腐作业人员除配备一般劳动防护用品外，还必须针对防腐作业的特点配备防烫伤、防尘、防毒用品，并保证性能满足要求。人员上岗前必须按规定穿戴劳动保护用品。

③ 喷砂人员应与涂底漆人员保持20m以上的距离，喷枪不应对人。

④ 施工中注意防火，防止点燃植被或管线防腐层。

⑤ 长期从事防腐作业人员应每年进行一次职业健康检查，发现健康状况不适合从事防腐作业的人员应调离防腐作业岗位，并进行必要的治疗。

（7）驾驶员。

① 驾驶员必须持有效驾证及内部准驾证方可驾驶车辆。

② 驾驶员不得将车辆交给他人驾驶，严禁私自教练他人驾驶。

③ 驾驶的机动车辆必须技术状况良好，证照齐全，经主管领导同意方可出车。

④ 严格遵守交通规则，禁止酒后驾驶、超速行驶、疲劳驾驶。

⑤ 严禁超载、超限行驶、人货混装等违章行为。

（8）架子工。

① 架子工必须持证上岗，经过体检合格，没有禁忌证。

② 施工作业时，按要求穿戴劳动保护用品。

③ 作业前仔细检查安全带，必须符合要求。

④ 搭设大型脚手架时应编制施工方案或技术措施。

2）重点工序安全措施

（1）物资装卸与运输。

① 物资吊装应使用专用吊具，吊装作业要由持有特种作业证的起重工操作。

② 吊装时，应用牵引绳控制物资的摆动，防止碰撞伤害。

③ 拉运管材不应超高、超载。管材高出拖车立柱或车厢部分不应超过管径的三分之一，立柱应齐全牢固。

④ 装车时管子下方应垫稳，全车捆牢方可启运。

⑤ 拉运物资车辆要中速行驶，避免急刹车。山路、窄路、雨雪天和雾天行车，应采取相应的安全措施。

⑥ 管材运抵施工现场，应选择地势平坦场地堆放。管垛底层应掩牢并设置“禁止攀登”“管垛危险”等安全警示标志；其他物资应按照要求进行堆放。

⑦ 大量储存管材时，应根据不同直径分类堆垛，垛与垛之间留出必要的通道，主要通道宽度不应小于5m。管垛应掩牢，上层管应整根落入下层两管之间凹处，以防滚动。应设置安全警示标志，必要时应加设护栏。

⑧ 在管垛上吊运管材时，应自上而下，一层一层吊装。

（2）管沟、基槽开挖。

① 管沟、基槽开挖前，应对开挖前的土质、地下设施向施工人员交底，开挖管沟要有专人负责。

② 在开挖前应向设计或当地主管部门勘察地下设施分布情况，在接近地下设施时应采用人工开挖，以保护地下设施不受损坏。

③ 应按设计要求的深度、宽度、坡度进行作业。

④ 在开挖过程中如遇地下管道、电缆、危险物品及不能识别的物品时，应立即停止工作，待查明情况并采取措施后方可继续开挖。

⑤ 开挖出的土方应及时拉运出现场。

⑥ 雨后开挖时，必须检查管沟、基槽的边坡，当发现沟壁有裂缝时，应采取支撑加固措施，确认安全可靠时方可施工。

⑦ 开挖的管沟、基槽要用警示带圈起，设置明显的标志，夜间应设照明。

⑧ 所有人员不准在管沟或基坑内休息。

(3) 焊接。

① 只有取得资格证和上岗证的电焊工才能从事焊接作业。

② 焊接前要检查焊机和工具是否安全可靠，焊机外壳必须接地，焊接电缆绝缘层无破损。

③ 焊接或手持砂轮机作业时电焊工要佩戴齐全防护用品（面罩、护目镜等）。

④ 在潮湿地焊接时必须采取绝缘措施，不得使人体、焊机或其他金属构件成为焊接回路，以防焊接电流造成人身伤害或设备事故。

⑤ 在沟下焊接时，要先检查沟壁和管下支撑情况，如有塌方危险和管线滚动可能时，必须采取有效措施后方可焊接。

⑥ 高处作业时，应按要求采取防坠落措施。

(4) 防腐作业。

① 喷砂所使用的空气压缩机应有产品合格证书，供气系统各连接点应牢固可靠。

② 喷砂所用的空压机的操作应严格按安全操作规程执行。

③ 喷砂设备上的各种仪表、安全阀应经有关部门定期校验合格。

④ 防腐人员应配备专用的劳动保护用品。

⑤ 喷砂作业应注意风向的变化，以防伤人。

⑥ 补口、补伤所使用的液化气罐应有质量检验标识，标识不清或超过检验期限的钢瓶不应使用。液化气罐禁止倒置、曝晒和任何方式的加热。

⑦ 连接胶管应有预留长度，各连接节头采用固定卡具固定，操作时应避

免用力牵拉。

⑧ 刷漆作业时，作业现场严禁吸烟。操作人员应按要求穿戴好劳动保护用品，同时应保持工作环境的卫生与通风。

⑨ 带电设备和配电箱周围 1m 以内，应采取有效防火措施。

⑩ 在防腐作业过程中，应及时回收废弃的工具、材料等废弃物，废弃物的存放须远离火源。

（5）试压。

① 管道试压应按设计和规范要求（介质、压力等级、停压时间）进行。

② 压力试验应由有经验和资格的人员承担，监测压力的人员应熟悉试验程序和试验设备。

③ 管道试压用封头或盲板的规格和强度应符合要求，与主管段的连接应牢固可靠，焊接的封头应进行探伤检查。试验用压力表必须经校验有效，量程适合，具有校验合格证。

④ 试压时，试验开始前应设置警戒线、悬挂警示牌，并通过广播、文件等通知相关方人员，完成各专业的会签单。试压范围 50m 处应设警戒线，并有专人警戒；保持与试压指挥人员联系。

⑤ 试压时，试压管段及连接管段内不准同时进行其他作业。

⑥ 试压时，升压应缓慢稳定，盲板或封头对面 100m 内、两侧 50m 内不准有人通过或逗留。

⑦ 试压中发现泄漏应先做好标记，待泄压后再补焊，严禁带压补焊。

⑧ 试压系统必须安装安全阀，安全阀必须具有校验合格证书，并且泄放口的尺寸能满足安全泄放的要求。安全阀的安全泄放口应向空中排放，不应直接面向设备和人员。

⑨ 试压和清管后的水应达标排放，排放处预设排水通道，修筑排水槽、池等，避免对地表、植被造成冲刷和破坏。

⑩ 试压完毕以后，拆除试压设施，清理试压现场，确认无隐患后方可离开现场。

（6）脚手架的安全使用。

① 所有脚手架必须按有关标准和法规搭建。

② 搭设脚手架的材料应经检验合格，严禁使用变形、裂纹等有缺陷的脚手架连接件和配件，架手架的任何部件不得以焊接方式修复。

③ 脚手架的基础地面必须平整夯实、坚硬，其金属基板必须平整，不得有任何变形；当脚手架基础地面下沉时必须使用木垫板，以增大受力面和稳

定性。

④ 无论脚手架搭设到何种程度都不允许出现不稳定状况。必要时应加斜撑，增加其稳定性。

⑤ 任何铺设于脚手架上的跳板都必须厚度相同，长度一致（特殊部件除外）。跳板两端的悬空长度不得小于 50mm，并且不得大于该跳板厚度的 4 倍。

⑥ 脚手架作业平台必须安装护栏和踢脚板，护栏高度为 910～1150mm。作业平台要保持清洁。

⑦ 脚手架必须安装供人员上下的梯子。

⑧ 脚手架搭设完成后，须经现场 HSE 监督员检查合格后方可使用。

⑨ 脚手架严禁超载，焊接地线严禁搭在钢制脚手架上。严禁在脚手架垂直面同时作业。

（7）梯子的安全使用。

① 梯子必须安装在坚实、水平的基础上，并与平面保持 75°±5°的角度（垂直角与水平角之比为 4∶1）。

② 梯子必须用扣卡或结实的绳子与脚手架等固定牢固。

③ 梯子长度要高于作业平台 1.05m，即梯子的最高一级横档应高于平台护栏。

（8）临时用电安全。

① 架空线路应采用绝缘铜线或绝缘铝线架空在电杆上，并有绝缘子，严禁架设在树木或脚手架上。

② 低压架空线路采用绝缘导线时，其架空高度不得低于 2.5m，跨越道路时离地面高度不低于 6m。

③ 施工现场严禁使用裸体导线。

④ 绝缘导线临时在地面铺设或穿越道路埋设时必须加钢套管保护。

⑤ 现场用电必须实行“一机一闸一漏”制，严禁一个开关控制两台以上用电设备。

⑥ 电气设备检修时，应先切断电源，并挂上“有人作业，严禁合闸”的警示牌。非电工不得从事电气作业。

⑦ 现场用 110V 以上照明电路必须绝缘良好，布置整齐。照明灯具的高度，室内不低于 2.5m，室外不低于 3m。

⑧ 电气设备及线路着火时应立即切断电源并用 CCl_4、干粉、干砂等灭火器材灭火，不得用水和泡沫灭火器灭火。

⑨ 在高低压线路下方不应搭设作业棚、建造生活设施或堆放构件、器具、

材料及其他杂物等。

(9) 高处作业。

① 离地面1.5m以上为高处作业。

② 高处作业现场应设置合格的脚手架、吊架、靠梯、栏杆。高处作业如超高时，在距工作地点下方4m内，应设置安全网等防护措施。

③ 高处作业必须系好安全带，安全带必须拴在施工人员上方牢固的物件上，不准拴在尖棱角的部位。

④ 高处作业的梯子必须牢固，踏步间距不得大于400mm，挂钩的回弯部分不得小于100mm，人字梯应有坚固的铰链和限制跨度的拉链。

⑤ 遇上有六级以上大风或雷暴雨、大雾天气时应停止登高作业。

⑥ 高处作业人员使用的工具必须放入工具袋内，不准上下投掷，应用绳索和吊篮上下传递。施工用料和割断的边角料应有防止坠落伤人的措施。

⑦ 由现场HSE监督员定期对高处作业时人行走、站立的平台、踏步进行连接牢固情况的检查，确保其连接可靠。

⑧ 高处作业时应避免交叉作业，对不能避免的要采取隔离措施。

⑨ 在可能发生坠物的范围内，应设置警戒线，无关人员严禁入内，并设置专人监护。

(10) 吊装作业。

① 超过40t重物吊装或在特殊环境下吊装，应编写吊装方案，报监理、业主审批后方可实施。

② 起吊前清理现场所有无关人员，划定作业范围，并派人看护。

③ 起重指挥人员和起重操作手经过特殊工种培训，并取得相应的资质。

④ 现场对起重机械、吊具和作业环境等应进行详细安全的检查。

⑤ 起重作业明确指挥人员，指挥人员佩戴鲜明的标志或特殊颜色的安全帽。

⑥ 起重作业中，指挥人员应严格执行起吊方案，遵守下列规定：

a. 必须按规定的指挥信号进行指挥；

b. 及时纠正吊装作业人员的错误行为；

c. 正式起吊前进行试吊，确认一切正常后，方可正式吊装；

d. 吊装过程中，没有指挥令，任何参与人员不得擅自离开工作岗位；

e. 指挥吊运、下放吊钩或吊物时，应确保人员、设备安全，重物就位前，不得指挥解开吊装索具。

⑦ 起重工和机械操作手的安全规定见“特殊工种安全措施”。

（11）动火作业。

① 施工前制定详细的动火施工方案，报业主、监理和相关方审批后才能作业。

② 施工前对所有作业人员进行技术和安全交底，明确各自的工作任务和职责。

③ 根据动火作业级别，现场配备灭火器、消防锹等消防器材，动火时上、下游配备一台消防车值班待命。

④ 进入现场人员一律穿着防静电工作服，所有人员不得携带火种进入作业现场。

⑤ 施工过程中设警戒区，并派专人巡视，安全距离内任何非施工人员不得进入。

⑥ 应清除焊接现场 20m 范围内所有易燃易爆物品。

⑦ 动火现场由专人用测爆仪随时监测，如可燃气体含量超过其爆炸下限的 10%时，立即停止一切作业，撤出施工人员，确定漏点，进行处理，待可燃气体含量低于其爆炸下限的 10%且含量稳定后，方可继续施工。

⑧ 确保通畅的通信，现场配备防爆对讲机。

⑨ 严格按照审批的动火施工方案流程进行施工。

⑩ 施工结束后，施工负责人和安全监督人员立即组织进行现场清理，确认施工现场余火全部熄灭。

（12）交叉作业。

① 应避免在同一垂直面上进行作业，下层作业位置必须处于上层作业物体可能坠落范围之外。

② 当存在多个作业机组在现场进行作业时，必须设置协调人员，负责现场安全管理及协调工作。

3）施工现场与驻地安全措施

（1）施工现场配有的安全标语牌、操作规程牌、安全警示牌等应符合目视化管理要求，必要时设置安全护栏、切断交通，以控制车辆及行人的行动。若在晚上施工时，要保证有足够的照明。

（2）施工前与当地公安机关及医疗机构进行联系，为安全生产提供保障。

（3）工地配备的材料库房或专用堆放场地，应设有值班人员，保证设备、工程材料安全。

4）作业许可管理

（1）项目部编制作业许可管理办法，对有限空间作业、大型吊装、电

气作业、试压、高处作业、动火作业和动土作业等高风险工序实行作业票制度。

（2）由作业机组向项目 HSE 部办理作业票，待现场安全措施检查合格后方可进行作业。

（3）监护人要随时在现场进行监护，发现有安全隐患时，应立即将施工人员撤离到安全地带，待隐患排除后方可进行作业。

5. 环境保护措管理

1）环境管理的定义

建设项目环境管理是指建设项目环境管理单位受建设单位委托，依据有关环境保护法律法规、建设项目环境影响评价及其批复文件、环境管理合同等，对建设项目实施专业化的环境保护咨询和技术服务，协助和指导建设单位全面落实建设项目各项环保措施。

建设项目环境管理有两层含义：一方面是对建设项目落实环境影响评价文件及审批文件的现场监督检查；另一方面是对建设项目执行“三同时”制度的现场监督检查。环境管理作为一种第三方的咨询服务活动，具有服务性、科学性、公正性、独立性等特性。

2）环境管理的功能

（1）设项目环境管理单位受建设单位委托，承担全面核实设计文件与环境影响评价报告其批复文件的相符性任务。

（2）依据环评及其批复文件，督查项目施工过程中各项环保措施的落实情况。

（3）组织建设期环保宣传和培训。以驻场、旁站或巡查方式实行管理。

（4）发挥业务优势，搭建环保信息交流平台，建立环保沟通、协调、会议协商机制。

（5）协助建设单位配合好环保部门监督检查、试生产审查和环保验收工作。

3）环境管理的依据

工程环境管理的主要依据是：与建设项目环境保护相关的法律、法规、技术规范和标准、工程及环境质量标准、环境影响评价报告书（表）及批复文件、项目初步设计文件和项目工程施工设计文件、工程环境管理合同、工程管理合同和建设工程承包合同等。工程环境管理合同、工程环境管理过程各种文件以及工程环境管理总结报告是工程项目试生产环境保护验收的重要依据。

(1) 建设项目的环境影响评价报告及其批准文件。建设项目的环境影响评价报告及其环境行政主管部门的批复文件，是建设项目环境管理最重要的依据之一，其中针对建设项目提出的环境敏感点、污染防治设施和保护措施、生态保护修复措施等，是项目环境管理工作关注的重点，也是必须达到的底线。

(2) 建设项目工程设计文件及其审查意见。建设项目的设计阶段，往往已经考虑到了一些重大的环境保护问题，并在设计文件中有所反映，如污染防治设施措施、生态保护、水土保持措施等，可以作为环境管理工作的依据。

(3) 建设项目施工方的施工组织设计。项目各施工方的施工组织设计中考虑了施工过程可能发生的扬尘污染、施工污水排放、取（弃）土场生态环境破坏、施工噪声扰民等环境问题的预防和减缓措施，可以作为环境管理工作的依据。

(4) 环境管理合同、建设项目施工合同及有关补充协议。建设单位委托开展环境管理的合同，以及有关的补充协议，都明确规定了环境管理单位的权利、责任和义务，是环境管理单位开展工作的直接依据。作为建设项目环保措施具体执行者的施工单位，环保责任和义务在施工合同中有明确的表述，也是环境管理单位开展工作的重要依据。

(5) 建设项目施工过程的会议纪要、文件。在建设项目施工过程中根据实际情况形成的有关环保问题的会议纪要、文件，可以作为建设项目环境管理的依据。

4）环境管理服务

工程环境管理单位的业务范围，按国际惯例可以像建设管理一样在工程建设不同阶段提供种类繁多的智力服务，但目前我们仅为施工阶段。工程环境管理单位只是建设项目监督管理服务的主体，不是工程建设项目管理的主体。

(1) 环境管理的服务范围。

① 设项目施工的环境影响区域。

② 建设项目潜在环境影响区域。

③ 环境敏感点（各类保护区、居住区、学校、医院、受保护的野生动植物等）。

(2) 环境管理服务所涉及区域。

① 施工区域，一般为施工现场。

② 施工辅助区域，一般为办公场地、生活营地、施工道路、临时工程、

附属设施等及取弃土场、预制场、料场等。

③ 环境影响涉及区域，如河流下游、饮用水源地、自然保护区等。

④ 专项环保设施建设区等。

(3) 环境管理范围的确定方式。

根据建设项目的建设内容（包括“以新带老、总量削减”工程）和项目拟建地的环境敏感点，结合施工期的环境影响，环境管理范围一般按下列情况确定：

① 片状工程。建设施工场地（包括项目建设场地、施工营地、材料场、加工场、组装场等）：边界外100~300m的范围以内；取（石、砂、土）场、弃（土、渣）场、灰场、矸石场、尾矿库等：边界外100~500m范围以内。

② 线状工程。道路、桥涵、管线等：线路边界两侧各50~200m范围以内。

(4) 开展环境管理的建设项目类型。

环境保护部《关于进一步推进建设项目环境管理试点工作的通知》（环办〔2012〕5号）中要求，各级环境保护行政主管部门在审批下列建设项目环境影响评价文件时，应要求开展建设项目环境管理：

① 涉及饮用水源、自然保护区、风景名胜区等环境敏感区的建设项目。

② 环境风险高或污染较重的建设项目。

③ 施工期环境影响较大的建设项目。

④ 环境保护行政主管部门认为需开展环境管理的其他建设项目。

5) 环境管理的性质

工程环境管理的基本性质是服务性、独立性、公正性和科学性。

(1) 服务性。

在工程项目建设过程中，工程环境管理人员利用自己的环保知识、技能和经验、信息以及必要的检测手段，为项目业主对项目建设管理提供服务。工程环境管理单位不能完全取代项目业主对项目建设的管理活动。它不具有工程建设项目重大问题的决策权，它只能在委托工程环境管理合同授权内代表项目业主进行管理。

(2) 独立性。

独立性的含义是按照工程管理国际惯例和我国有关法规，工程环境管理单位是直接参与工程建设项目的“三方当事人”之一，它与项目业主、工程承包商之间的关系是平等的、横向的，工程环境管理单位是除项目业主（甲方）、工程承包商（乙方）之外独立的第三方。

工程环境管理单位及其环境管理工程师在履行工程环境管理义务和开展工程环境管理活动中，必须建立自己的组织，按照自己的工作计划、程序、流程、方法、手段，根据自己的判断独立地开展工作。

（3）公正性。

公正性是社会公认的职业道德准则，是工程环境管理行业存在和发展的基础。在开展工程环境管理过程中，工程环境管理单位应当排除各种干扰，客观、公正地对待环境管理的委托单位和承建单位。

工程环境管理单位应以事实为根据，以法律和有关合同为准绳，在维护建设单位的合法权益时，不损害承建单位的合法权益，不以牺牲环境为代价。

（4）科学性。

环境管理应当遵循科学性准则。环境管理的科学性体现为其工作的内涵是为工程环境管理与工程环境保护技术提供知识的服务。环境管理的任务决定了它应当采用科学的思想、理论、方法和手段；环境管理的社会性、专业化特点要求环境管理单位按照高智能原则组建；环境管理的服务性质决定了它应当提供科技含量高的管理服务；环境工程管理维护社会公众利益和国家利益的使命决定了它必须提供科学性服务。

6）开展环境管理工作的意义

近年来，随着我国国民经济的快速发展，建设项目的数量明显上升，环境管理任务十分繁重。建设项目在建设过程中环保措施和设施“三同时”落实不到位、未经批准建设内容擅自发生重大变动等违法违规现象仍比较突出，由此引发的环境污染和生态破坏事件时有发生，有些环境影响不可逆转，有些环保措施难以补救。各级环境保护主管部门现有监管力量难以对所有建设项目进行全面的“三同时”监督检查和日常检查，使得项目建设过程中产生的环境问题存在投产后集中体现的隐患，为环保验收管理带来很大压力。推行建设项目环境管理，有利于实现建设项目环境管理由事后管理向全过程管理的转变，由单一环保行政监管向行政监管与建设单位内部监管相结合的转变，对于促进建设项目全面、同步落实环评提出的各项环保措施具有重要的意义。开展环境管理工作的意义具体表现在以下三个方面：

（1）环境管理是提高环境影响评价有效性、落实“三同时”制度，实现建设项目全生命周期环境监管的重要手段。

为了加强建设项目的环境保护管理，严格控制新的污染，加快治理原有的污染，保护和改善环境，国家先后颁布了《中华人民共和国环境保护法》

《中华人民共和国环境影响评价法》《建设项目环境保护管理办法》《建设项目环境保护管理条例》和《建设项目竣工环境保护验收管理办法》等法律法规。确立了以环境影响评价和“三同时”制度为核心的建设项目环境管理的法律地位和管理体系，明确了建设项目管理程序和要求，从而使我国建设项目环境保护管理步入法制化管理轨道。

在落实环保“三同时”制度过程中，“同时设计”可依靠环境影响评价和相关设计规范加以保障和制约，“同时投入使用”也有竣工验收的相关法规和规范加以保障落实，唯独“同时施工”缺乏相应的监督管理手段，如何加强项目建设期的环境管理成为提高建设项目环境管理水平的关键问题。如果在项目实施阶段不切实落实各项环保措施，不对施工活动加以规范，在建设项目竣工时，工程建设可能已对环境造成不可逆的破坏，公众环境利益得不到保护也可能会加深社会公众对工程建设的误解，甚至引发抵制行为。所以重结果、轻过程的“沙漏型”环境管理制度不利于生态环境的保护和社会环境的和谐。

环境管理是一条将事后管理转变为全过程跟踪管理、将政府强制性管理转变为政府监督管理和建设单位自律的有效途径，对于减免施工对环境的不利影响、保证工程建设与环境保护相协调、预防和通过早期干预避免环境污染事故等方面都有重要的作用。

（2）环境管理是强化建设单位环境保护自律行为的有效措施。

多数建设项目的环境保护具有点多面广，专业性、技术性和政策性强等特点，建设单位需要借助、利用社会管理机构的人力资源、技术和经验、信息及测试手段，委托管理单位作为“第三方”开展环境管理与环境管理。环境管理单位按照“公正、独立、自主”的原则为建设单位提供技术和管理服务，也是工程环境管理最经济和有效的手段。

（3）环境管理是实现工程环境保护目标的重要保证。

工程建设期，将结合工程地质条件、场地条件，对工程施工布置、施工时序、部分辅助设施规模等进行优化调整，决定了施工期环境保护要求也应是动态变化并及时优化调整的，以符合实际需要。而基于前期设计成果形成的环评文件，其环境保护措施设计的深度难以较好地适应工程建设优化调整的需要，诸多环保问题需要环境管理进行专业性的现场协调和解决，以保证工程环境保护符合相关要求。

受主、客观因素影响，工程参建单位环境保护意识及主动性可能存在不足或偏差，需要通过环境管理强化环保监督、宣传及环境管理。

工程有关环境保护的大量过程记录和信息，需要系统化和规范化管理，以利于环境保护竣工验收的开展。

7）环境管理人员

（1）环境管理人员素质要求。

① 熟悉工程建设项目环境污染和生态破坏的特点，掌握必要的环境保护专业知识，能对建设项目施工活动的环境影响、环保措施实施效果、环境监测成果等进行准确的分析和判断，从而保证全面实现工程环境预防保护目标、污染治理目标和恢复建设目标。

② 必须具备一定的行业专业技术知识，熟悉工作对象；熟悉工程建设项目的技术要求、施工程序及特点和可能产生的生态环境问题。

③ 具备一定的管理工作经验和相应的工作能力（如表达能力、组织能力等），应当熟悉行业标准和环境保护法律法规，能够运用合同解决问题，能够很好地处理多方关系，有效地处理污染事故和有针对性地进行必需的社会调查研究等。

（2）环境管理人员职责和守则。

① 总管理工程师职责。

a. 全面负责并保证按合同要求规范地开展环境保护管理工作。

b. 审定环境保护管理部内部的各项工作管理规定。

c. 组织编制工程环境管理规划和实施细则。

d. 组织项目环境管理部，调配管理人员，指导环境管理业务，并负责考核管理人员工作情况。

e. 审查、签署并汇编环境保护管理月报、季报、年报、期中环境保护质量评价表、环境管理情况通报及环境管理总结报告等。

f. 定期巡视工程现场，指导管理人员工作等。

g. 根据环境保护实施情况，向有关单位提出建议和意见。

h. 参与环境污染事故的调查与处理。

i. 定期召开环境管理工作会议，总结经验，改进工作。

j. 完成本单位及建设单位委派、必须完成的其他相关工作。

k. 对环境管理工程师提出的环境保护工程停工要求做进一步的现场调研，对确实存在重大环保隐患的质量问题，在征得工程管理单位同意后，下达停工令。

l. 对环境管理工程师转报的环保工程复工要求，须在接到复工要求 48h 内做出回复，对可以重新开工的环保工程签署意见转报工程管理单位。

m. 对涉及环保工程的变更设计应进行审查，并向有关单位提出意见。

n. 监督检查环境管理工程师对各项环保工程的选址确认工作。

② 环境管理工程师职责。

a. 在环境总管理工程师的领导下，执行具体环境管理任务。

b. 深入施工现场履行监督检查职责，负责编写其分管的管理日志、管理工作月报、季报、年报和期中环境保护质量评价表。

c. 向环境总管理工程师汇报管理工作情况，并负责编写环境管理情况通报。

d. 根据施工单位提交的施工进度月计划审核表、月工作进度及执行情况报告表，合理安排环境管理计划。

e. 深入现场调研，听取多方意见，对存在重大隐患的环保工程经科学合理的分析后，向环境总管理工程师申请下发停工令。对施工单位提出的复工要求须在24h内连同对复工的意见一并上报环境总管理工程师。

f. 结合环评、设计文件，审查施工单位提交的环保工程选址确认材料，并在接到环保工程选址确认材料后24h内做出回复，逾期未予回复者，施工单位可自行开工。

g. 完成环境总监安排的其他相关工作。

③ 环境管理员职责。

a. 在管理工程师指导下开展环境管理工作。

b. 现场巡视与主体工程配套的环保工程、设施、措施落实情况，以及施工过程中产生的环境污染是否达到相应的环保标准或要求，并做好记录。

c. 在环境敏感区等重点施工区域、重要施工工序担任旁站工作，严格按照环境管理实施细则开展工作，发现问题及时汇报。

d. 做好环境管理日志和其他现场管理记录工作。

④ 环境管理人员守则。

a. 按照“守法、诚信、公正、科学”的准则执业。

b. 执行有关建设项目环境保护的法律、法规、规范、标准和制度，履行环境管理合同规定的义务和责任。

c. 努力学习，不断提高业务能力和专业水平。

d. 不为所管理项目指定承建商、建筑构配件、设备、材料和施工方法。

e. 不收所管理单位的任何礼品。

f. 不泄露所管理工程各方认为需要保密的事项。

g. 坚持独立自主地开展工作。

h. 严格管理，平等待人，虚心听取各方面意见，处理问题有理、有力、有节。

8）环境管理措施

（1）施工中的环境保护措施。

加强对施工人员环境保护知识的培训和教育，树立良好的环保意识；严格控制施工作业区域，施工机具和人员必须在限定的作业范围内活动；严格遵守国家有关环境保护的法律法规；在施工中发现古迹遗址、文物、化石等应立即停止施工，上报有关部门，杜绝人为损坏和破坏现象发生；对施工作业中的焊条头、废砂轮片、废钢丝绳、玻璃片和防腐补口中产生的废弃物等进行回收，统一送回营地集中处理。

为了加强噪声控制，施工前应对工程机械等大型设备进行全面检修，确保性能良好，减少震动和噪声，或通过调整工作时间等方式，避免噪声影响当地居民休息。

采取措施，避免扬尘作业。如避免在风季进行土方作业，同时尽可能缩短施工时间，提高施工效率，减少裸地的暴露时间；遇有大风天气时，应避免进行挖掘、回填等大土方量作业以产生扬尘。特殊情况进行作业时应采取喷水等抑制扬尘的措施；运输易起尘物料时，要加盖篷布、控制车速，防止物料洒落和产生扬尘；卸车时应尽量减少落差，减少扬尘。运输车辆进出的主干道应定期洒水清扫，保持车辆出入口路面清洁、润湿，以减少施工车辆引起的地面扬尘污染，并要求运输车辆减缓行车速度；运输路线应尽可能避开村庄，施工便道应进行夯实硬化处理，减少扬尘的起尘量。

施工前规划材料堆放场地，材料堆放遵循“分类摆放”原则，施工结束后，做到“工完料净场地清”。工具房内工器具应摆放整齐、标识明显、取用方便，符合防火有关规定。施工完毕后，及时清理施工现场，进行地貌恢复。

（2）营地的环境保护。

对塑料袋、矿泉水瓶等生活垃圾进行分类、集中回收处理，禁止任意乱扔造成白色污染，并保持营地内清洁。营地的污水排放，尽可能利用当地已有的下水道或排放沟、渠，若施工现场无以上设施，则采取挖坑，撒漂白粉等措施后再予以排放，以免污染周围的环境、危害他人健康。在市区施工注意噪声和环境保护，尽量夜间拉运渣土及废弃物，现场施工避免尘土飞扬，使用洒水车浇水。

（3）水土保持措施。

认真贯彻落实国家和当地政府有关水土保护的法律、法规及业主有关规

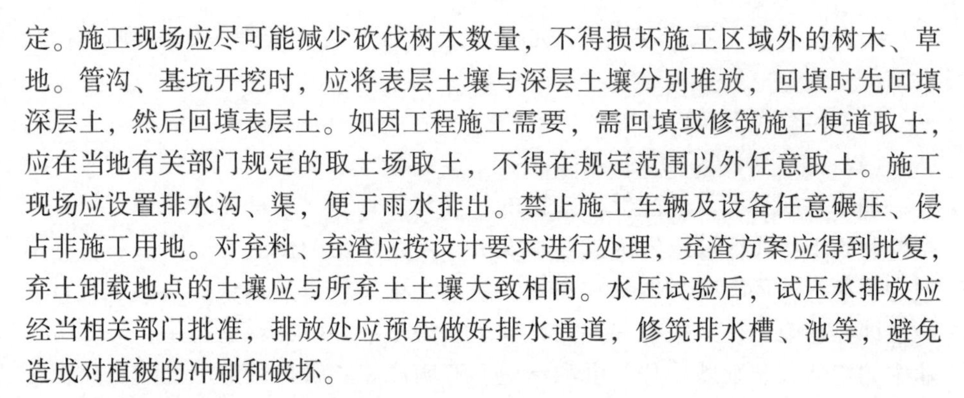

定。施工现场应尽可能减少砍伐树木数量，不得损坏施工区域外的树木、草地。管沟、基坑开挖时，应将表层土壤与深层土壤分别堆放，回填时先回填深层土，然后回填表层土。如因工程施工需要，需回填或修筑施工便道取土，应在当地有关部门规定的取土场取土，不得在规定范围以外任意取土。施工现场应设置排水沟、渠，便于雨水排出。禁止施工车辆及设备任意碾压、侵占非施工用地。对弃料、弃渣应按设计要求进行处理，弃渣方案应得到批复，弃土卸载地点的土壤应与所弃土土壤大致相同。水压试验后，试压水排放应经当相关部门批准，排放处应预先做好排水通道，修筑排水槽、池等，避免造成对植被的冲刷和破坏。

6. 应急管理

项目部成立应急管理领导小组，编制应急处置预案。确保应急资源（车辆、通信设施、应急物资等）满足应急需要。制定应急演练计划，按要求组织应急演练，确保相关人员熟悉应急流程和处置措施，特别是要对如下应急计划进行演练。

1）火灾应急计划

人员发现火险以后，应立即判明起火部位和燃烧介质。若伴有浓烟和有毒气体，应用湿毛巾或防毒面具捂住口鼻，保护呼吸。及时通过呼救或其他报警设施（措施）通知相关人员，包括通知区域负责人。火险初起阶段，由于燃烧面积小、燃烧区域温度低，可用水、土、砂、湿的毛毡（衣服、棉被）等物质掩盖扑灭。灭火器必须集中统一使用，增强灭火效力。接到火险警报的任何员工必须停止一切工作前往事发现场参加救援。如果条件允许，应组织人员迅速隔离或移走易燃易爆、有毒有害物质，包括油、气及其他燃料和材料。切断电源，启动应急照明系统，严禁发生火花的一切操作。若预见到火势增强，将引起大面积燃烧或爆炸，现场灭火措施已经不能或不易扑灭，应立即拨打“119”向消防部门报警，同时撤走所有现场救援人员。在抢险救援过程中，抢救顺序首先应该是人，然后是不可恢复的资料、价格昂贵并且易于搬运的设备和设施、其他现场物资。当火险成灾失去控制时，应立即疏散现场人员、设备、设施，要采取措施设定安全防护距离，防止因爆炸、风向转变等造成火势蔓延等二次伤害。

2）工伤、疾病应急计划

员工在施工作业活动期间发生工伤、疾病时，现场其他人员应立即组织抢救，同时通知工地指挥人员。工业生产事故发生后，应立即将受伤人员身上的所有物质清除。在最短时间内使受伤人员脱离危险环境。

对突发疾病的人员，首先应迅速判明致病因素和病情表现，抢救时要方法适当，注意不要将伤病加重。根据受伤、患病人员的总体情况（神志是否清醒、面色是否正常、肢体能否活动、有无活动性出血、头颅/脊柱有无损伤）、瞳孔反应、呼吸活动、心跳、脉搏，确定和实施紧急抢救措施（包括创伤止血、外伤包扎、骨折固定、心肺复苏、烧烫伤救护）。

在伤情、病情允许的情况下，用机动车辆等交通工具将伤病员送往当地医疗机构救治。

3）触电应急计划

（1）立即切断电源。可以采用关闭电源开关，用干燥木棍挑开电线或拉下电闸。救护人员注意穿上胶底鞋或站在干燥木板上，想方设法使伤员脱离电源。高压线需移开10m方能接近伤员。

（2）脱离电源后立即检查伤员，发现心跳及呼吸停止立即进行心肺复苏至医生到达。对已恢复心跳的伤员，千万不要随意搬动，以防心室颤动再次发生而导致心脏停搏。应该等医生到达或等伤员完全清醒后再搬动。

（3）对触电者的急救应分秒必争，若发现心跳、呼吸已停，应立即进行口对口人工呼吸和胸外心脏按压等复苏措施。除少数确实已证明死亡，一般抢救维持时间不得少于60~90min。如果抢救者体力不支，可轮换人操作，直到使触电者恢复呼吸、心跳或确诊已无生还。

（4）对触电造成的局部电灼伤，其处理原则同一般烧伤，可用盐水棉球洗净创口，外涂“蓝油烃”或覆盖凡士林油纱布。为预防感染，应到医院注射破伤风抗毒血清，并及早选用抗生素。

（5）对触电造成的骨折或关节脱位，应按照骨折固定法进行简单处理，防止抢救或搬移过程中对受伤人员造成二次伤害。

7. HSE 检查

（1）各作业机组的HSE检查人员负责作业现场的日常检查；项目部的HSE监督人员负责对HSE工作情况进行全面的监督检查；项目部定期对各机组和分包商进行专项检查。HSE检查采取日常、定期、专业、不定期四种形式。

（2）HSE检查的内容包括：营地的卫生、安全、环境情况、员工身体状况、施工现场的目视化管理、设备安全状况、施工人员作业是否符合安全操作规程、环境保护情况等。检查前根据具体检查内容编制HSE检查表。

（3）在HSE检查过程中，发现隐患应向责任单位/人提出书面整改通知书，限期完成，并组织对整改效果进行验证。

8. 事故管理

（1）事故发生时，要立即启动应急预案。

（2）事故发生后，负伤人员或最先发现者应立即报告，并逐级上报（包括公司总部、管理、业主项目部和地方政府等），并向管理和业主提交事故报告。

（3）按要求成立事故调查组对事故进行调查，对较大事故项目部应无条件配备。上级单位和地方政府的调查按照“四不放过”的原则进行事故处理。做好事故档案管理工作。

9. 劳动保护用品

（1）按照标准要求为施工人员及外来参观人员配备劳动保护用品。

（2）进入施工现场的人员应按要求穿戴劳动保护用品。

（3）应对作业人员进行劳动保护用品检查和使用培训。

10. 安全教育

（1）项目部通过各种形式加强安全教育和培训。

（2）安全教育及培训的主要方式有：班前讲话、安全分析会、每周安全会、安全技术交底、标语和张贴画等。

（3）安全教育的主要内容有：安全操作规程、典型事故案例分析、劳动保护用品的使用和检查、消防器材的使用及应急演练等。

（4）项目部所有施工人员必须通过安全培训后方可上岗进行操作。对特殊工种，必须经考试合格，取得颁发的证书方可上岗操作。

11. 其他保证措施

1）技术保证措施

（1）精心安排施工组织，强化管理，根据现场实际情况及设计图纸编制实施性施工组织设计，分级负责，认真实施，并在施工中不断优化。

（2）提前做好图纸审核、测量、材料试验等技术准备工作，为短时间内全面展开施工生产做好充足的技术准备。

（3）抓施工的程序化作业、标准化施工，通过合理的组织与正确的施工方法，尽快形成生产能力，加快施工进度，保持稳产高产。

（4）搞好工程的统筹、网络计划工作，制定阶段目标，科学合理安排施工工序。

（5）在施工过程中，对进度计划进行动态管理，根据具体情况，不断进行优化和调整，确保总体工期目标的实现。

（6）将进度信息的收集和传递纳入日常调度工作管理，建立传递施工信息的快递通道，及时掌握施工进度动态，为调整计划部署提供数据依据。

（7）依靠科技进步。采用新技术、新工艺、新方法，对影响施工进度的施工技术难题，开展QC小组活动，组织攻关，充分听取各方面的合理化建议和开展“小改小革”活动，加快施工进度。

（8）根据施工总进度的要求，分别编制年、季、月、旬施工计划，实施中对照检查，查找差距，分析原因，完善管理，促进施工。

（9）在施工中用计算机进行信息管理。用计算机分析、处理施工数据、质量记录及相关报表，选用决策数学模型，结合有关资料和外部信息，以实施施工管理的科学化。

（10）加强施工技术管理和现场施工管理，杜绝因工作失误造成返工而影响正常的施工进度。

2）工期保证措施

（1）制定施工计划，合理组织安排人员、机械设备、材料的使用。

（2）根据工程进展情况，不断调配工程各工序，并协调解决施工当中存在和出现的问题和矛盾。

（3）加强各方面的组织协调工作，充分发挥各方面潜力，减少不必要的影响，有节奏地开展工程建设。

（4）加大检查力度，并制定相应的预防方案，防患于未然，同时做好相应的记录。

（5）设专职人员，负责协调工程施工，确保工程有序进行。

3）文明施工及环境保护

（1）施工期间严格按照业主规定、环保要求和文明施工标准工地要求组织施工，确保各项指标满足有关规定。

（2）制定和落实文明施工标准工地实施方案，做到工地设施齐全、规划合理、堆放整齐，场地平整、干净，材料标识清晰、设备完好无故障，道路、排水畅通。

（3）加大对环保和文明施工宣传力度，组织学习文明施工先进条规、方法，增进对文明施工重要性的认识，真正做到“文明工地文明建”的目标。

（4）积极联系环保部门，协商固体废弃物及污水处理的方式，按照要求设置污水处理池，待检测合格后按照要求进行排放。设置固体废弃物集中存放点，按要求对废弃物进行处理。

4）建立健全工程质量检查制度

（1）开工前检查。

开工前检查的内容及要求主要有：

① 符合建设工程相关程序，已签订承包合同（包括和施工队伍的承包合同）。

② 设计文件、施工图纸经审核并依此编制施工组织设计及质量管理体系文件。

③ 施工前的工地调查和复测已进行，并符合要求。

④ 各种技术交底工作已进行，特殊作业、关键工序已编制作业指导书。

⑤ 采用的新技术、新工艺、新设备、新材料能够满足工程质量需要。

⑥ 施工技术人员、质量管理人员的配置能够保证工程质量管理要求。

⑦ 施工所需的各项物资、机械设备、试验室等满足施工要求。

（2）施工过程中检查。

施工中应对以下工作经常进行抽查和重点检查：

① 施工测量及放线正确，精度达到要求。

② 按照施工方案和技术交底施工，操作方法正确，质量符合验收标准。

③ 施工原始记录填写完善，记载真实。

④ 有关保证工程质量的措施和管理制度是否落实。

⑤ 原材料、成品、半成品按规定提交试验报告，设备有产品合格证和出厂说明书。

⑥ 混凝土、砂浆试件及土方密实度按规定要求进行检测试验和验收，试件组数及强度符合要求。

⑦ 工班严格执行自检、互检、交接检，并有交接记录。

⑧ 工程日志填写要及时、符合实际，并与监理日志吻合。

（3）隐蔽工程检查制度。

① 凡被后续施工所覆盖的分项分部工程均称为隐蔽工程。隐蔽工程必须按规定检查合格并签证后才能覆盖。

② 工程检查签证。除执行国家、行业质量标准规定外，还应执行建设项目的有关规定并与建设单位和监理单位协商，明确职责分工，由指定的质量检查人员办理。

③ 隐蔽工程未经质量检查人员签认而自行覆盖的，应揭盖补验，由此产生的全部损失自负。

④ 隐蔽工程先由质检工程师自检合格后，约请监理工程师复查签认。地

质不良基础工程签证后应尽快封闭，以免风化破坏。

⑤ 发现与设计不符，本级质检人员无权处理者，应及时呈报上级解决，必要时可邀请建设、设计、监理单位共同研究处理。

⑥ 隐蔽工程检查证应该用碳素墨水填写或打印，要求字迹工整、数据准确，便于保存、用词规范、描述详细。

（4）工区（作业队）质量“三检制”。

① 自检，包括操作人员自检和班组自检。工班长在每日收工前对班组完成工作量进行一次自检，做出记录，工后讲评。

② 互检，指同一工种或多工种之间，由工区组织不定期相互检查，主要是互相观摩，交流经验，推广先进操作技术，达到取长补短、互相促进、共同提高的目的。

③ 交接检，指同一工种的多班制上下班之间或工种的上下工序之间的交接检查。由作业队（跨作业队由项目部质检工程师）组织交接，各工班应做到不合格的活不出手、不出班组，上道工序不合格，禁止进入下道工序施工。

④ 检查中发生的质量问题及时处理。处理情况由工区质量检查人员及时记入施工日志，并限期纠正。

（5）定期质量检查制。

项目部每月一次、工区每周组织一次定期检查，由项目经理主持，质量管理部门和相关部门人员参加。对检查中发现的问题要认真分析，找准主要原因，提出改进措施，限期进行整改。

（6）不定期和专项质量检查制。

项目部不定期和专项检查工作由项目总工程师组织，各相关部门参加，检查内容可根据实际情况确定，对检查出的问题要分析原因，制定整改措施，限期整改。检查次数每月不少于四次。

5）工程质量作业实名制

为加强现场质量管理，严格施工工序管理，建立健全质量检查检验制度，强化施工过程中质量自控能力，达到“出现问题追溯有源，处理问题追责有据”目的。

6）工程质量旁站制度

为加强建设工程管理，有效控制施工过程质量，保证工程质量总体水平，使工程施工质量更加程序化、规范化、标准化，必须制定旁站制度。具体内容包括：

（1）旁站制度是指在工程建设中的关键部位、关键工序及隐蔽工程的隐

蔽过程、下道工序完成后难于检查的工序所进行的旁站监控。

(2) 明确旁站管理人员及职责、工作内容和程序、需旁站的工程部位和工序。

(3) 旁站的范围：凡涉及建设工程结构安全的地基基础、主体结构和设备安装工程的关键工艺、工序和部位，以及新技术、新工艺、新材料、新设备实验过程均实行旁站管理。

(4) 旁站管理的依据：建设工程相关法律、法规；相关技术标准、规范、规程、工法；建设工程承包合同；经批准的设计文件、施工组织设计、施工方案、技术交底。

(5) 旁站人员在总工程师的指导下，由相关业务部门具体负责旁站人员的安排，主要由技术、质检及试验人员进行旁站。

(6) 定期检查旁站管理记录和旁站管理质量。对旁站管理人员发现的施工质量问题和安全隐患时，按要求及时处理。

7）质量检查评定制度

(1) 项目部工程技术人员、质量检查人员均应掌握承建工程的质量检验评定标准，对工程质量进行检查、监督和质量等级评定。

(2) 凡经检验合格的工程，必须按规定及时填写质量验收记录表，作为考核质量成绩和验工计价的凭证。检验不合格的工程，不得验工计价。

(3) 质量检验评定工作的具体分工为：检验批、分项工程由质量检查工程师负责，分部工程、单位工程由总工程师负责。

8）验工签证制度

验工计价是控制工程质量的重要手段，未经质量检查、监理人员签证的工程项目和数量，不得计价、拨款。有下列情况者，不予签证和计价：

(1) 工程质量不合格及因质量不合格构成工程质量事故尚未处理者。

(2) 由于施工错误或处理工程质量事故而增加工作量者。

(3) 缺少应具备的隐蔽工程检查证及未经检查签证者。

(4) 成品、半成品、设备没有试验鉴定资料或出厂合格证，原材料未经试验鉴定确认合格者。

(5) 未按变更设计程序办理手续或擅自变更设计者。

9）竣工检查制度

竣工检查内容及要求主要有：

(1) 是否完成建设工程设计和合同约定的各项内容。

(2) 是否有完整的技术档案和施工管理资料，各种规定的质量记录是否齐全。

（3）是否有勘察、设计、施工、工程监理等单位分别签署的质量合格文件。

（4）复查质量验收评定记录，核对质量等级，如发现问题，应列项处理，限期完成。

（5）是否有施工单位签署的工程保修书。

（6）技术、质量管理部门应依据国家、行业现行标准和规范，使用先进检测仪器，如回弹仪、混凝土超声波检验仪、混凝土厚度测定仪、钢筋扫描仪等对工程质量进行检测，做到依据标准、规范正确，检测方法科学、检测结论真实可靠。

12. 实施步骤

（1）应认真贯彻《工程建设施工企业质量管理规范》（GB/T 50430—2017）、《质量管理体系 基础和术语》（GB/T 19000—2016），要联系实际，将此工作与日常工作紧密结合起来，不断完善质量管理体系，并确保有效运行。

（2）要坚持持证上岗制度。各级质量管理人员及其他规定持证上岗的人员必须符合条件，并经培训合格，取得岗位证书后方能上岗。

（3）要严格原材料、构配件的管理。必须建立原材料、购配件的采购、试验检验、储存和使用等制度，确保进场原材料、构配件合格，保证工程质量的源头受控。

（4）要强化过程质量控制。根据质量管理体系的要求必须建立工程质量检查制度、三检制、关键工序旁站制度和实名制等制度，及时消除质量隐患，纠正违规作业现象，杜绝超越“质量管控红线”行为，确保工程质量。

（5）要加强工程实体成品保护。建立相应的工程实体成品保护制度，杜绝因成品、半成品损坏造成返工，影响工程质量。

13. 总结验收

工程项目的施工质量管理、控制与提升，需要现场全员参与，全员控制，做到工程开工前有计划。同时根据以往类似工程经验制定预控措施。具体内容包括：

（1）有计划地组织职工进行质量管理学习、全面提高职工的业务素质，根据现场工作需要，组织全体员工学习地下工程质量监督管理有关的法规、规范、标准和技术交底等。

（2）以技术指导施工，使各分项工程保质、保量地完成，根据各分项工程制定具体施工组织设计或施工方案。为使方案更加科学、合理、有效，各分项工程可召开施工方案讨论会，结合人力、设备、材料、技术等实际情况，确定各分部、分项工程的施工方案。

（3）加大监督、检查力度，对施工项目严格考核。为了有效地实现施工过程中的质量控制，项目部实行目标管理，一级抓一级，层层抓落实，质量验收严格执行“三检”制度、隐蔽工程验收及工序交接制度、检试验认可制度。施工过程中，技术人员跟班作业，及时指导施工和监督施工质量，严格工序报检制度的落实。工序完成后，进行自检，确保工序报检一次合格。

（4）全面开展自纠自查及整改活动。质检员每天不定时进洞自检自查，在检查过程中，对于存在质量安全隐患的部位或工序进行现场整改，对于重点部位进行全面的检查和探讨，做到群策群力、防微杜渐。对已整改部位进行复查，复查合格后方可进行下一道工序施工。

第四章　交工验收

地下水封洞库依据储存产品的饱和蒸气压不同，其设计压力和埋深都不相同，但是其水封和运行原理却基本相同。目前国内建成投产或正在修建的地下水封洞库主要有地下 LPG 储库（包括丙烷、丁烷）以及地下原油储库。

第一节　质量验收

一、检验批质量验收

检验批质量验收合格要求如下：

（1）主控项目和验收项目的质量经抽样检验合格。具有完整的施工操作依据、质量检查记录。

（2）一般项目的质量经抽样检验全部合格。其中，有允许偏差的抽查点，除有专门要求外，80%及以上的抽查点应控制在规定允许偏差内，最大偏差不得大于允许偏差的 1.5 倍。

检验批是工程验收的最小单元，是分项工程乃至整修建筑工程质量验收的基础。检验批是施工过程中条件相同并有一定数量的材料、构配件或安装项目，由于其质量基本均匀一致，因此可以作为检验的基础单元，并按批验收。

检验质量合格的条件共两个方面：资料检查、主控项目检验和一般项目检验。

质量控制资料反映了检验批从原材料到最终验收的各施工工序的操作依据，检查情况以及保证质量所必需的管理制度等。对其完整性的检查，实际是对过程控制的确认，这是检验批合格的前提。

检验批的合格质量主要取决于对主控项目和一般项目的检验结果。主控项目是对检验批的基本质量起决定性影响的项目，因此必须全部符合有关专业工程验收规范的规定。这意味着主控项目不允许有不符合要求的检验结果，即这种项目的检查具有否决权。

二、分项工程质量验收

分项工程质量验收合格要求如下：

（1）分项工程所含的检验批均应符合合格质量的规定。

（2）分项工程所含的检验批质量验收记录应完整。

分项工程的验收在检验批的基础上进行。一般情况下，两者具有相同或相近的性质，只是批量的大小不同而已。因此，将有关检验批汇集构成分项工程。分项工程合格质量的条件比较简单，只要构成分项工程的各检验批的验收资料文件完整，并且均已验收合格，则分项工程验收合格。

三、分部（子分部）工程质量验收

分部工程质量验收合格要求如下：

（1）分部（子分部）工程所含的质量均应验收合格。

（2）质量控制资料应完整。

（3）地基与基础、主体结构和设备安装等部分工程有关安全及功能的检验和抽样检测结果应符合有关规定。

（4）感官质量验收应符合要求。

分部工程质量验收在其所含各分项工程验收的基础上进行。分部工程验收合格的条件是：首先，分部工程的各分项工程必须已验收合格，并且相应的质量控制资料文件必须完整，这是验收的基本条件。此外，由于各分项工程的性质不尽相同，因此作为分部工程不能简单地组合而加以验收，尚需增加以下两类检查项目。

涉及安全和使用功能的地基基础、主体结构、有关安全及重要使用功能的安装分部工程应进行有关见证取样送样检验或抽样检测。关于观感质量验收，这类检查往往难以定量，只能以观察、触摸或简单量测的方式进行，并由个人的主观印象判断，检查结果并不给出“合格”或“不合格”的结论，而是综合给出质量评价。对于“差”的检查点应通过返修处理等补救。

四、单位工程质量验收

单位工程质量验收合格要求如下：

（1）单位工程所含分部工程的质量均应验收合格。

（2）质量控制资料应完整。

（3）单位工程所含分部工程有关安全和功能的检测资料应完整。

（4）主要功能项目的抽查结果应符合相关专业质量验收规范的规定。

（5）观感质量验收应符合要求。

单位工程质量验收也称质量竣工验收，是建筑工程投入使用前的最后一次验收，也是最重要的一次验收。验收合格的条件有五个：除构成单位工程的各分部工程应该合格，并且有关的资料文件应完整以外，还需进行以下三个方面的检查：

（1）首先，涉及安全和使用功能的分部工程应进行检验资料的复查。不仅要全面检查其完整性，不得有漏检缺项，而且对分部工程验收时补充进行的见证抽样检验报告也要复核。这种强化验收的手段体现了对安全和主要使用功能的重视。

（2）其次，对于主要使用功能还需进行抽查。使用功能的检查是对建筑工程和设备安装工程最终质量的综合检验，也是用户最为关心的内容。因此，在分项、分部工程验收合格的基础上，竣工验收时再做全面的检查。抽查项目是在检查资料文件的基础上由参加验收的各方人员商定，并由计量、计数的抽样方法确定检查部位。检查要求按有关专业施工质量验收标准要求进行。

（3）最后，还需由参加验收的各方人员共同进行观感质量检查。检查的方法、内容、结论等已在分部工程的相应部分中阐述，最终确定是否验收。

五、质量不符合要求时的处理

质量不符合要求时处理如下：

（1）经返工重做或更换器具、设备的检验批，应重新进行验收。

（2）经有资质的检测单位检测鉴定能够达到设计要求的检验批，应予以验收。

（3）经有资质的检测单位检测鉴定达不到设计要求，但经过原设计单位核算认可能够满足结构安全和使用功能的检验批，可予以验收。

（4）经返修或加固处理的分项、分部工程，虽然改变外形尺寸但仍能满足安全使用要求，可按技术处理方案和协商文件进行验收。

（5）通过返修或加固处理仍不能满足安全使用要求的分部工程、单位（子单位）工程，严禁验收。

一般情况下，不合格现象在最基层的验收单位（检验批）时就应发现并

及时处理，否则将影响后续检验批和相关的分项、分部工程的验收。因此，所有质量隐患必须消灭在萌芽状态，这是强化验收、促进过程控制原则的体现。非正常情况的处理分为以下四种情况：

（1）第一种情况，是指在检验批时，其主控项目不能满足验收规范或一般项目超过偏差限值的子项不符合检验规定的要求时，应及时进行处理的检验批。其中，严重的缺陷应推倒重来；一般的缺陷通过翻修或更换器具、设备予以解决，应允许施工单位在采取相应的措施后重新验收。如能够符合相应的专业工程质量验收规范，则应认为该检验批合格。

（2）第二种情况，是指个别检验批发现试块强度等不满足要求等问题，难以确定是否验收时应请具有资质的法定检测单位检测。当鉴定结果能够达到设计要求时，该检验批仍应认为通过验收。

（3）第三种情况，如经检测鉴定达不到设计要求，但经原设计单位核算，仍能满足结构安全和使用功能的情况，该检验批可以予以验收。一般情况下，规范标准给出了满足安全和功能的最低限度要求，而设计往往在此基础上留有一些余量。不满足设计要求和符合相应规范标准的要求，两者并不矛盾。

（4）第四种情况，更为严重的缺陷或者超过检验批的更大范围内的缺陷，可能影响结构的安全性和使用功能。若经法定检测单位检测鉴定以后认为达不到规范标准的相应要求，即不能满足最低限度的完全储备和使用功能，则必须按一定的技术方案进行加固处理，使之能保证其满足安全使用的基本要求。这样会造成一些永久性的缺陷，如改变结构外形尺寸、影响一些次要的使用功能等。为了避免社会财富更大的损失，在不影响安全和主要使用功能的条件下，可按处理技术方案和协商文件进行验收，责任方应承担经济责任，但不能作为轻视质量而回避责任的一种出路，这是应该特别注意的。

第二节　地下工程交工验收

一、水幕孔试验

为更加了解水幕系统有效性试验过程，本节以国内某水封洞库为例。其水幕系统布置在-32m 位置，距离主洞室顶部 24m，包括东西向水幕巷道 5

条，南北向水幕巷道1条。水幕巷道内钻取水平水幕孔和垂直水幕孔，水平水幕孔间距10m，垂直水幕孔间距20m。

1. 设备选用

水平水幕孔及垂直水幕孔采用TY370GN型潜孔钻施工。

1）钻孔施工工艺

水幕巷道开挖一段距离后，人工配合机械清理并平整底板，测量放线定出水平孔和垂直孔位置，并在侧壁或底板上做好标识。接通风、水、电管路，安装并调试钻机。备足孔口装置，加工好密封塞及连接装置。

2）测量定位

采用全站仪按设计孔口坐标确定钻孔开孔点。

3）钻机安装及确定钻孔方位

为了确保终孔位置不超出允许误差范围，开孔倾角应较设计倾角上仰1°~2°，开孔方位角左偏1°~2°。

4）开孔及钻进

采用ϕ100mm冲击钻头钻进，钻进过程中认真记录孔内围岩状况及渗水情况。

5）冲击钻进操作要点

（1）在工作过程中，密切注意钻机转速表和压力表的变化，如转速急剧下降、压力增加，则说明孔内产生泥箍或孔壁坍塌等事故发生，要及时停钻，并分析原因，然后采取相对应的措施排除故障后，继续钻进。

（2）在钻进过程中，始终要保持孔内无渣状态。应根据进尺速度和进尺量间断性地将冲击器提离孔底一定距离，使全部空气通过中心孔排出，进行清孔强吹。

（3）提高冲击钻头的使用寿命和保持高效率地钻进，取决于轴压和转速的适当配合。施加于冲击器的轴压，最低是以冲击器工作时不产生反跳为宜。转速可根据单位时间进尺量的大小进行调整。

（4）冲击器和钻杆严禁在钻孔中反方向转动，以防造成脱扣落孔事故。

（5）在一个回次进尺完成后，应将冲击器提离孔底排渣，然后加钻杆继续钻进。

（6）当终孔时，不能立即停止回转和向冲击器供气，应将冲击器提离孔底强吹，待孔中不再有岩渣及岩粉排出时再停气，然后再停止回转。

6）水平钻孔的防斜方法

（1）在钻进过程中，因钻具和钻杆的自重，钻孔会自然往下倾斜，所以

开孔倾角要上仰1°~2°。

(2) 钻具在回转过程中，因离心力的作用，使钻孔往旋转方向（即往右）倾斜，所以开孔方位角应往左偏1°~2°。

(3) 连接冲击器的钻杆必须是粗径钻杆，减少环状间隙，可有效防止孔斜。

(4) 冲击回转钻进应采用低钻压、低转速。

(5) 单位时间钻进进尺变慢时，不应采用加大钻压的解决方法，而应分析原因采取对应的办法解决，否则易造成孔斜。

(6) 单位时间钻进进尺变快时，应控制进尺速度，不能过快，否则易造成孔斜。

7) 钻进过程中的突水处理

当钻进过程中的钻孔出水量过大时，会影响钻进。当孔内水量、水压过大，要及时上报管理工程师及设计单位制定处理方案。

8) 钻孔孔口装置（水幕供水）安装

(1) 当按设计完成钻孔施工后，进行洗孔作业，洗孔完成后（设计要求进行孔内成像的孔先进行孔内成像作业）在孔口依次安装密封塞、水表、压力表、单向阀、球阀。

(2) 密封塞安装完毕后，安装孔口装置（压力表、单向阀、流量表、控制阀等）。

9) 钻孔偏差测量

水幕孔选取20%的孔进行偏差测量，偏差测量采用测斜仪进行测量。

2. 水幕系统试验

1) 单孔压水试验

单个水幕孔钻孔完成后，检查钻孔偏差并合格后应彻底冲洗，除去孔内泥浆和碎屑，立即安装机械式栓塞，进行压水试验，除非另行规定，本试验优先选择压水—消散试验，应在水幕钻孔完成5天内进行，用来确定每个水幕孔的初始水文特性，从而评价水幕系统的补水效率。试验步骤为：

(1) 首先测量15min的静水压力，然后是15min的注入期，注入压力为静压+0.5MPa，压水期应测量流量和压力。

(2) 消散期一般应持续90min，按时间间隔记录孔内压力。

(3) 压水试验完成后，及时在孔口安装注水设备并供水。

注水—消散试验要点是：

（1）试验压力的确定：最大压力静水压力+0.5MPa。

（2）流量的观测：把压力调到设计值并保持稳定后，每隔1min测读一次流量，当试验成果符合下列标准之一时，此段试验工作即可结束，并以最终流量读数作为计算用的流量（即压入耗水量）：

① 连续四次读数，其最大值与最小值之差小于最终值的10%。

② 当流量逐渐减小时，连续四次读数的数值均小于0.5L/min。

③ 当流量逐渐增大时，连续四次读数不再有增大趋势。

（3）当最大压力压水试验阶段结束后，停止压水，开始观测压水管内压力消散情况。1～2min时间段内每0.25min记录一次压水管内压力；2～7min时间段内每0.5min记录一次压水管内压力；7～30min时间段内每1min记录一次压水管内压力；30～60min时间段内每2min记录一次压水管内压力；60～80min时间段每5min记录一次压水管内压力。结束观测的条件是观测80min或压水管内压力消散至0。

2）有效性试验

储油洞室至少上台机开挖完成后，才能进行水幕系统有效性试验。有效性试验用来评价水幕系统的水力效率，根据试验结果决定是否需要钻附加水幕孔来改善水幕系统效率。试验中，对一部分水幕孔进行注水，剩余部分水幕孔作为观察孔；接着，对水幕孔注水进行倒置，即对上阶段的观察孔注水，其他水幕孔作为观察孔。试验前，要检查水幕孔以及地下压力孔的所有压力设备完整程度和压力表精度。

有效性试验一般由三个连续阶段组成，每个阶段对应不同的水动力状态：

（1）第一阶段。水幕孔的静压力分布观测。关闭所有水幕孔阀门，记录每个水幕孔的静水压力，同时记录地表水文监测孔的水位和地下压力计孔的压力。持续到每个水幕孔的压力处于稳定。

（2）第二阶段。打开偶数水幕孔注浆阀，奇数水幕孔仍然关闭。记录偶数水幕孔的压力和流量，记录奇数水幕孔的压力，直到各孔的压力稳定。

同时记录地表水文地质监测孔的水位和地下压力计孔的压力。

（3）第三阶段。打开第二阶段关闭的奇数水幕孔注浆阀，关闭第二阶段打开的偶数水幕孔注浆阀，记录所有水幕孔的压力，并记录奇数水幕孔的流量，直到压力趋于稳定。同时记录地表水文地质监测孔的水位和地下压力计的压力。

通过有效性试验，可以评价什么系统的水力效率，必要时需附加钻水幕孔，以改善水幕系统的效率。垂直水幕孔和水平水幕孔都应进行有效性试验，试验过程相同。采用区域试验时，区域试验长度根据水文地质条件选取，一般不小于200m，区域重合不小于40m。

3）全面水力试验

储油洞室施工完成后，根据有效性试验结果并进行水文地质条件分析后判断进行水幕系统全面水力试验的必要性，并评价整个水幕系统（水幕孔和水幕巷道）的整体水力效率。根据目前的设计文件，暂不考虑全面水力试验。如有必要，则按照设计要求进行如下水力试验：

(1) 试验应在连接巷道和施工巷道的密封塞施工之前进行，便于人员进行注浆等补充作业。

(2) 对水幕系统充水，水幕系统充水后的水压力不低于0.4MPa，测量或观察。

(3) 储油洞罐局部出现新的渗水区域，表明储油洞罐和水幕巷道之间的连接区渗透系数过高，需要附加注浆作业进行堵水。

(4) 通过压力计，测量储油洞罐和水幕系统附近初始孔隙压力分布情况。

(5) 测量储油洞罐出水量，评估出水量是否达到设计要求，提出进一步的处理措施。

(6) 对瞬变流动进行初步评价。

需要注意的是：

(1) 为进行此试验，水幕系统应完成下列项目：拆除水幕巷道内临时供水管道、清除杂物及清洗；安装和调试水幕巷道内永久性地震和水文监测设备；拆卸注水设备和所有临时设备和支护；完成孔口保护措施；完成水幕巷道内混凝土密封塞或设其他封堵措施；在水幕巷道和水幕孔内注水。

(2) 关闭水幕密封塞的人孔。放空管封装在塞子顶部以便注水期间空气排出。水幕系统注满水后关闭放空管，维持水压力达到设计值。

(3) 全面测试并合格后，可以进行储油洞罐密封塞的人孔封闭。在这些工作进行期间应维持向水幕系统供水。

(4) 完成全面水力试验后，对所有永久性地震和水文地质监测设备进行试运行和调试。

4）供水

储油洞室开挖过程中，供水量和以下因素有关：开挖进度、开挖过程中遇到岩体的有效渗透系数和各向异性、地下水位、注浆效果。

（1）最小水头。

① 施工巷道、竖井、水幕巷道和储油洞室施工过程中，地下水位最小水头应保持在水幕系统上方不小于20m，即标高-11m以上。

② 水幕孔内水压力应和开挖前的静水压力相近并不低于0.4MPa。

③ 施工期间应始终监测地下水位，如果发现地下水位有较大变化，应及时上报并查找渗漏水位置，进行注浆防水。

（2）施工期对水幕孔注水。

① 由于施工巷道、储油洞室的地下开挖，可能造成场区地下水位的下降。通过向水平水幕孔和垂直水幕孔注水，可以补偿场区地下水头，恢复水封储油所需的地下水位。

② 水幕孔的供水管路应独立于其他供水管线，仅用于水幕孔注水，并且注水时应注意防止水头损失。

③ 水幕孔压力试验完成后，及时在水幕孔孔口安装机械式栓塞和注水、测量系统（如压力计、流量计、阀），并连通供水管路及时向水幕孔注水。注水之后才能进行储油洞室施工，水幕孔注水状态一直保持到储油库试运行。

④ 水幕系统充水状态必须超前于储油洞室开挖工作面，如图4-1所示(分别对应水平水幕孔和垂直水幕孔)。

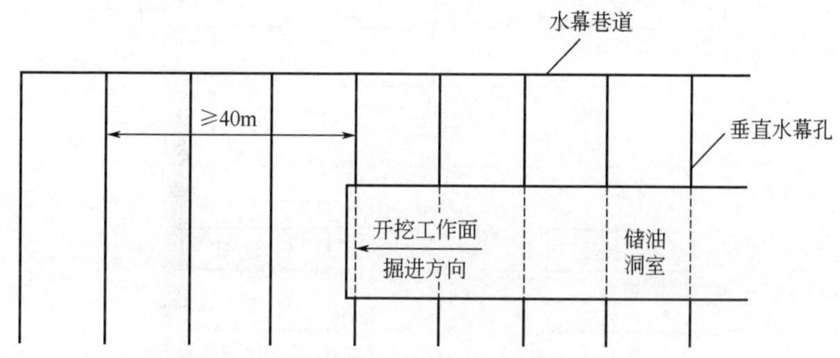

图4-1　水幕系统、储油洞室开挖关系示意图

⑤ 水幕孔注水开始后，应每天测量水幕孔的供水压力、流量和注入水幕孔的水量，并需保持注水设备在整个施工期间工作正常，并做好测量记录。

(3) 运营期对水幕孔注水。

运营期间，通过监测井以及地面的水位监测网络来监测地下水位标高、水幕巷道内的水位，保证地下水位标高不低于+10m 标高，一旦低于此值，立即对水幕系统进行注水，以保持储油洞罐密封所需的水头。

水幕钻孔作业流程如图 4-2 所示。

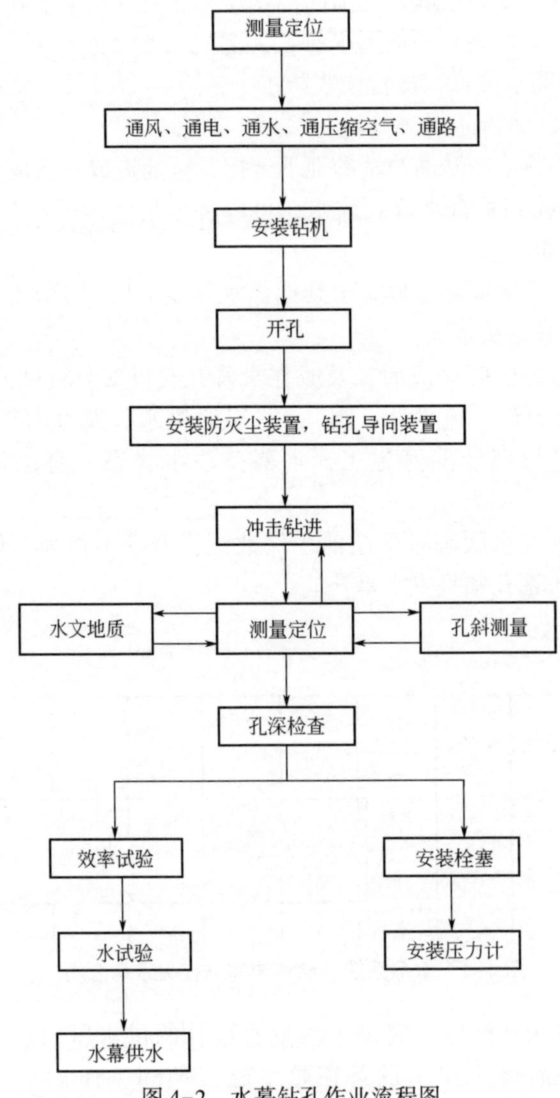

图 4-2　水幕钻孔作业流程图

（4）注水质量。

① 为保证施工期和运营期水幕系统里的监测设备处于较高的工作效率，水幕系统供水应清洁或物理、化学、细菌学属性接近于场区地下水。

② 根据勘察阶段水质分析结果，场区地下水化学类型为硫酸盐氯化钙钠型和重碳酸钙钠型，pH 值为 6.68~9.15，矿化度为 138.14~232.37mg/L，水质良好。

③ 水幕系统供水应清洁，并与原天然地下水相容，应按照 OT-00-GI01-ST-DW-008 的要求进行监测。

④ 如果含有不相容的细菌，尚应进行细菌处理。水幕供水的固体物含量不应高于原天然地下水含量。当固体物含量较高时，为防止水幕供水堵塞水幕孔，有必要对供水进行处理。

二、水幕系统全面水力试验

设置水幕系统是为了在岩体内人工创造满足水封条件的压力水头。水幕系统设置在储油洞室上方，由水幕巷道、水平水幕孔、垂直水幕孔、附加水幕孔、监测井和仪表井、设置在上述单元内的各种设备等组成。

水幕系统有效性试验可以最优化水幕的设置以及掌握投产后水幕的运行情况。

1. 水幕系统有效性试验准备工作

（1）技术准备。

① 组织学习国家及行业的有关标准，规定和技术规范。

② 仔细阅读和核查有关技术文件和施工图纸，按程序进行图纸会审，发现问题及时沟通和处理。

③ 组织技术骨干和生产管理人员学习施工图纸，领会设计意图，研究施工技术要求高的难点工程，编制切实可行的施工方案和技术交底，并按规定程序审批。

④ 组织施工人员进行技术交底学习，并进行安全、质量培训。

⑤ 根据场区内的有关坐标控制点及水准点进行现场施工测量复核等工作。

（2）设计工程量。全面水力试验需在水幕系统的水幕巷道内设置两个密封塞，密封塞为钢筋混凝土实体，厚度 2.5m，迎水侧厚度 1m，背水侧厚度 1.5m，混凝土强度等级 C35，抗渗等级 P12，钢筋保护层厚度 70mm，保护层

内设 ϕ8@150×150 钢筋网（在键槽面不设置网片），钢筋网保护层 25mm。钢筋除 ϕ8@150×150 钢筋网采用 HPB300 级钢筋外，其余均为 HRB400 级钢筋，具体工程量见表 4-1。

表 4-1　水幕巷道密封塞材料计划表

序号	材料	用量，t	备注
1	ϕ8 钢筋	0.5	HRB300
2	ϕ16 钢筋	0.6	HRB400
3	ϕ20 钢筋	1.4	HRB400
4	ϕ25 钢筋	6	HRB400
5	水泥	41.8	
6	粉煤灰	24.9	
7	矿粉	24.9	
8	膨胀剂	8.0	
9	砂	199.7	
10	碎石	273.6	
11	减水剂	1.1	

（3）水幕巷道清理及设备安装。在水幕巷道全面水力试验进行前，对水幕巷道底板淤泥及浮渣进行清理，对局部进行补喷浆处理，安装渗压计、地下压力计及微震传感器等永久监测设备。

（4）水幕孔注水设备和临时施工设施的拆除等。

（5）水幕巷道临时密封塞的浇筑。

2. 水幕系统全面水利试验

储油洞室施工已完成，为评价整个水幕系统（水幕孔和水幕巷道）的整体水力效率。根据设计建议和项目要求（见上文），进行全面水力试验。

为确保全面水力试验的进行，需要在水幕巷道内充水，并使水压不低于 0.4MPa，一般在水幕系统的水幕巷道内设置两个密封塞，根据围岩 Q 值及现场情况确定密封塞里程为：STA 2+89.5～STA 2+92 和 STA 3+68.5～STA 3+71 里程段，密封塞厚度 2.5m，键槽深度 1m，密封塞采用钢筋混凝土实体浇筑，预留直径为 1.3m 的人孔，方便人员进入及后期水力连通。

1）密封塞键槽开挖和岩体加固

水幕巷道密封塞开挖完成后，首先对密封塞区域岩体进行系统后注浆加固处理，加强岩体的密实度，增加岩体抗渗漏性能。在键槽段的锚杆支护为 ϕ25@1m×1m，孔径长度 $L=4$m；键槽内底板设置锚杆，键槽两侧加固区底板不设锚杆。注浆孔孔径 50mm，$L=4$m，注浆孔水平间距 1.5m，环向间距 1m，梅花形布置。

键槽附近区域的巷道开挖采用振动小的爆破方案，以减少对原有围岩的扰动，并保证键槽尺寸控制，键槽开挖完成后，进行键槽断面检查，对欠挖部位进行处理。密封塞键槽开挖方案如下：

（1）为避免欠挖，键槽爆破深度在设计 1m 深度基础上放大 20cm，炮孔设置为 1 排。为保证爆破成型效果，采用间隔装药结构，炮眼环向间距 50cm。

（2）由于键槽开挖角度不宜控制，开挖前根据爆破交底，使用钢筋加工开挖角度模型，钻设炮孔时现场技术员对每个炮孔进行角度测定，控制炮孔角度及间距。

2）密封塞钢筋施工

水幕巷道的密封塞厚度为 2.5m。密封塞均设置直径 1.3m 的人孔，为施工期间的人员、物资通道。密封塞实现密封性能，除了保证密封塞区域岩体的封闭能力外，重点保证密封塞混凝土本身的密实性以及密封塞与岩体接触的密封性，混凝土强度等级为 C35，抗渗等级为 P12。

在密封塞段后注浆完成后，进行密封塞的钢筋绑扎，密封塞钢筋采用 HRB400 级钢筋，钢筋保护层厚度 70mm，保护层内设 ϕ8@150mm×150mm 钢筋网片（键槽面不设网片），钢筋网保护层厚度 25mm。首先对键槽内浮石及虚渣进行清理，并根据实际键槽断面检查情况，进行钢筋放样，适当调整钢筋长度和位置，但不减小钢筋数量和直径。键槽钢筋在密封塞处现场进行加工，以便于各类组件在钢筋安装中进行调整。

3）密封塞注浆管等安装

在水幕巷道密封塞浇筑混凝土初凝前及时对最上层空间（无法振捣浇注的区域）采用免振捣的混凝土进行填充注浆，在拱顶设置 5 个填充注浆管，直径为 100mm；填充注浆的同时需在拱顶部位设置 6 个排气管，排气管的直径为 75mm。除填充注浆管、排气管外，沿密封塞周边按间距 50cm 设置接触注浆管，直径为 50mm，密封塞周边的接触注浆需在混凝土养护 21 天以后实施。

接触注浆对填充注浆管、排气管、接触注浆管进行司钻，注浆前确保上述注浆管深入围岩15cm（穿过密封塞混凝土/围岩接触面，进入围岩15cm）。

为了及时掌握混凝土内部温升动态，相应采取降温措施，在密封塞内部设置了3层温度传感器，共计15个测点，用以监控密封塞混凝土各部位的温度变化。

为有效带走水泥水化产生的热量，冷却水循环管路设置了3层，层间距2m，采用高压水进行冷却，施工过程中随混凝土浇筑高度升高，进行相应高度的冷却水循环，达到迅速带走水化热的目的。冷却水循环管路安装中，弯头处使用防水胶带密封。安装完成后，应在浇筑混凝土前对冷却水管路进行带压通水，防止混凝土浇筑中冷却水泄漏。

4）密封塞混凝土浇筑

密封塞采用无收缩混凝土，混凝土强度等级为C35，抗渗等级为P12，钢筋保护层厚度70mm，保护层内设ϕ8@150mm×150mm钢筋网片（在键槽面不设网片），钢筋网片保护层厚度25mm。钢筋除ϕ8@150mm×150mm钢筋网片采用HPB300级钢筋外，其余均为HRB400级钢筋。

密封塞混凝土用水泥采用42.5级普通硅酸盐水泥；在配合比试验中可掺入粉煤灰、矿渣等减小水化热，为满足施工需求，根据不同部位混凝土的性能要求掺入膨胀剂、减水剂、引气剂、缓凝剂等外加剂。

注浆采用水泥浆液注浆，水泥的强度等级不低于42.5。但当岩层裂隙宽度小于0.2mm时，为达到规定的防水要求，采用不低于42.5的超细水泥浆液。注浆材料应妥善保存，防止材料水化，损失原有的材料属性。尤其水泥严格防潮并缩短存放时间，不使用受潮结块的水泥。注浆浆液中加入掺合料和外加剂的种类及数量，通过室内浆材试验和现场注浆试验确定。

接触注浆浆液采用无收缩水泥浆液，水灰比宜为0.8~1.0。5cm×5cm×5cm立方体试件28天抗压强度不低于12MPa。

施工用混凝土由拌和站集中统一生产。罐车运送至水幕巷道，泵送入模。为避免模板侧压力过大引起模板跑模，要严格控制浇筑速度。混凝土初凝时间大致在8h，根据密封塞断面计算，每小时混凝土入仓数量控制在15~20m^3左右，顶部键槽部分浇筑时，把输送泵末端深入仓内最高点，若混凝土灌满模板，浆液将从顶部排气孔流出，则结束浇筑。水幕巷道每个密封塞混凝土量为134m^3，整个浇筑过程大概需要13~15h。因浇筑时间较长，开盘前应检查拌和站设备运行情况，以确保浇筑的连续稳定。

当混凝土浇筑至外模板最高点时，对键槽上部进行混凝土浇筑，以保证密封塞键槽的浇筑。

5）混凝土拆模、养护

混凝土灌筑后根据现场情况在12h内采取合理的措施来保证养护温度和湿度，根据实验室实验结果，动态确定拆模时间，拆模要经实验人员同意，禁止提前拆模。

由于密封塞体积较大，易发生水化热升温现象，混凝土浇筑完成后必须加强养护和温度检测，保证养护过程中混凝土的内部温度不超过60℃，混凝土入模温度基础上的温升值不超过50℃，混凝土的内外温差不超过25℃，密封塞混凝土的降温速率不超过2.0℃/d。施工中使用冷却水循环系统进行降温处理，冷却水管采用钢管，混凝土养护完毕，对所有冷却水管进行填充注浆密实。

6）密封塞注浆

（1）填充注浆。巷道密封塞的填充注浆是用来对密封塞施工过程中上部的空腔进行填充的，应在浇筑完成后、上部混凝土初凝前施工。采用M20水泥砂浆进行注浆回填。注浆顺序从低孔到高孔，当从低孔注浆后高孔漏浆时，可关闭底处孔的阀门，换到高处孔注浆，直到所有孔均完成注浆。终孔注浆压力以0.5MPa控制即可。接触注浆管管径为100mm，排气管管径为75mm，排气管端头无须封堵，回填管端头需进行包裹，以防回填注浆前管路堵塞。

（2）接触注浆。接触注浆应填满岩石与混凝土之间的所有缝隙，并确保混凝土凝固收缩后和岩石之间良好接触。混凝土密封塞的接触注浆必须在混凝土养护21天以后进行。人工钻穿注浆管，遇到岩石后停止。采用注浆机注入泥浆，浆液水灰比为1∶0.8至1∶1的水泥活超细水泥。注浆终孔压力为1.5MPa。接触注浆管管径为50mm，注浆完成后需对所有注浆管进行注浆封堵。

（3）封孔注浆。密封塞在养护完成后应对冷却管道和人孔进行填充注浆封堵，即养护2周后进行。冷却管道注浆采用无收缩的水泥浆和水泥砂浆；人孔注浆采用无收缩的（免振捣）细石混凝土，人孔封孔前应将木模与内衬工钢拆除。

3. 全面水力试验实施阶段

1）注水阶段

水幕巷道密封塞施工完成后，向试验区域的水幕巷道内注水。当水幕巷道内静水压力不低于 0.4MPa 且监测井内地下水位不低于+10m 时，停止注水。在此阶段记录数据主要包括：

（1）自注水前一周开始，排查并记录储油段所有渗水点的准确位置及流量。

（2）地表水位监测孔的水位监测数据。

（3）试验区储油段的涌水量和渗水量数据。

（4）试验区域注水管线的流量和压力数据。

（5）地下压力计孔中渗压计数据。

（6）非试验区水幕系统供水管线的流量和压力数据，以及主洞室内的涌水量和渗水量数据。

（7）注水管线的流量和压力数据。

2）观测阶段

维持水幕巷道内静水压力大于 0.4MPa，监测井内地下水位不低于+10m，周期初定为 1 个月，在此阶段记录数据主要包括：

（1）地表水位孔的水位监测数据。

（2）水幕巷道内的静水压力数据。

（3）试验区储油段的涌水量和渗水量数据。

（4）地下压力计孔中渗压计数据。

（5）非试验区水幕系统供水管线的流量和压力数据，以及主洞室内的涌水量和渗水量数据。

（6）此阶段期间进行的注浆工作的相关信息。

当水幕巷道内的静水压力和地下水位降低至要求值以下，应再次注水以维持水幕巷道内的静水压力和地下水位，记录供水流量数据；若通过监测数据显示水幕系统与主洞室之间存在明显的水力联系通道，应从主洞室内对大的渗水点进行注浆堵水。

4. 数据监测与频率

各阶段的全面水力数据检测内容与检测频率见表 4-2。

5. 试验结束条件

根据观测阶段主洞室渗水点渗水量情况进行判断，对比试验前和设计渗水量要求，对水量超标渗水点进行注浆止水，直至达到设计渗水量要求。测试全面水力试验结束标准为主洞室渗水量符合设计要求为止。

表 4-2 全面水力数据监测内容与检测频率表

序号	注水过程	测试内容	测试频率次/d	备注
1	注水前的一周	地表水位孔	2	测试时间固定
2		试验区对应的主洞室涌水量	2	测试时间固定
3		试验区对应的主洞室渗水量	2	测试时间固定
4		地下压力计孔中的渗压计数据	2	测试时间固定
5		非试验区单条水幕巷道供水管线流量数据	1	
6		非试验区单条水幕巷道供水管线压力数据	1	
7		非试验区的主洞室的涌水量和渗水量	1	
8	注水阶段	地表水位孔	2	
9		试验区注水管线的流量和压力	4	记录最终供水流量
10		试验区对应的主洞室的涌水量	2	测试时间固定
11		试验区对应的主洞室的渗水量	2	测试时间固定
12		试验区对应主洞室新增渗水点	2	测试时间固定
13		地下压力计孔中的渗压计数据	2	测试时间固定
14		非试验区单条水幕巷道供水管线流量数据	1	
15		非试验区单条水幕巷道供水管线压力数据	1	
16		非试验区的主洞室的涌水量和渗水量	1	
17	观测阶段	地表水位孔	2	测试时间固定
18		试验区注水管线的流量和压力	2	测试时间固定
19		试验区对应的主洞室的涌水量	2	测试时间固定
20		试验区对应的主洞室的渗水量	2	测试时间固定
21		试验区对应主洞室新增渗水点	2	测试时间固定
22		试验区对应主洞室渗水点的注浆信息，注浆前后渗水量数据	2	测试时间固定
23		地下压力计孔中的渗压计数据	2	测试时间固定
24		非试验区单条水幕巷道供水管线流量数据	1	
25		非试验区单条水幕巷道供水管线压力数据	1	
26		非试验区的主洞室的涌水量和渗水量	1	

三、洞库气密试验验收

气密性试验前必须保证地下工程全部完工，且验收合格；洞罐安装工程(管道、设备、仪表）全部完成，并验收合格；洞罐罐容完成测量及标定；试验用的测量和监测仪表、仪器和设备安装完毕，且符合有关要求；地面水位监测装置安装完毕、投入正常监测，水幕系统监测装置安装完毕、投入正常监测；水幕巷道保证供水正常，将洞罐密封塞进行封堵后即可开始气密性试验。

1. 气密验收试验的目的及意义

地下水封库的设计为常温压力洞库，因此在分项分部工程质量验收合格后、投入使用前，应根据相关程序，使用压缩空气进行洞库的气密性试验。

通过往洞室注入压缩空气，待洞室内压缩空气的温度稳定后，观察记录一定时间内的压力变化。只要压力的变化符合无泄漏洞室的计算压力（压力变化范围必须在实践经验允许的误差范围以内，也就是压力随时间的变化只能是由洞库中空气温度变化、溶于裂隙水的空气损失量及集水坑水位的变化引起的)，则可认为洞室是气密的。

气密试验不仅能检验洞库的气密性，同时通过用压缩空气对洞室打压，并在之后的各种置换过程进行保压，能保证洞库生产前压力的稳定过渡。总之，洞库的气密性试验不仅能成为洞库安全生产的有力依据，也是洞库从施工到运行的必要过渡。

2. 气密性试验的整体描述

洞库气密性试验的主要步骤是通过压缩机注入压缩空气（如果是两个洞库的情况下，第二个洞库的气密性试验所用的压缩空气可以部分或全部使用第一个洞库试验后的压缩空气)。当洞库内压力达到洞库试验压力时，应保证洞库温度的稳定性。为了尽快使温度达到稳定的状态，可以采用水冷器对注入的空气进行换热处理，将注入空气的温度尽可能地降低到洞库初始温度。待稳定一段时间后，才可以开始进行气密性试验，当洞库内任一温度传感器记录的温度变化值小于 0. 1℃/d 时，说明洞库是稳定的。该温度稳定期一般需要 4d 或 4d 以上。

3. 试验条件及试验前的准备

1）试验条件

试验条件是：试验范围内的所有安装项目，包括现场管线、设备、仪表安装完成，现场所用管线完成气密、打压试验，现场设备、仪表及自控系统调试完成，且能正常使用，并符合规范要求，检查合格；试验现场各种施工剩余材料和杂物清理干净，上下通道通畅；现场应搭建临时办公、生活场所、试验操作防雨棚、施工现场临时照明用电；试验场地面积满足要求，地面需要进行硬化、平整，雨天有排水措施，场地不能有积水，且能满足气密性试验设备的承载力 8t 的要求；现场应设宽度为 10m 的临时消防通道。

2）试验前的准备

（1）施工资料准备。

施工资料包含施工的过程资料，不同测量范围的压力表、温度计、流量计、液位计的调校报告，以及各种合格报告：

① 施工图纸、资料类。流程图、气密性试验报告；各类泵的试验报告。

② 检测报告类。压力传感器检定报告（测洞库压力）；温度传感器校准报告（测洞库压力），包括温度传感器线上温度变送器（RTD）、液位报警及开关套管上的温度测量仪表；压力计校准报告；液位计校准报告。

（2）试验介质准备。

① 试验用水源：从厂内提供淡水（供应量）。

② 试验用气源：厂区内环境空气。

（3）人员、设备准备。

项目经理部对具体工作进行计划、协调、统一安排。下面以某水封洞库为例，其预备投入的人员详见表 4-3。

表 4-3 主要人员配备

序号	工种	数量	序号	工种	数量
1	领工员	2	5	管道工	4
2	技术员	2	6	空压机操作人员	4
3	安全员	2	7	其他人员	6
4	电工	2			
合计		22			

根据洞罐容积、环境温度、试验温度、试验压力等参数计算，进行单洞罐气密性试验需要约 $160\times10^4 m^3$ 压缩空气。结合工期要求及现场用电配置等情况配置空气压缩机（以下称空压机），为防止试验过程中停电，配备柴油发电机，根据实际情况配备管道及配套设施。主要机械设备见表 4-4，主要试验测量仪器见表 4-5。

表 4-4　主要机械设备配置表

序号	设备名称	型号规格	单位	排气量	数量	备注
1	电移动空压机	寿力 900h	台	$27m^3/min$	10	
2	降温器		台		1	
3	柴油发电机	300kW	台		2	
4	电力变压器	S13-M-1600/10	台		1	

表 4-5　主要试验测量仪器

序号	仪器仪表名称	技术要求	备注
1	标准压力计	带有标定证书和数字显示功能，具有在试验压力下重复 50Pa 的性能；测量范围 0～300kPa，精度 0.02%	测量洞罐内气体压力
2	洞罐多点温度计	测量范围 0～80℃ 精度<±0.1℃	待测液位计上读取
3	洞罐液位计	测量范围 0～36m 精度<±2mm	待测液位计上读取
4	数字气压计	精度≤20Pa	测量竖井场地间及井口大气压
5	双金属温度计	测量范围 0～100℃ 精度 1.5%	进洞前管线上安装
6	液位计	测量范围 0～100m 精度±0.1%	测量工艺竖井密封塞上水液位和水幕巷道内水液位

（4）现场准备。

① 保证水幕孔及竖井内水压满足设计要求。

② 检查储油洞罐中设备、仪表的完好性。

③ 确定进行试验前需要测量的参数，包括洞罐初始温度、大气压下的裂隙水流速，洞罐液位。

（5）场地布置及设备连接。

以国内某地下水封洞库为例，试验中使用的空压机在现场统一布置，根据现场勘查及考虑到用电需要，空压机场地布置在加工厂区域，接电完毕并调试合格后，完成空压机与汇气管的连接。空压机与汇气管的连接采用 DN50 的高压橡胶钢丝管与 DN200 汇气管连接，每台空压机在高压橡胶钢丝管上设 1 个 DN50 的阀门；汇气管采用法兰连接，降温器与汇气管的连接采用 DN200×DN100×DN100 的三通；在降温器后设 1 个 DN200 的阀门，洞罐 3 与洞罐 4 采用一根汇气管，安装一个三通及 2 个阀门，分别与洞罐 3 和洞罐 4 的放空管连接，接入位置设置在放空管外接注氮盲板上（需更换连接盲板），试验气体从出油竖井上的放空管注入。因竖井管道上安装有测量仪器、阀门及盲板等，其专业性较强，需请业主和管理协调进行试验前后的安拆工作。

(6) 仪表安装。

在出油竖井放空管上安装精度为 0.02%的标准压力计作为主测仪表，回油管道上压力变送器及压力计作为参考用仪表。因竖井管道上安装有测量仪器、阀门及盲板等，其专业性较强，需请业主和管理协调进行试验前后的安拆工作。

4. 气密验收试验

1）洞库运营设备调试

洞库所有施工包括最后的交通巷道封塞工作完成后，交通巷道、水幕巷道回填灌水之前，应检查准确的裂隙水流量值、水位测量设备的工作情况以及裂隙水泵和产品泵的工作是否正确。

2）交通巷道/竖井注水工作

在洞库打压之前，所有连接巷道（操作竖井、交通竖井及交通巷道）开始注入无菌淡水。注水的速度应满足巷道内每天的水位上升值不低于 10m。当水位达到洞库顶部 25m 时，如果水文地质参数没有问题，即可以向洞库内注入压缩空气。

3）洞库打压阶段

洞库气密性试验在现场指挥的协调下，接到打压注气指令后，才能进行打压。打压前需认真确认管线连接正常、仪器正常工作，然后关闭出油竖井管道上的电动阀（XV08311、XV08411）及手动阀（08311、08411）、限位截断阀（01217）及出油竖井管道上与进油竖井回油管道的电动阀（XV08312、XV08412）、放空管上的电动阀（XV08351、XV08451），关闭出油管道、水泵管道的所有阀门，开启放空管上的手动阀（08351、08451），检查确认无误后再开启空压机组至洞库放空管线上的所有阀门。然后开启动空气压缩机机组，开始向洞库注入压缩空气。打压过程中，空气通过压缩机组并入汇管后进入降温排污设备，降温排污设备将压缩空气温度调节至和洞库原始温差不超过 2℃（即 12～14℃）。该温度主要通过在降温排污设备之后管道上放置的温度计和压力表进行监

测。对于打压前竖井的阀门开启或关闭工作，业主和管理人员应协调施工单位进行操作。

洞库打压所用空气来自空压机组，其中空压机需要24h连续工作至洞库压力试验开始。空压机组的数量应根据实际需求量确定，按每天100kPa计算，一般要求空压机组每天生产的总的空气标方量为试验洞库的容量。但是必须准备一台备用压缩机。

初始打压开始1h内，检查压力表示值的变化范围，当压力变化增加速度超过5kPa/h时应减少供气量，当压力变化增加速度小于5kPa/h时应增大供气量。

打压注气阶段，每小时必须派专人用发泡剂对管道焊口，阀门、法兰、设备的连接处，仪表连接处，进行刷漏检查是否有漏气。若无漏气，就继续打压注气；若发现有漏气，则需要停止打压注气，关闭区间阀门，并全部泄除区间的气压后，再进行检修，检修合格后再重新打压注气并刷漏，直至打压注气合格为止。在此阶段，必须统一组织、指挥和协调，派专人每小时读取并仔细记录以下仪表数据，以确保打压注气与洞库相关调试工作的有序进行：

（1）洞罐内气体的压力，每小时记录一次。

（2）大气压力，每小时记录一次。

（3）压缩空气冷却后温度，每天记录四次。

（4）竖井密封塞上水位，每天记录两次。

（5）洞罐内液位计读数，每小时记录一次。

（6）洞罐内温度计指示温度，每小时记录一次。

（7）地表水文观测孔水位，每天记录两次。

（8）水幕巷道渗压计数据，每天记录四次。

控制每天压力不超过100kPa，一天之内打压20h，稳压4h后，测定裂隙水流量，修正后的压力值（考虑温度影响和裂隙水排出的损失）应满足每天的升压要求，注入的空气量与洞库升压值差别较大时，应检查洞库是否有泄漏，直至气压达到要求的试验压力。

4）洞库稳压阶段

当每组洞罐内气体压力达到试验压力0.19MPa（G）时，停止打压，监测各温度传感器，记录洞库内的温度。当每个温度变化值不超过±0.1℃/d时，即认为洞库温度已经稳定。如因温度降低而使洞库顶部的洞库压力低于试验压力，则需重新加压并重复稳定阶段。如果一直无法达到实验压力，检查是否泄漏。

确定洞库温度稳定后，即可进行洞库气密性试验。正常情况下，气密性试验的稳压时间在4d左右，根据注气阶段洞罐内的温度电话梯度，如果最终洞罐内的温度内初始温度非常接近，可以将稳压时间缩短至2~3d。相反，注气阶段洞罐内温度梯度变化较大，最终洞罐内的温度与洞罐初始温度变化较大，可以将稳压时间增加1~2d。期间每小时测量并记录洞库内一系列的压力、温度值，数据应及时提交，并计算确认洞库是否已符合气密性条件。确认洞库气密性过程中，应对由于排出裂隙水的体积及排出裂隙水中溶解的空气造成的压力损失进行修正。

同样，在试验阶段，必须统一指挥协调，派专人每小时读取并仔细记录以下仪表的数据，以确保保压阶段洞库相关调试工作的有序进行：

（1）洞罐内气体的压力，每小时记录一次。

（2）大气压力，每小时记录一次。

（3）洞罐内温度计指示温度，每小时记录一次。

（4）洞罐内液位计读数，每小时记录一次。

（5）洞罐排出的裂隙水的体积，每天记录两次。

（6）竖井密封塞上水位，每天记录两次。

（7）地表水文观测孔水位，每天记录两次。

（8）水幕巷道渗压计数据，每天记录四次。

5）储油洞罐气密性试验监测判定阶段

储油洞罐气密性检测阶段是在稳压阶段完成后，通过对压力值初始值的变化值Δp的大小，判定储油洞罐气密试验是否合格，判定阶段时间至少持续100小时。需要记录的数据如下：

（1）洞罐内气体的压力，每小时记录一次。

（2）大气压力，每小时记录一次。

（3）洞罐内温度计指示温度，每小时记录一次。

（4）洞罐内液位计读数，每小时记录一次。

（5）洞罐排出的裂隙水的体积，每天记录两次。

（6）竖井密封塞上水位，每天记录两次。

（7）地表水文观测孔水位，每天记录两次。

（8）水幕巷道渗压计数据，每天记录四次。

5. 气密性试验判定标准

储油洞罐气密性检测阶段是在稳压阶段完成后，通过对压力值较初始值的变化值的大小，判定储油洞罐气密试验是否合格。如果经过计算可证实压力变化仅是由于温度变化、气体容积变化（由泵坑内液位变化引起）、溶入裂隙水中的空气量（其中包括判定阶段抽出裂隙水中的含气量）引起，除上述因素引起的压力变化外，不存在其他原因引起的压力变化，则可判定洞罐无泄漏，气密性合格。

气密性的判定，需根据试验实测数据，按上述判定标准通过计算分析确定。参照国外工程经验，考虑温度变化、气体容积变化、溶入裂隙水中的空气量影响，如果通过计算，压力变化差值不大于实验本身对压力影响的误差范围，可判定洞库气密性试验合格。其中，试压过程中温度、液位有变化，可采用温度、体积折算的办法来修正压力变化；试验过程中，考虑融入裂隙水中的空气量，可采用融入裂隙水中的空气量折算的办法来修正压力变化。

6. 数据记录

1）注气阶段

注气阶段需要记录以下数据：

（1）洞罐内气体的压力，每小时记录一次。

（2）大气压力，每小时记录一次。

（3）压缩空气冷却后温度，每天记录四次。

（4）竖井密封塞上水位，每天记录两次。

（5）洞罐内液位计读数，每小时记录一次。

（6）洞罐内温度计指示温度，每小时记录一次。

（7）地表水文观测孔水位，每天记录两次。

（8）水幕巷道渗压计数据，每天记录四次。

2）稳压阶段

稳压阶段需要记录以下数据：

（1）洞罐内气体的压力，每小时记录一次。

（2）大气压力，每小时记录一次。

（3）洞罐内温度计指示温度，每小时记录一次。

（4）洞罐内液位计读数，每小时记录一次。

（5）洞罐排出的裂隙水的体积，每天记录两次。

（6）竖井密封塞上水位，每天记录两次。

（7）地表水文观测孔水位，每天记录两次。

（8）水幕巷道渗压计数据，每天记录四次。

3）检测阶段

检测阶段需要记录以下数据：

(1) 储油洞罐内气体的压力，每小时记录一次。

(2) 大气压力，每小时记录一次。

(3) 储油洞罐内温度传感器温度，每小时记录一次。

(4) 储油洞罐内液位计读数，每小记录一次。

(5) 储油洞罐排出裂隙水的体积，每小时记录一次。

表 4-6 为气密性试验记录表。

表 4-6　气密性试验记录表

试验单位：			×××项目					
监测项目		单位	日期	时间				
一、	注气阶段							
	洞罐气压	MPa						
	大气压力	MPa						
	洞罐温度	℃						
	洞罐液位	m						
二、	稳压阶段							
	洞罐气压	MPa						
	大气压力	MPa						
	洞罐温度	℃						
	洞罐液位	m						
	洞罐裂隙水体积	m^3						
三、	检测阶段							
	洞罐气压	MPa						
	大气压力	MPa						
	洞罐温度	℃						
	洞罐液位	m						
	洞罐裂隙水体积	m^3						

7. 试验结果解释

通过超过 100h 以上的观测可以测出一系列的压力、温度等。根据统计原理，从中选出 35 组数据计算出它们的压力变化值。由于试验过程中的抽水，溶于水中的空气将随之流失，引起洞库压力损失，而且试验压力为井口表压，洞库的绝对压力应为井口表压、竖井气柱压力及井口大气压之和（洞库洞顶绝对压力=井口表压+竖井气柱压力+井口大气压）。而试验过程也存在着井口大气压的变化，还有微小的温度变化，测量期间洞库气体容积的变化等因素，计算出的压力变化值在剔除这些变化值后计算出平均的压力变化值。假如其变化值在可能的经验误差 0.05kPa 范围内，则可确认该洞库符合气密条件。气密性试验流程如图 4-3 所示。

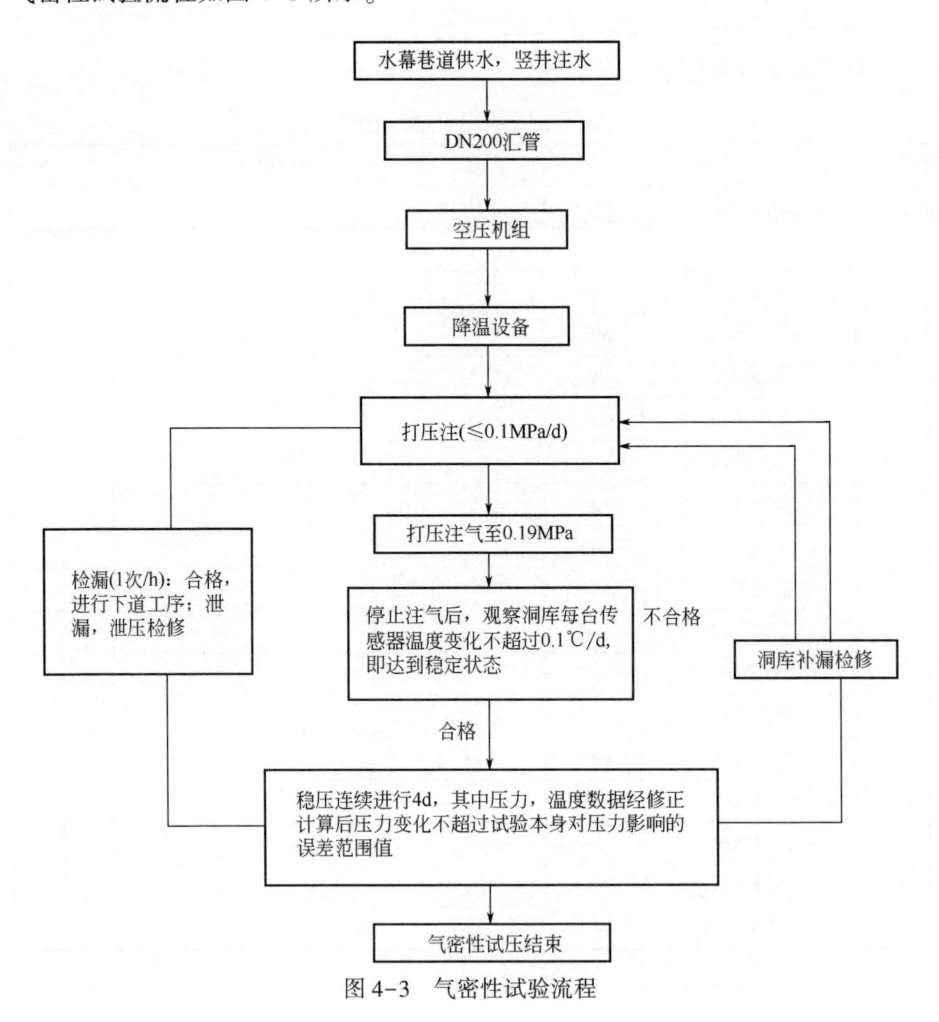

图 4-3　气密性试验流程

四、体积标定试验

体积标定试验所需的主要仪器设备为水泵、流量计、压力计、温度计。

体积标定注水操作中，既可以向洞库注入自然环境（江河湖海）中的水，也可以注入来自特殊管网（如市政供水、消防用水）的淡水。另外海水和淡水的混合物也可以。

具体操作流程如下：

（1）洞库泄压。气密性试验完成后，洞库内压力为气密性试验要求压力。为了便于海水注入，注水前期需要对洞库进行泄压。

（2）洞库注水及体积标定。打开产品管道、入库竖井内部管道阀门及水泵，由产品入库管道进行注水，注水速度一般控制在 $1000m^3/h$（流速约为 2m/s）。同时，打开放空管进行放气。控制放空管道上阀门开度，协调库内操作压力保持在最低操作压力以上。裂隙水泵处于关闭状态。

第三节　地面工程交工验收

一、线路焊接检验与验收

焊缝应先进行外观检查，外观检查合格后方可进行无损检测。焊缝外观检查应符合下列规定：

（1）焊缝外观成型均匀一致，焊缝及其热影响区表面上不得有裂纹、未熔合、气孔、夹渣、飞溅、夹具焊点等缺陷。

（2）焊缝表面不应低于母材表面，焊缝余高一般不应超过 2mm，局部不得超过 3mm，余高超过 3mm 时，应进行打磨，打磨后应与母材圆滑过渡，但不得伤及母材。

（3）焊缝表面宽度每侧应比坡口表面宽 0.5~2mm。

（4）咬边的最大尺寸应符合表 4-7 中的规定。

表 4-7　咬边的最大尺寸

深度	长度
>0.8mm 或>12.5%管壁厚，取两者中的较小值	任何长度均不合格
>6%~12.5%的管壁厚或>0.4mm，取两者中的较小值	在焊缝任何 300mm 连续长度上不超过 50mm 或焊缝长度的 1/6，取两者中的较小值
≤0.4mm 或≤6%的管壁厚，取两者中的较小值	任何长度均为合格

（5）电弧烧痕应打磨掉，打磨后应不使剩下的管壁厚度减小到小于材料标准允许的最小厚度。否则，应将含有电弧烧痕的这部分管子整段切除。

二、无损检测

无损检测应符合现行标准《石油天然气钢质管道无损检测》（SY/T 4109—2013）的规定，射线检测及超声波检测的合格等级应符合下列规定：

（1）输油管道设计压力不大于 6.4MPa 时合格级别为Ⅲ级；设计压力大于 6.4MPa 时合格级别为Ⅰ级。

（2）输气管道设计压力不大于 4MPa 时，一、二级地区管道合格级别为Ⅲ级；三、四级地区管道合格级别为Ⅱ级；设计压力大于 4MPa 时合格级别为Ⅰ级。

输油管道的检测比例应符合下列规定：

（1）无损检测首选射线检测和超声波检测。

（2）采用射线检测检验时，应对焊工当天所焊不少于 15%的焊缝全周长进行射线检测。

（3）采用超声波检测时，应对焊工当天所焊焊缝的全部进行检查，并对其中 5%环焊缝的全周长用射线检测复查。

（4）对通过居民区、工矿企业和穿（跨）越大中型水域、一二级公路、铁路、隧道的管道环焊缝，以及所有碰死口焊缝，应进行 100%超声波检测和射线检测。

输气管道的检测比例应符合下列规定：

（1）所有焊接接头应进行全周长 100%无损检测。射线检测和超声波检测是首选无损检测方法。焊缝表面缺陷可进行磁粉或液体渗透检测。

（2）当采用超声波对焊缝进行无损检测时，应采用射线检测对所选取的焊缝全周长进行复验，其复验数量为每个焊工或流水作业焊工组当天完成的全部焊缝中任意选取不小于下列数目的焊缝进行：

① 一级地区中焊缝的5%。

② 二级地区中焊缝的10%。

③ 三级地区中焊缝的15%。

④ 四级地区中焊缝的20%。

（3）穿（跨）越水域、公路、铁路的管道焊缝，弯头与直管段焊缝以及未经试压的管道碰死口焊缝，均应进行100%超声波检测和射线检测。

射线检测复验、抽查中，有一个焊口不合格，应对该焊工或流水作业焊工组在该日或该检查段中焊接的焊口加倍检查，如再有不合格的焊口，则对其余的焊口逐个进行射线检测。

管道采用全自动焊时，应采用全自动超声波检测，检测比例应为100%，可不进行射线探伤复查。

三、水压试验

水压试验应符合现行国家标准《输送石油天然气及高挥发性液体钢质管道压力试验》（GB/T 16805—2017）的有关规定。

（1）分段水压试验的管段长度不宜超过35km，试压管段的高差不宜超过30m；当管段高差超过30m时，应根据该段的纵断面图，计算管道低点的静水压力，核算管道低点试压时所承受的环向应力。其值一般不应大于管材最低屈服强度的0.9倍，对特殊地段经设计允许，其值最大不得大于0.95倍。试验压力值的测量应以管道最高点测出的压力值为准，管道最低点的压力值应为试验压力与管道液位高差静压之和。

（2）试压充水应加入隔离球，以防止空气存于管内，隔离球可在试压后取出。应避免在管线高点开孔排气。

（3）输油管道和输气管道分段水压试验时的压力值、稳压时间及合格标准应符合表4-8、表4-9的规定。

（4）架空输气管道采用水压试验前，应核算管道及其支撑结构的强度，必要时应临时加固，防止管道及支撑结构受力变形。

（5）试压宜在环境温度5℃以上进行，否则应采取防冻措施。

表 4-8　输油管道水压试验压力值、稳压时间及合格标准

分类		强度试验	严密性试验
输油管道一般地段	压力值，MPa	1.25 倍设计压力	设计压力
	稳压时间，h	4	24
辅油管道大中型穿（跨）越及管道通过人口稠密区	压力值，MPa	1.5 倍设计压力	设计压力
	稳压时间，h	4	24
合格标准		无泄漏	压降不大于 1% 试验压力值，且不大于 0.1MPa

表 4-9　输气管道水压试验压力值、稳压时间及合格标准

分类		强度试验	严密性试验
一级地区输气管道	压力值，MPa	1.1 倍设计压力	设计压力
	稳压时间，h	4	24
二级地区输气管道	压力值，MPa	1.25 倍设计压力	设计压力
	稳压时间，h	4	24
三级地区输气管道	压力值，MPa	1.4 倍设计压力	设计压力
	稳压时间，h	4	24
四级地区输气管道	压力值，MPa	1.5 倍设计压力	设计压力
	稳压时间，h	4	24
合格标准		无泄漏	压降不大于 1% 试验压力值，且不大于 0.1MPa

（6）试压合格后，应将管段内积水清扫于净。清扫出的污物应排放到规定区域，清扫以不再排出游离水为合格。如合同约定输气管道需深度清管，合格标准为连续两个泡沫清管器含水量不大于 1.5DN/1000kg。

四、气压试验

（1）气压分段试压长度不宜超过 18km。

（2）试压用的压力表应经过校验，并应在有效期内。压力表精度应不低于 1.5 级，量程为被测最大压力的 1.5~2 倍，表盘直径不应小于 150mm，最小刻度应能显示 0.05MPa。试压时的压力表应不少于 2 块，分别安装在试压管段的两端。稳压时间应在管段两端压力平衡后开始计算。试压管段的两端应各安装 1 支温度计，且避免阳光直射，温度计的最小刻度应小于或等于 1℃。

（3）试压装置，包括阀门和管道应经过试压检验后方能使用。现场开孔和焊接应符合压力容器制造、安装有关标准的规定。

（4）试压时的升压速度不宜过快，压力应缓慢上升，每小时升压不得超过 1MPa。当压力升至 0.3 倍和 0.6 倍强度试验压力时，应分别停止升压，稳压 30min，并检查系统有无异常情况，如无异常情况，继续升压。

（5）检漏人员在现场查漏时，管道的环向应力不应超过钢材规定的最低屈服强度的 20%；在管道的环向应力首次开始从钢材规定的最低屈服强度的 50%提升到最高试验压力，直到又降至设计压力为止的时间内，试压区域内严禁有非试压人员，试压巡检人员也应与管线保持 6m 以上的距离。距试压设备和试压段管线 50m 以内为试压区域。

（6）油、气管道分段气压试验的压力值、稳压时间及合格标准应符合表 4-10 的规定。

表 4-10　油、气管道分段气压试验压力值、稳压时间及合格标准

分类		强度试验	严密性试验
输油管道	压力值，MPa	1.1 倍设计压力	设计压力
	稳压时间，h	4	24
一级地区输气管道	压力值，MPa	1.1 倍设计压力	设计压力
	稳压时间，h	4	24
二级地区输气管道	压力值，MPa	1.25 倍设计压力	设计压力
	稳压时间，h	4	24
合格标准		不破裂、无泄漏	压降 ≤ 1% 试验压力值，且≤0.1MPa

（7）气体排放口不得设在人口居住稠密区、公共设施集中区。

第五章　投产管理

第一节　试运投产条件

试运投产条件如下：

（1）试运投产项目工程应完工，符合设计文件和有关施工及验收规范的要求，并通过预验收。

（2）试运投产方案应经审核批准。

（3）各项生产管理制度、操作规程、行程报表和安全管理制度应按实际生产情况编制完成。

（4）工艺流程图等主要图纸应绘制完成，主要设备、电气、自控系统、通信、消防报警系统等图纸资料应齐全。

（5）工艺设备、阀门编号应完成，介质流向应标识清楚。

（6）管网与阀门：管网与阀门强度试压、严密性试压应合格；管线与阀门吹扫作业应完成并合格；管网标志桩、测试桩等标识已埋设完毕。

（7）设备经相关单位检定合格，并出具检定合格证书。

（8）电气与防雷防静电接地系统：电气设备和供配电系统应安装完毕，具备使用条件；防雷防静电系统应施工完毕，符合设计及规范要求。

（9）检测报警系统安装完成，并经有资质的单位检定合格。

（10）消防系统经地方主管部门验收合格，并办理相关手续。

（11）仪表、自控系统：仪表、自控系统应安装完毕，主要运行参数应具备检测手段，相关仪表应按照规定检定合格。

（12）通信系统：通信系统应暗转完毕，具备使用条件；应具备临时及应急的通信手段，以确保试运投产期间通信指挥的需要。

（13）按照设计文件配备相关维/检修设备及人员，特殊工种应按照相应规范取得相关证书。

（14）投产试运项目设计的电力供应、通信服务、消防供水等有关供需合同协议应全部签订完成，合同中应落实试运开始前达到电通、水通等的时间要求和使用数量等。

第二节　试运投产准备工作

一、投产组织机构

试运投产前应成立试运投产组织指挥机构，并确定相应职责。组织机构包括：

（1）试运投产领导小组。

（2）试运投产现场指挥组。

（3）试运投产各专业小组：置换操作组、管网巡检组、HSE组、综合保障组、试运投产保运组。

可根据具体情况设立试运投产专家小组。

二、人员准备

（1）按照实际生产和公司有关规定要求，应完成日常操作岗位人员配置及审批工作。

（2）运行管理人员和技术骨干应进场熟悉现场、工艺流程、设备情况。

（3）应建立试运投产组织指挥机构，运行人员应经过培训考核，持证率100%。

（4）试运投产所需各类器械、物资应按定人、定点、定时原则逐项准备齐全到位，并有专人负责检查落实情况。

三、安全准备

1. 准备工作

（1）应组织参加试运投产的有关人员对试运投产方案进行学习，熟悉掌握方案内容并经过预演练。

(2) 试运投产应急预案应制定完成，组织参加试运投产的有关人员学习，掌握抢险应急方法和处理原则，并经过预演练。

(3) 应与当地公安、消防、医疗、急救等部门取得联系，做好投产期间社会治安和安全防范以及险情出现后的紧急疏散、火源控制等措施。保产抢修用的急护车、消防车、抢险车应在指定位置戒备。

(4) 组织施工单位及关键设备供货厂家成立试运投产保运组，及时处理投产过程中出现的突发事件。

2. 安全措施

(1) 所有参加试运投产人员均应服从试运投产领导小组领导，按指令行动，不违章指挥，不违章操作。

(2) 试运投产前应对参加试运投产的人员进行有针对性的安全教育和技术交底。

(3) 试运投产作业现场应保持整洁、整齐，不随意放置与生产无关的物品。

(4) 试运投产期间应根据相关规定划定试运投产警戒区域，设置必要的安全警示标识，严禁无关人员进入警戒区。现场操作人员应按照规定穿防静电工作服并佩戴标志。警戒区内严禁携带火种。

(5) 除工程车外，其余车辆不准进入试运投产警戒区内。工程车辆必须戴防火帽。

(6) 各种开关、控制器、仪表信号装置、电气设备、易燃物品要悬挂明显标志，严禁乱摸。凡不属于自己职责或安全设施不齐备的设施，禁止乱动。凡挂有“危险”“禁止动手”“禁止入内”等标志的地方，严禁触动。

(7) 安全设施和消防设施应加以保护，未经许可不得擅自使用和损坏。

(8) 放散点应配置两人以上，并用警示带围出一定的区域，无关人员不得围观。各作业点均应配置对讲机，通信畅通。

(9) 防火防爆区内使用的各种工具，应采用不会发生火星的工具。

(10) 试运投产工作不宜选择在阴天或阴雨天进行。

(11) 试运投产期间，试运投产警戒区内未完工程应停止，在做好安全隔离措施后，所有施工人员应撤离现场，待试运投产完成、生产运行平稳后，按安全生产管理制度要求办理相应手续后，方可继续施工。

第三节　试运投产期间空气置换

一、目的

在洞库气密性试验顺利完成后，洞库中含有大量的压缩空气。因此，在第一次产品入库前必须进行空气置换并注入惰性气体使洞库惰性化，以避免产生爆炸性混合物。通过对试验结果进行计算，如果证明洞库气密性良好，并且待所有仪器测试校准稳定后，可以开始投产前的初次作业。

二、工作范围

在洞库打压并确定气密性良好后，通过进库管道向洞库内注水，使空气通过放空管排出，其中注水水位是根据轮廓扫描结果确定的洞库容积而定。由于洞库开挖的不规则性，注水停止后在洞库顶部仍有留存的空气，需要向洞库内的剩余空间注入氮气，使洞库惰性化以避免形成爆炸性混合物，注入氮气的过程中应同时排水；当洞库中的空气氧含量低于8%后，氮气注入完成。为了降低洞库空气/氮气混合物含量，需要通过再次注水挤出洞库空气/氮气混合物直到洞库水位恢复到原始注水。当上述各项指标满足要求后，洞库就可以边抽水边接收产品了。

第四节　试运投产管理工作

一、试运投产应急管理

（1）试运投产前，应制定针对不同突发事件的试运投产应急预案，应急预案中应写明外部应急救援机构及通信联络方式。组织参加试运投产的有关

人员学习应急预案，掌握抢险应急方法和处理程序，并经过预演练。

（2）试运投产过程中发生事故后应立即启动相应应急预案，组织抢救，防止事故扩大，减少人员伤亡和财产损失。

（3）发生事故后，应按照相关规定立即上报相关部门，并做后续处理。

二、试运投产有关数据资料管理

（1）试运投产过程中应按时测取并记录流量、压力、温度等运行参数。

（2）应记录整个投产过程中的重要事件。

（3）试运投产结束后应汇总保存的投产资料，包括试运投产方案，试运投产有关数据、资料，试运投产工作总结。

三、试运投产关键点

（1）试运投产难点和关键点。

确保库区水文环境始终处于满足水封条件的稳定状态，实现水封储油的功能。因此，水文观测成为地下水封油库的关键所在。

（2）采取措施分析。

① 通过对施工期水文数据监测，分析推算运行期洞室涌水量等。

② 对地下洞室持续的安全监测，包括：用于监测运行期间洞室稳定性的震动落石监测系统、监测地下水文情况的地表和地下水文监测系统。

③ 除关系储库安全运行的岩体和水文数据外，应关注洞室定期抽出裂隙水水质指标等，为后续优化设备选型提供依据。

第六章　典型地下水封洞库项目管理案例与剖析

本章结合典型案例，对地下水封洞库的项目管理进行剖析。其中，LPG地下水封洞库与地下储油洞库工程在工程施工、项目管理等方面有许多相似之处，而且LPG地下水封洞库在施工方面要求更为严格。因此，本章典型案例剖析同时将某些LPG地下水封洞库工程作为案例进行讲解。

第一节　锦州地下储油洞库工程

一、工程概况

库区内没有发现区域断裂和活动性断层分布，场区地壳稳定，但局部发育有小断层和节理密集带。库区地层主要为天桥单元（K1T）的中粗粒花岗岩。库址岩性较为单一，局部见辉绿岩、细晶岩、角闪闪长玢岩等岩脉。库区岩体按风化程度可分为：全风化、强风化、中风化、微风化、未风化五层。残积土、全风化层最厚处超过35m。

库区断层走向以SN、NE、NW为主，其构造及活动性对地下洞库基本没有影响，从场区的微风化—新鲜岩体条件来看，花岗岩为整体结构，节理主要有三组。

微风化、未风化花岗岩属于坚硬岩，整体块状结构，节理裂隙不发育—较发育，节理一般有1~2组，节理间距一般为大于0.4m，一般为微闭合型。除局部破碎薄层和节理密集带外，岩体质量基本属于1~2类，定性评价区微—未风化中粒花岗岩为基本稳定—稳定。

库区最大和最小水平主应力都远大于对应深度处的垂向应力，该区存在较强烈的水平构造应力作用。实测库区地温范围为11.69~12.51℃。

通过对库区 41 个钻孔 Q 值计算统计，在水幕和储油洞室位置（标高-80~-20m）段岩体 Q 值一般大于 10，岩体质量好—很好，在节理密集带、岩脉发育带及其影响带岩体质量为一般—很差。对标高-80~-20m 段，将 Q 值分为>40、10~40、4~10、1~4、<1 五个级别。

库区地下水主要为第四系松散岩类孔隙潜水和基岩裂隙水。地下水水化学类型主要为重碳酸氯化钙钠型，pH 值为 6.68~9.15，矿化度为 138.14~232.37mg/L，水质良好。

综合压水试验结果表明，完整岩体渗透系数大多小于 1×10^{-10}m/s。裂隙相对发育段岩体渗透系数 1.55×10^{-9}~3.5×10^{-7}m/s，平均值为 5.73×10^{-8}m/s。

库区的抗震设防烈度为 6 度，设计基本地震加速度值为 0.05g，设计地震分组为第一组。近场区地震活动性较弱。

二、主要施工方案

1. 冬季施工

1）冬季施工方案

本工程为地下洞库，由于工期紧，实行三班制连续作业，冬季不停工；但洞内气温较高，可以不考虑冬季对洞内施工的影响，仅考虑冬季低温对洞外混凝土拌和、钢筋加工、材料堆放及机械设备的影响。

2）冬季施工保证措施

（1）施工准备。

① 开工前与当地气象部门签订服务合同，及时掌握天气的变化趋势及动态，针对人员、材料、机械设备及施工工艺做好有针对性的预防方案和准备工作，以利于安排施工。

② 加强与气象部门联系，及时收集整理寒流、低温风力向等资料。

③ 配齐合格的带工员、操作及质量检查人，并认真进行针对冬期施工措施的岗前培训及技术交底。

④ 根据本工程施作的具体情况，确定冬季需要物资，制定相应的机械储备和保养工作计划。

⑤ 检查职工住房及仓库是否达到过冬条件，及时按冬季施工保护措施施作过冬篷，准备好加温及烤火器件。施工机械加强冬季保养，对加水、加油润滑部件勤检查、勤更换，防止冻裂设备。地面供、排水管挖沟埋设在冻结线以下，并用保温材料包裹。地面水池采用搭棚或其他措施进行保

温加固。

（2）冬期施工安全一般措施。

① 针对冬期施工的特点，制定相应的“五防”安全措施（防寒、防冻、防滑、防火、防煤气中毒）。

② 进入冬期前，施工现场提前做好防寒保暖工作，人行道路、跳板和作业场所等采取防滑措施，采用煤炉和暖棚施工时，制定防火、防煤气中毒的措施，配水设备及土建工程均按照有关冬期施工的规定办理。

③ 操作机械时，有防冻措施，驾驶车辆不得在有积雪和冰层的道路上快速行驶，上下坡和急转弯时，要避免紧急制动，雾天加强信号瞭望。

（3）钢筋工程。

① 帮条焊时，尽量在室内常温焊接。如外风力超过 4 级，采取挡风措施焊级时，采取挡风措施焊后未冷却的接头严禁碰到冰雪，温度低于-20℃不得进行电焊。

② 钢筋焊接头或制品必须分批进行质量检查和验收，包括外观机械性能（拉伸、剪弯曲试验）件每批三个接头，层中以 300 个同类接头为一批。

（4）混凝土工程。

① 当室外日平均气温连续 5d 低于 5℃，混凝土工程按冬季施办理。

② 冬季施工的混凝土配合比，选用较小水灰比和低坍落度以减少拌量。

③ 拌和设备适当防寒，设置在温度不低于 10℃暖棚内。拌制混凝土前，用热水洗刷拌和机鼓筒，砂石骨料的温度保持在 0℃以上，拌和用水温度不低于 5℃。

④ 混凝土原材料加热。优先采用加热水的方法，当加热水仍不能满足要求时，再对骨料进行加热，水泥只保温，不得加热。混凝土原材料加热温度总体控制及加热方法为：首先将水加热，其加热温度不宜高于 80℃。当骨料不加热时，水的加热温度可提高到 100℃，但水泥不能与 80℃以上的水直接接触。当只加热水不能满足要求时，可将骨料均匀加热，其加热温度不应高于 60℃。骨料加热方法为：骨料不得在钢板上灼炒，可采用地坑法加热，即在棚内设置地坑，坑内铺设加热管道，坑上堆放砂、石料。水泥不得直接加热，可预先进入暖棚内预热。

⑤ 混凝土搅拌投料顺序。先投骨料和已加热的水，搅拌均匀后，再加水泥搅拌。骨料不得带有冰雪和冻块以及易冻裂的物质，由骨料带入的水分及外加剂溶液（外加剂为液体）中的水分均应从拌和水中扣除。投料前，先用热水冲洗搅拌机滚筒，后投料。拌制掺用外加剂的混凝土时，如外加

剂为粉剂，可按要求掺量直接撒在水泥上面，和水泥同时投入。如外加剂为液体，使用时先配制成规定浓度溶液，然后根据使用要求，水泥同时投入。如外加剂为液体，使用时先配制成规定浓度溶液，然后根据使用要求，用规定浓度溶液再配制成施工溶液。各溶液分别置于有明显标志的容器内，不得混淆。

⑥ 搅拌。为保证配合比控制准确，搅拌设备必须带有自动电子计量装置。搅拌时间较常温施工延长 50%；对于掺有外加剂的混凝土，搅拌时间取常温搅拌时间的 1.5 倍。

⑦ 冬期施工运输混凝土拌和物，应尽量减少热量损失，采用混凝土搅拌输送车运输混凝土。

⑧ 混凝土浇筑及养护：在洞内施工，由于气温较高，按常温施工方法进行。

（5）冬季施工防火要求。

① 现场所有易燃物品专门堆放，易燃物品距离符合防火规定处设置。

② 严格执行用火申请制度。施行电焊必须设专人看火，焊接前必须将附近或下方的易燃物清理干净，焊接完毕后仔细检查有无遗留火种；当焊接物下方或附近有永久性易燃构造时，建议设计变更连接方式；当只能采用焊接连接时，焊接前必须采取周密的隔火、防火措施。

③ 锅炉房内设专人昼夜值班，暖棚周围时常有人巡守。

④ 锅炉房和暖棚周围备足消防器材。

2. 雨季施工方案

1）雨季施工安排

本工程为地下洞库，雨季对施工影响较小，不考虑停工。但需考虑雨季对洞口、竖井及洞外生产设施的影响。锦州降雨多集中在 6~9 月，其降雨量占全年总降雨量的 76%。

2）雨季施工保证措施

（1）雨季施工组织措施。

① 雨季主要以预防为主，采用防雨措施，加强排水手段，确保雨季正常进行施工。

② 施工前首先要解决洞口（含竖井口）排水问题，疏通原有的排水系统并加大、加宽过水面积，同时增设施工场地范围临时排水设施，保证雨季排水畅通。

③ 统筹安排好各单项工程的施工计划。针对本工程特点，竖井施工尽量

避开雨季。

④ 加大外来材料的储备工作，砂、碎石等材料储备满足 1 个月的施工需要，以防止不可预见的因素而影响工程施工。

（2）雨季施工准备措施。

① 掌握天气预报的气象趋势及动态，开工前与当地气象部门签订服务合同，便于安排施工，做好预防的准备工作。

② 对施工现场根据地形，对场地排水系统进行疏通，以保证水流畅通，不积水，并防止周邻地面水倒流进入场内。

③ 主要运输道路加强维修，确保道路两侧排水畅通，排水系统完善，保证不堵、不积水和冲刷道路边坡及路面。

④ 施工巷道口设置挡水坎，搭设雨棚，疏通周围排水系统，防止雨水倒灌进入施工巷道内，同时在施工巷道内备足抽水设备，以防不测。

（3）机电设备及材料的防护措施。

① 机电设备的电闸箱或开关采取进箱加锁和搭篷等防雨、防潮措施，并安装接地保护装置。

② 对水泥、钢材、钢结构等怕雨淋变形或易受潮结块的材料，分别采取进库进棚存放、垫高保护措施。

（4）雨季混凝土施工措施。

① 混凝土拌和站搭设雨棚，砂石料备足覆盖材料。

② 若砂、石被雨淋导致含水量增加，混凝土配合比在重新测定砂、石含水量后，做必要的调整，以保证混凝土的质量。

三、施工管理

1. 拌和站

把好原材料试验检测关，严格按施工配合比计量拌制混凝土，确保混凝土各项指标满足设计要求。

2. 水幕巷道及洞库

（1）做好测量放线及控制工作，确保本工程项目定位准确，结构尺寸符合设计要求。

（2）加强光面爆破管理，制定相关措施，以达到爆破后墙体表面光洁、顺直的效果。

3. 人员管理

（1）项目部必须投入相应的管理人员、专业技术人员和施工人员，人员的数量和任职资格必须满足工程需求，并建立健全质量管理机构，各部门质量职责分明、责任到人。

（2）特种作业人员，必须经过专业知识培训，经考核合格，取得相应资格证书后方可上岗，并按期参加复审。

（3）员工变更工种需进行岗位技术安全教育，经考试合格后方准顶岗。

4. 施工设备管理

（1）项目部及施工班组必须投入足够的施工机械设备，施工设备的规格、数量和性能必须满足施工生产需要。

（2）项目部机电部定期或不定期核查施工设备的进出场情况以及施工设备对工程施工和质量的保证能力。

5. 工程材料管理

（1）由物设部采购的材料、设备，按业主和公司《物资管理办法》进行采购、管理。

（2）所有进场材料必须具有出厂合格证、质量检验报告等资料，经检验合格后方可使用，不合格的必须立即清退出场，严禁使用不合格的材料和设备。

（3）对工程中新材料、新设备的使用，应提供技术鉴定资料，经业主、设计、管理审查批准后方可使用。

（4）各试验室必须严格执行工程材料、设备的检查和检验制度，严把质量关。

6. 施工管理

（1）工程部的实施性施工组织设计，必须合理安排施工流程，优先采用先进的、成熟的施工工艺和方案，并制定相应的质量保证技术措施。对关键工程，要坚持“试验为先，样板引路”。

（2）严格按照审批的施工组织设计组织施工，严格过程控制，落实自检、互检和专业检的“三检”制度，使每一道工序都处于受控状态，严禁施工中偷工减料。质检工程师和质检员必须完整、翔实地记录自检情况，及时填写有关施工记录表，确保施工质量。

7. 施工环境管理

（1）环境因素对工程质量的影响，具有复杂而多变的特点。施工的内部环境，如场地布置、工序转换必须合理安排、协调解决，确保施工有序可控。施工的外部环境必须满足施工标准、规范及有关环境保护的要求。

（2）项目部及作业班组要积极创造一个良好的施工环境，相互协调，确保工程质量。

8. 试验检测管理

（1）项目部要建立健全的工地试验室，配齐相应的试验检测仪器设备，满足施工试验检测工作需要。

（2）试验人员持证上岗，试验仪器设备按有关规定检验、标定。

（3）严格按标准、规范和规程进行试验和检测，服从项目部监督和指导，确保数据及时准确、真实可靠。

9. 质量控制资料管理

（1）工程质量控制资料是反映工程内在质量和外观质量的重要资料，工程竣工验收时，作为竣工文件移交保存或归档。项目部设专职人员对技术资料与设计文件实行集中统一管理，做好资料收集、整理和归档工作，保证资料的完整性、正确性、及时性和先进性。

（2）工程质量控制资料要求规范、清晰、真实、完整，并符合国家有关科技文献整理和归档要求。

四、施工管理经验

1. 建设项目管理规定

1）建立完善的项目管理体系，确保项目有规可循

在项目实施中，PMC 承包商通过制定完整的项目管理程序来规范各参与方的行为，使各参与方能够在同一平台上进行管理，整个项目管理工作有章可循，工作效率显著提高。PMC 不仅要建立完整的项目管理体系，而且要指导和监督 EPC 承包商项目管理体系建立和有效实施。

项目管理体系内容包括：

（1）PMC 项目实施计划。PMC 项目实施计划是 PMC 承包商实施项目管理工作的总体纲要，较为详细地定义了项目范围的目标，概述出了作为 PMC 承包商如何完成这些目标的方法，同时概括了 PMC 项目组织及 PMC 承包商需完成的关键工作。

（2）职能管理与过程管理执行计划：作为对 PMC 项目实施计划的补充，

对PMC职能管理与过程管理的工作范围、主要岗位职责及包括的活动进行了较为详细的描述，主要包括合同管理、设计管理、采购管理、施工管理、试运行管理、项目控制、质量管理、HSE管理、信息文控管理九方面的执行计划。

(3) 项目管理程序：管理整个项目工作过程的主要执行文件，是对执行计划的进一步的全面展开，说明PMC管理整个项目所涉及的各个方面工作的流程与实施方法。

(4) 作业指导与方针：对项目管理程序的进一步补充和说明，进一步反映操作层的需要。

2）明确各方管理界面，确保项目有序实施

PMC在项目参建各方合同的基础上编制详细的界面文件，划分业主、PMC、EPC承包商和其他相关方在不同项目阶段的管理界面，对每项工作明确各方的工作内容和责任，确保项目各项管理工作有序进行。

3）推行项目管理交底，建立有效沟通

项目管理交底是项目开工前，业主、PMC、EPC、政府监督等项目参建各方相互沟通，明确各方工作范围和程序、工作界面，确保“不打乱仗”的重要措施，通过项目管理交底，建立起有效的沟通机制。

项目管理交底主要包括业主/PMC的管理程序文件宣贯，阐明各参建方的责任义务、相互间的工作界面、相互关系和工作程序，使参建各方准确地理解项目的管理要求和理念，确保项目管理人员迅速进入管理角色，有效实施项目管理工作。

4）加强设计管理，确保项目建设的经济效益和社会效益

工程设计是整个工程建设的前期和基础，一个工程的进度、投资、质量以及工程建成投产后的经济效益能否达到业主的要求，其社会效益能否满足相关的标准和需要，在很大程度上取决于工程设计的优劣。

(1) 初步设计管理主要内容。

① 根据PMC合同的约定，协助业主选定初步设计承包商，监督、管理设计承包商的初步设计工作。

② 审查初步设计与可研报告的一致性，协调设计进度，核查初步设计概算，使投资偏差控制在业主允许的范围内，监督设计质量。

③ 发挥PMC技术咨询服务优势，对设计承包商进行全面、综合性的审查，对重大方案进行重点审查，确保初步设计达到业主的预期目的。初步设计要达到可以进行施工图设计的深度，并符合约定的进度、投资、质量和

HSE 要求。

④ 协助业主将初步设计上报审批。

(2) 施工图设计管理主要内容。

① 依据 PMC 项目总体规划和项目实施计划编制设计管理程序。

② 进行设计条件资料的确认，协助业主解决初步设计审批后出现的漏项和问题，并与 EPC 总承包商协商，提出解决措施及资金处理意见。

③ 定期检查，审查施工图设计与初步设计的一致性，以及施工图设计的进度控制、投资控制、质量控制情况。

④ 审查 EPC 总承包商提出的各类设计成果文件，审核 EPC 总承包商的设计分包工作。

⑤ 审查 EPC 总承包商提交的项目设计统一规定及关键设备的请购文件。

⑥ 进行施工图设计变更情况，向 EPC 总承包商传达业主提出的设计变更，审查 EPC 总承包商提出的设计变更。

5) 加强物资采购管理，节约项目投资

PMC 承包商物资采购管理的主要目标是通过建立项目物资采购管理计划，确保物资供应及时，物资供应信息准确。无论是 EPC 总承包商进行的物资采购还是甲方供材，皆要从合格的供应商处采购，从产品质量、交货时间、可靠性和服务等角度考虑，最大程度地节省费用。

物资采购管理主要内容包括：

(1) 依据 PMC 项目总体规划和项目实施计划编制物资采购管理计划。

(2) 协助业主完成甲方供材的采购工作。

(3) 审查 EPC 总承包商的采购程序文件和作业文件。

(4) 审查 EPC 承包商选择的合格供应商，并上报业主审批。

(5) 进行采购物流管理，监督检查 EPC 总承包商的采购过程和结果。

6) 加强施工管理，确保项目进度、投资和质量目标

项目施工阶段是将设计要求变成项目实体的过程，是项目建设的重要阶段，通过有效管理和高效率的施工，实现项目预定的进度、投资和质量目标。主要内容包括：

(1) 依据 PMC 项目总体规划和项目实施计划编制施工管理程序。

(2) 协助业主完成施工开工前的准备工作，审查 EPC 总承包商的开工准备工作。

(3) 审核 EPC 总承包商提交的施工计划，包括施工进度计划和施工组织设计。

（4）审查 EPC 总承包商的施工分包工作，检查工程现场的执行情况，处理施工变更事宜。

（5）重视项目风险管理，审查 EPC 总承包商上报的风险管理文件。

7）加强合同管理，依法合规，确保各方权利、义务

项目各参与方应在合同实施过程中，自觉、认真、严格地遵守国家有关法律法规和合同中的各项规定，认真执行有关合同履行的原则，按照各自的职责，行使各自的权力、履行各自的义务、维护各方的权利，发扬协作精神，做好各项管理工作，以确保合同的顺利进行和项目进度、投资、质量等目标的实现。

合同管理主要内容包括：

（1）依据 PMC 项目总体规划和项目实施计划编制合同管理程序。

（2）向业主提供 PMC 合同约定的服务。

（3）向业主提交支付申请，并附证明材料。

（4）合同工作内容变更的管理、索赔管理、违约和解决合同争议。

（5）做好项目文档管理，按时提交各种报表和文件。

8）加强投资管理，确保业主投资效益最大化

项目的投资管理是 PMC 承包商代表业主管理项目的一项重要工作内容，也是衡量 PMC 承包商项目管理绩效的重要指标之一。PMC 承包商在与业主签订 PMC 合同之后，在工程设计、采购、施工、试运行等各阶段，把项目投资控制在目标成本之内，保证项目投资管理目标的实现。

投资管理主要内容包括：

（1）编制或组织编制项目的投资概算，并上报业主审批。

（2）编制项目总体投资控制目标，按投资构成分解投资目标，编制总体投资计划、年度投资计划与月度投资计划，上报业主批复。

（3）对投资计划的执行情况进行跟踪管理，按月检查投资计划的执行情况。

（4）定期向业主汇报投资管理工作。

（5）审查 EPC 总承包商提交的各项工程款支付申请，合格后签署并上报业主。

（6）协助业主完成工程决算工作。

（7）做好投资资料的收集、统计、归档等工作。

（8）编制投资控制工作总结报告。

9）加强进度管理，确保项目预期目标的实现

地下水封洞库项目能否在预定的时间内交付使用，直接关系到项目经济效益的发挥。对于项目技术复杂、工期长、界面协调量大、项目参与方多等特点，更加体现了项目进度管理的重要性。因此，对项目的进度进行有效的管理，使其达到预期的目标，是 PMC 项目管理的重要任务之一。PMC 通过进度计划的编制、实施和控制来达到项目的进度要求，满足项目的时间约束。

进度管理主要内容包括：

（1）协助业主编制项目总体进度计划。

（2）审查、协调、批准 EPC 总承包商的进度计划，并监督其执行。

（3）跟踪检查进度计划的执行情况，收集相关信息，完成各类进度报告，并上报业主审批。

（4）审查 EPC 总承包商的各类进度报告。

（5）做好进度预警。

（6）调整进度计划。

（7）做好各项进度管理的备案工作。

2. 地下水封洞库监理管理经验

1）推行以“合同管理”为核心的项目管理理念

推行以“合同管理”为核心的项目管理理念，组织对监理合同、承包商合同进行分块，明确合同中各个岗位管理内容和职责。同时，对承包商的合同、招标文件、投标文件内容对应进行分解，例如：关于质量管理，通过分解，梳理出招标文件中对质量管理的要求、合同中关于质量管理的约定、投标文件中关于质量工作的承诺。通过分解分块，推动项目人员逐步树立围绕合同开展工作的理念。

2）监理参与动态设计管理，组织四方会勘

建议采用动态设计，监理会同设计、施工单位一起对超前地质预报（地质雷达、超前水平钻探）数据进行采集，确保动态设计的原始数据可靠、有效。

组织动态设计四方会勘，及时签发会勘记录，及时确定各施工作业地点的支护型式，确保施工按设计有序进行。

例如：在某地下水封洞库水幕巷道断面原设计为 6. 5m×6m，在施工时，为了满足大型设备装渣要求，将断面调整为 7m×6. 2m。经过论证，为加快水幕巷道施工，并与主洞室采用一套设备，水幕巷道断面宜为 7m×6m。

3）全面安全风险识别与评价，并进行动态管理监理将组织进行全面的安全风险识别与评价，制定切实可行的控制措施，制定《施工全周期 HSE 风险识别与评价报告》，并在施工过程中对风险进行动态管理，对风险评估报告进行持续的改进和完善。

4）动态控制设备、材料进场，严把进场关

安排专职监理人员负责设备及材料进场检验工作，设备及材料进场采取报验手续，对设备检查外观、合格证、说明书、维修记录等是否合格，合格后才同意进场使用；材料进场主要检查合格证、质量证明文件、出厂检验报告、数量等资料，并对原材料、构件试块等进行见证取样，复检合格后才同意进场使用。

5）加强爆破作业管理，确保安全受控

确实加强爆破施工作业管理，严格对相关人员、施工方和供应方的资质审查。确保爆破品的运输、储存、转接、装药、起爆各个环节都完全受控。为减小风险，建议现场不设置爆破品仓库，而是设置炸药车临时停靠点，用于停靠民爆公司和承包商进行爆破品的转接。炸药车临时停靠点应设置入侵报警系统、视频监控系统、避雷措施、防火措施、防盗措施等。

6）严格执行作业许可制度，做好 HSE 控制

地下工程施工以爆破作业为主，施工中爆破工作面多，为了防止爆破作业事故的发生，同时为了避免几个储罐同时爆破引起共振效应，监理将严格执行作业许可制度，每次爆破都必须经过作业许可才能进行爆破作业。

7）实行周检制度，做好中间管控工作

监理将组织执行周检制度，每周组织设计、施工单位对施工现场进行检查，召开周检专题会议，对检查发现的问题进行公布，下发《周检不符合项》并跟踪落实整改情况。

8）加强注浆止水管理，合理选择注浆方法

加强注浆止水管理，合理选择注浆方法、注浆参数，是保证施工工期的重要工作。注浆止水工作必须从储油洞室开挖初期就引起重视，否则在洞室开挖岩面全部封闭后进行注浆，注浆孔布置、注浆方法选择人为地增加了盲目性，注浆止水效果很难达到预期目的，从而影响整改施工工期。例如：某地下储库项目地下工程主体在 2015 年年初就基本结束了，因为达不到洞室涌水量大于设计 $600m^3/d$ 标准，工期延长比预期计划增加差不多一年时间。

9）高度重视水幕系统施工期管理

水幕系统施工期管理，是水封洞库施工监理的一个关键工作。施工期水幕系统运行管理是施工单位容易忽视的关键项目。加强施工期供水管理，及

时准确反馈水幕孔压力、流量，水幕有限性试验数据，对优化水幕孔布置、保证水幕系统有效进行尤为必要，必须引起高度重视。

在水幕巷道施工时，应根据主洞室施工顺序确定水幕巷道施工工作面数量，达到均衡生产；水幕巷道水幕孔施工分为正常施工孔和加密孔，施工工期较长且不连续，故水幕巷道应设计独立的通风系统，以达到可随时通风。

10）合理确定注浆结算办法

合理确定注浆结算办法，对控制投资有积极的意义。项目施工招标前应结合工程地质及水文地质情况，合理选择注浆结算办法，既可以减少管理难度，又能达到降低投资的目的。

针对洞库施工特点制定的监理控制管理措施方法是保证洞库施工安全、施工质量的有效手段，能够起到事半功倍的效果。

3. 地下水封洞库环境监理

1）生态环境的保护措施

（1）施工前联系当地有关部门，查清施工区域内所有的地下管线，制定防护措施，避免破坏地下管线。同时组织全体干部职工进行生态资源环境保护知识学习，增强环保意识。

（2）施工期间按合同规定的施工范围，在保证施工顺利进行的前提下，严格限制施工人员和施工机械的活动范围，尽可能缩小作业带宽度，将施工对生态环境的影响程度降低到最低。

（3）要求施工单位合理布置施工场地，生产、生活设施尽量布置在征地范围内，在周围进行绿化。

（4）做好生产、生活区的卫生工作，保持工地清洁，定时打扫，在制定的地点倾倒、堆放生活垃圾，决不随意扔撒或者堆放。

（5）施工结束后，拆除一切临时用地范围内的临时生活设施，搞好复耕，绿化原有场地，凡受到施工车辆、机械破坏的地方要及时修整、恢复原貌。

2）大气污染及粉尘污染防治措施

（1）施工期间对大气影响的主要污染源是挖土、水泥、车辆的尾气等。应给在此类环境下工作的人员发放口罩等防护用品，并定期组织体检。

（2）严禁在工地焚烧有毒、有害物资，避免污染大气。

（3）对施工现场、运输便道等易产生粉尘地段定时进行洒水降尘，勤洗施工机械车辆，使产生的粉尘对居民区的危害程度减至最小。

（4）有粉尘发生的施工现场，如水泥混凝土搅拌站（场）等投料均设置防尘设备。

（5）使用仪器设备，定期检测作业现场空气指数。

3）水环保措施

（1）设专人值班管理，对洞内、竖井等施工产生的污水进行处理，直到符合国家规定标准再排放。

（2）施工机械防止漏油，禁止机械运转过程中产生的油污水未经处理就直接排放，或维修施工机械时油污水直接排放。

（3）采用pH试纸和定期取样鉴定的方式，对水质量进行监控。

4）噪声防治措施

（1）施工现场按《建筑施工场界环境噪声排放标准》（GB 12523—2011）中的有关规定和要求执行。

（2）选用低噪声设备，采用消音措施降低施工过程中的施工噪声，夜间尽量避免使用噪声设备。施工噪声遵守《建筑施工场界环境噪声排放标准》（GB 12523—2011）。施工震动对环境影响满足《城市区域环境振动标准》（GB 10070—1988）。

（3）对于施工机械和运输车辆的施工噪声，合理安排工作人员轮流操作机械，减少接触高噪声的时间，对距噪声声源较近的施工人员，除取得防护耳塞、头盔等有效措施外，还要缩短其劳动时间。

（4）禁止机械车辆高声鸣笛，控制噪声污染。

（5）加强施工机械设备的维护保养，减少噪声和污染。

5）爆破震动控制措施

（1）严格按照爆破设计和爆破交底进行爆破施工。

（2）爆破操作人员不得私自改变爆破参数和堵塞长度。

（3）按要求分段，不得同时起爆多个作业面。

（4）加强爆破震动监测，确保数据准确。

第二节　汕头LPG地下水封洞库工程

汕头LPG地下水封洞库工程是我国第一个采用水幕技术利用地下裸岩洞室储存液化石油气的工程。工程自1997年10月正式开工，至1999年11月完工，历时25个月。通过该项目的实施，国内工程技术人员正式开始了地下水封洞库工程的研究。

一、工程概况

汕头 LPG 地下水封洞库工程位于广东汕头市广澳半岛，工程总库容为 $20\times10^4m^3$，设两个洞罐（一个储存丁烷，一个储存丙烷）。

施工巷道包括一个公用支洞、一个丙烷支洞、一个丁烷支洞，施工巷道在开挖至不同的高程后浸入相应的水幕巷道和洞罐。洞罐完工后，在施工巷道与洞罐连接处设密封塞，将洞罐和施工巷道隔离。密封塞外侧的施工巷道内全部灌入水，洞库运营期间这些水将与水幕系统保持液态接触，向水幕系统供水，保持洞库的气密性。另外，施工巷道的作用还在于通过其施工进一步揭示主洞岩层的地质情况，所获得的地质结果对修正洞库和水幕方位具有重要意义。

每个洞罐上设置一个操作竖井，操作竖井从地面竖直向下穿入洞罐的某一洞室上方。该洞室内对应操作竖井的下方设集水池，集水池在洞室底板高程以下，集水池下设泵坑。竖井和泵坑的开挖直径为 4m，集水池的开挖直径为 8m。操作竖井的垂直极为重要，因为竖井要安设通向地面包括泵套管、注水管、平衡管、仪器线路等各种管线。竖井开挖前应当在其轴线上钻垂直探测孔，并根据取得的地质资料最终确定竖井位置。在操作竖井底部，也设密封塞，将操作竖井与洞罐隔离。

水幕巷道位于洞罐上方，通过在水幕巷道内的钻孔在洞罐周围形成水平水幕。施工期间，由供水管路向水幕钻孔注水形成水幕，洞罐完工后，拆除供水管路，将水幕钻孔敞开，由施工巷道补给供水。水幕系统有专设的压力盒钻孔及装有地震监测器的钻孔，水幕巷道通过一个监测井和一个仪器井与地面联系。

洞罐分为丁烷洞罐与丙烷洞罐，容量各为 $10.0\times10^4m^3$。两洞罐各有两个洞室，洞室高 20m，宽 18m。两个洞室之间有三个水平连接巷道和一个中间斜坡巷道。连接巷道分别设在洞室的上台阶、中台阶、下台阶对应高度位置，连接巷道高 6m；连接巷道、中间斜坡巷道的坡度为 13%，高 6m。中间斜坡巷道在洞室开挖期与施工巷道作用相似，在运营期间连接巷道与中间斜坡巷道为储存液化气洞罐的一部分，保持两主洞室间的液相、气相平衡。洞库开挖后采用锚喷支护，开挖前、后做好注浆堵水，使洞罐内渗水量较小。

此洞库的基岩位于一不连续的沉积覆盖层下面。这一覆盖层由中、细颗粒沙层组成，其中含不定量的黏土。沿海岸线此覆盖层较薄（1~3m），而此区域中部、北部覆盖层厚度可达10~20m，主岩层夹杂有岩脉的中、粗黑云母花岗岩。从地面开始，钻孔在地面以下10~25m深处可能会遇到弱风化岩层。

岩脉总的方向为120°±15°（倾角变化范围为70°±15°，方向为西南向或东北向）和20°±10°方向，倾角为80°±5°和170°±30°，倾角近乎垂直。一条大的局部断层带的位置，其方向为120°~140°，墙角为75°到近乎垂直，方向变化从东北到西南。花岗岩层中的节理几乎到处都有，并且节理存在的地方，节理与岩脉有着密切的关系。

主岩由渗透率较低的良好花岗岩基岩（10^{-12}m/s<渗透系数<10^{-9}m/s）组成。这种基岩由不同性质、年代、方向及不同水利特点的近乎垂直的岩脉横切。但是，只有当岩脉有裂隙的时候才能表现出与花岗岩主岩不同的渗透性（10^{-8}m/s<渗透系数<10^{-6}m/s）。同时，有个别渗透率很高的节理（渗透系数>10^{-6}m/s）。主要水位的势能变化范围为+6m/s.1~+43m/s.1。风化带的水位是不连续的，局部较高。一些钻孔受潮汐的影响，其涨落幅度为0.2m。在丙烷洞库区域，有水横向流动，水位不稳定。这种水横向流动不稳定是由钻孔作业引起的，并且受爆破作业的影响。地下水是新鲜的，pH平均值为8。

二、主要施工方案

由于汕头LPG地下水封洞库为我国首座利用水密封原理设计的地下洞罐，因而，其发展前景、稳定性、防渗性受到关注，并且其工程技术特点十分显著。LPG地下洞库储气的发展前景引起广泛关注，这也直接关系到是否必要研究这一修建技术并积累经验。

地下洞罐由于大部分开挖前需要钻孔探测并注浆，因而仅仅有一个工作面是不够的，需要多个工作面以保证工作的连续性，并缩短工期。两个洞室同时开挖是否影响其稳定性，要做理论分析。地下洞罐储存气体后，泄漏与否直接影响其运营，需要分析其渗漏机理，判断水幕存在的必要性。

由于施工期间含水层的最小厚度必须满足20m，因而施工期间必需严格控制地下水位的变化，从而保证气密性的要求，这对钻孔探测及注浆堵水提出了严格要求，以保证最大限度地控制渗漏水。

工程复杂，断面变化多（7个中断面，最大为304m^2，最小为13.85m^2），竖井、平道、斜坡巷道相互交错，转弯多，坡度大（13.6%），从而对施工程序和施工工艺提出严格的要求。

三、施工管理

1. 注浆技术

基于地下水封洞库对渗漏水的严格要求以及对洞室周边的裂隙闭合的要求，注浆技术在地下水封洞库成为一项关键技术。根据注浆特点及工程设计要求，对LPG注浆的操作类型、控制指标、施工工艺等进行了研究。

汕头地下水封洞库的注浆主要操作类型分为5种：渗漏—控制注浆、孔隙—填充注浆、接触注浆、固结注浆和残余注浆。渗漏—控制注浆在地下水封洞库中应用最为广泛，对地下水渗透的严格控制起到重要作用；孔隙—填充注浆的作用是填满孔隙、减少气体逃逸的生成条件；接触注浆使得衬砌与岩石密闭；固结注浆改善围岩的力学特性，从而为开挖创造条件；残余注浆对开挖洞室的残余渗漏部位进行注浆堵水。

渗漏—控制注浆前钻设探测孔，根据渗水量决定是否注浆。在地下水封洞库注浆中，应当引起重视的是尽管注浆必不可少，但注浆也需要根据注浆控制指标进行严格控制，工程设计中工程的区域水文地质流态模式对水密封是重要的，而不适当的注浆会对水文地质流态模式生产消极影响，因此对注浆进行严格控制是必要的。同时，在浆液配合比中，浆液所有组成成分和配合比应适应现场水化特性并且被证明具有耐久性。

2. 钻孔施工技术

在地下水封洞库修建中，钻孔贯穿整个施工过程。这些钻孔包括地质调查孔、水幕钻孔、监测孔及竖井注浆孔，都是采用地质钻机完成的。这些钻孔对于了解区域内的地质状况并据此修正工程设计，保证水幕系统的建立，对开挖及后期运营进行有效监测以及注浆成功都是极其重要的。因此将贯穿整个施工过程的钻孔作为一个独立项目进行研究是有意义的，研究内容包括地下水封洞库中的钻孔类型、钻孔要求、机械设备配套与施工方法和工艺。

汕头LPG地下水封洞库钻孔分为：丁烷与丙烷竖井地质调查孔、施工巷道与水幕巷道和洞库水平地质调查孔及探测孔、水幕钻孔、仪器井与监测井、压力盒孔与地震孔、压力计孔、深水压力计孔、竖井注浆孔、既有深水压力

计孔等。其中既有深水压力机修复孔为汕头地下水封洞库中的特有钻孔，它是对该工程勘察过程中完成的11个渗水压力计孔重新钻开、封孔并完成深水压力计孔的安装工作。

钻孔要求由于钻孔类别各异而各不相同，要求的内容一般包括孔径、孔深、钻孔误差，钻孔过程中需要完成的相关工作等，并对其中的一些钻孔提出了工艺上的要求。

钻孔机械设备根据钻孔要求进行组织。汕头地下水封洞库中，钻孔作业主要施工方法可以分为机械回转钻进和冲击回转钻进两大类。机械回转钻进分为垂直回转钻进、水平机械回转钻进、机械回转全面钻进。冲击回转钻进分为水平冲击回转钻进和垂直冲击回转钻进。针对每种钻进方法都给出了具体的工艺流程。

3. 综合施工工艺

在汕头地下水封洞库中，其修建内容可概括为开挖、支护、混凝土封塞与仪器安装。混凝土封塞与仪器安装在地下水封洞库中是非常重要的，因为地下水封洞库气密性要求决定了混凝土封塞的重要，修建过程中与运营阶段需要的有效监测能否完全取决于仪器安装。因此，根据汕头地下水封洞库的施工资料，进行了这四个方面内容的施工程序与工艺研究。注浆与钻孔技术贯穿其中，进行了专门研究。

施工程序在洞库施工中要求极为严重，是必须遵守的。违背施工程序不但对施工本身造成伤害，而且会危及其他施工甚至危害整个工程，因此要求在施工中严格遵守施工程序和工艺。具体内容为：

（1）开挖程序：测量、化炮眼、钻孔、装药、爆破、通风、洒水和人工找顶、拱顶喷混凝土、出渣、机械找顶、岩石支护，然后进入下一循环。

（2）支护程序：地质描述、支护类别确定、初喷混凝土、岩锚安装与检查、挂网或立钢拱架喷混凝土、检查并报告结果。

（3）混凝土封塞程序：开挖、支护、安装锚杆、预注浆、清洗岩面、组装内模板、帮扎钢筋、安装回填注浆管、安装冷却水管、安装人孔、安装外侧模板、混凝土浇筑与养护并注水冷却、拆模、回填注浆、喷混凝土、接触注浆、人孔注浆。

（4）仪器安装：包括地下压力计孔、地表深水压力计孔、压力盒与传感器，安装程序各有要求，不尽相同。

（5）爆破研究：在开挖工艺中，洞库爆破开始采用的是“小导坑”法，后来一直采用的是“斜眼掏槽”法。“斜眼掏槽”法比“小导坑”法更有利于减少施工的相互干扰，并利于爆破成形和保持掌子面的完整性。对施工爆破的设计原则和爆破损伤原理进行了研究。

（6）喷湿研究：在支护工艺中，湿喷混凝土很有意义，本次工程对干喷和湿喷技术进行了系统的比较。同时施工实践表明：湿喷较之干喷的效率、效果、回弹率方面具有优势，而且作业时间短、输出量大。因而现场采用了湿喷，认为在大型洞库支护施工中喷湿将发挥重要作用，这是非常重要的施工经验。

（7）通风问题研究：地下水封洞库地下洞室坡度大、拐弯多、洞室宽度多变、容易形成会旋风，通风是个严重问题。通风的好坏既关系到工作效率，又直接关系到职工的身心健康。本次在对通风系统难以改变的情况下，采取有效措施使通风效果得到很大改善，通风达到了规范要求。首先，从有害气体的源头考虑，减少有害气体排放量。洞内机械设备排放有害气体较多，为此采用了进口的空气净化器，使有害气体排放量减少。其次，解决风量的问题，采取了对更换破损严重的风管。为施工人员印发了《隧道施工中的工业卫生常识》，提高全体人员对施工环境质量的认识。

（8）机械化配套研究：地下水封洞库施工工艺复杂、洞室较多、施工容易发生相互干扰，施工过程中需要的机械设备数量和配套情况不断变化，研究机械化配套有重要的实践意义。针对地下水封洞库的施工现场情况，在不同阶段给出了不同的机械化配套方案，没有因为机械设备而影响工期。

第三节　烟台 LPG 地下水封洞库工程

烟台 LPG 地下水封洞库工程是国内继汕头、宁波、珠海、黄岛后的第五座 LPG 地下洞库，为目前世界储量最大的 LPG 地下洞库，也是第一座完全由我国自主设计的项目，将成为国内自主建造 LPG 地下洞库工程的一个重要里程碑。

一、工程概况

该工程在烟台市经济技术开发区大季家镇仲村北侧建立临港化学工业园。工业园北侧为烟台 LPG 码头，南侧靠近 G206 国道。该洞库作为工业园的原料洞库，储存丁烷、LPG 和丙烷气体，总库容为 $100\times10^4m^3$。丁烷和 LPG 地

下水封洞库，位于地下 90m 以下，库容均为 $25\times10^4m^3$；丙烷库位于地下 120m 以下，库容为 $50\times10^4m^3$。工程于 2011 年 7 月开工建设，计划于 2014 年 7 月完工，于 2014 年年底投入运营。

施工巷道是从地面进入水幕巷道和主洞库的专用通道。根据服务功能的不同可以划分为公用施工巷道、LPG 施工巷道、丁烷施工巷道、丙烷施工巷道。巷道断面宽 8.0m，高 9.0m，断面呈城门洞型，断面积 71.27m^2，综合坡度为 10%，总长度为 1530m。

施工巷道开挖后以喷锚支护为主，在进口端和局部地质不良地段采用钢架等加强支护。施工中如遇到较大的地下水，需采用注浆措施进行封堵。为方便交通，提高巷道的运输效率和运输安全，巷道底板需采用混凝土铺筑路面，路面两侧设排水沟。巷道每隔一段需要开挖一个综合洞室，用于运输车辆掉头、储存安全物资、设置供电设施及排水设施等。

主洞库施工完成后，在主洞库入口处施工巷道部位用钢筋混凝土施作封塞，将洞库隔离成封闭的容器，并在施工巷道内灌满水，与水幕的水连通，同时起到补水作用，保证洞库的密封性。

水幕巷道是用于施作水幕钻孔的专用通道。水幕通道也根据服务功能的不同分为 LPG 水幕巷道、丁烷水幕巷道和丙烷水幕巷道，均在高于相应主洞库顶 19m 高程处。水幕巷道断面宽 7m，高 6m，呈城门洞型，断面积 36.74m^2，坡度 0%，总长度 2379m。

水幕巷道内分别施作水平水幕钻孔和垂直水幕钻孔。水平水幕钻孔位于高于巷道底板 1m 高程处，初步设计孔间距为 10m。垂直水幕位于巷道底板上，初步设计孔间距也为 10m。水幕钻孔直径为 ϕ100mm，长度为 30~100m。部分钻孔需要进行取心、孔成像等地质工作，所有钻孔均需要进行水试验、效率试验、日常观测等技术工作。水幕钻孔均需要进行水试验、效率试验、日常观测等技术工作。水幕钻孔后，要及时采用管线给钻孔供水，直到主洞库施工完成。在水幕巷道及附近需要钻一些地质钻孔、水位监测孔、仪表井等，并安装压力传感器、地震传感器等设备。主洞库施工完成后，需要对水幕巷道进行彻底的清洗，并拆除巷道内的各种管线及设施。从施工巷道灌入的水进入水幕巷道，再从水幕巷道自然流入水幕钻孔形成水幕。

主洞库是工业园用于储存原材料的地下仓库，是地下洞库工程的核心部分。根据使用功能不同，分为丁烷洞库、LPG 地下水封洞库和丙烷洞库，分别位于地下-90m、-90m 和-130m 高程以下的岩体中。每个库均由 3~4

条长度在200～400m的洞罐组成，洞罐截面成蛋形平底状（圆形拱顶、圆形边墙、水平底板），最大宽度18m，高度26m，断面积397m²。洞罐间设有连接巷道，连接巷道断面面积为41～89m²，按照开挖的需要，位于洞罐的不同高程处。

操作竖井是洞库运营期原材料进出的通道。竖井断面呈圆形，丁烷、LPG操作竖井直径均为5m，丙烷竖井的直径为6m。竖井开挖后，在竖井内安装相关液化气出库的管道，管道的末端伸进集水池和泵坑内，在集水池和泵坑内安装各种泵及检测设备。竖井开挖后所有岩面均要进行锚喷支护。竖井靠近地表段需要采用钢筋混凝土进行锁口，在井深局部不良地质段采用钢筋格栅钢架加强支护。竖井在开挖前，要先对不良地质段进行超前注浆加固和堵水，在施工过程中如出现较大涌水，也需要采用注浆堵水。

本工程处于海陆衔接地带，属剥蚀堆积地貌—山谷洪积平原地貌的过渡段。由于进行了场地的整平工作，地势的总体起伏不大，地面标高为海拔20～30m。库区岩体主要为燕山一期细粒—中粗粒黑云二长花岗岩，其次为燕山期花岗斑岩、煌斑岩脉、闪长玢岩脉、构造片岩脉、玄武质玢岩脉等岩脉。在巷道、洞库开挖后有较好的自稳定能力，仅巷道口、主洞库局部出现软弱结构面或不利结构面。岩石力学性质较高，饱和抗压强度为50～150MPa。

库区岩体内普遍含有裂隙水，受大气降水的垂直渗入及地下径流补给。地下水位高于海平面4.5～20m，水位随季节变化幅度较小，总体趋于稳定。岩体裂隙部很发育，渗透性很小，渗透系数在10^{-3}～10^{-4}m/d之间。地下水无色、无味、无嗅，矿化度较高，水质较差，可作为施工期用水。九曲河受到潮汐的影响，周边存在咸淡水过渡带。洞库开挖后，以湿润、滴水为主，局部存在较大裂隙水，需要进行注浆封堵。

二、主要施工方案

由于油库工程围岩硬度大、施工质量要求严格、通风困难等特点，施工巷道、洞罐采用大型机械化配套施工，水幕巷道也采用机械化配合施工。主要配套机械为：三臂液压凿岩台车+平台作业车+喷射混凝土机械手+侧卸式装载机+大马力自卸汽车+大功率通风机。开挖爆破作业时，三臂凿岩台车钻爆破孔，平台车辅助人工安装火工品，炸药采用防水乳化炸药，非电毫秒雷管起爆，爆破方式均采用光面减振爆破。本工程的施工关键线路为“明槽→施工巷道→丙烷水幕巷道→丙烷水幕钻孔→丙烷主洞库→丙烷主洞封塞”。

施工巷道入口围岩破碎段，采用短进尺全断面弱爆破开挖，其他段均采用全断面一次爆破方案开挖，水幕巷道也采用全断面一次爆破开挖；主洞室采用全断面一次爆破和中导洞分部爆破两种方案；锚杆采用三臂凿岩台车钻孔，平台作业车辅助进行注浆和安装，专用土罐车运至施工现场，湿喷机械手喷射于作业面；水幕钻孔采用液压坑道钻机钻孔，各种水文、地质试验由专业地质工程师负责施作。洞内开挖前，要先采用三臂凿岩台车施作超前探孔，根据探孔内的水量确定注浆堵水方案。注浆时采用三臂凿岩台车钻中深孔，双液注浆机将“水泥+水玻璃”双液浆、“水泥+膨润土”单液浆注入岩体内。

竖井采用反井法施工，先用反井钻机在中心钻一直径 1.4m 的导井，再自上而下人工风钻扩挖并支护，扩挖阶段需采用矿用提升系统辅助提升运输。主洞室内泵坑采用人工风钻光面爆破，小型挖掘机装渣，门式提升吊桶出渣。竖井和泵坑均采用人工风钻钻锚杆孔，专用锚杆注浆机灌浆后人工安装。喷射混凝土受到作业场地的限制，采用小型潮喷机。

施工高峰期以通风竖井辅助通风。在位于丁烷、LPG、丙烷三组洞罐的中央附近的巷道旁，设一专用的送风竖井，竖井底部分三个方向设三个通风巷道，在通风巷道内安装轴流式通风机，将竖井内的新鲜空气通过风管压入各作业面；施工污浊空气主要从施工巷道排出，操作竖井贯通后用于自排风。

洞库排水采用大流量抽水机分级排水，在水幕巷道以下的回宫巷道设固定抽水泵站，在各主洞室设移动抽水泵站，将各主洞室作业面的水汇集到移动泵站，从移动泵站抽至固定泵站再抽出洞外。

洞内由于采用大型机械化施工，施工机械均为电动设备，为克服长距离输电电压降问题，将 10kV 高压电送入洞内，在距离 400m 范围内变电供设备使用。在洞内每隔一段均设一个变压器站供作业面的设备使用。

三、施工管理

1. 渗漏水控制

地下洞库施工过程中，要高度重视岩体内地下水的渗漏量控制。在开挖前，要做好超前地质预报，地质预报主要以超前钻孔为主。当超前钻孔内的出水量超标时，应进行相应的超前注浆，将地下水超前封堵。开挖后，如出现岩面漏水，水量超标时也应进行注浆堵水。在钻锚杆等孔时，如钻孔内出水也应进行注浆处理。注浆堵水要以开挖前注浆为主，已开挖后注浆为辅，减少注浆的工程量的同时降低因注浆堵水而给开挖造成的影响。

由于施工任务比较紧，当满足水幕超前覆盖时就会进行主洞室顶层的开挖；在主洞室开挖台阶时，水幕附加孔才会施作，就会出现因水幕附加孔的增加而使原本不渗水的顶层区域出现渗漏的情况。此时由于台阶的开挖而使顶部高度超过钻机钻注浆孔的高度，注浆堵水的难度较大。为尽量避免这种情况的发生，水幕孔在部分区域完成后，应及时做该区域的效率试验，无须等所有水幕孔完成后再进行试验，尽可能地在主洞室台阶开挖前做水幕附加孔。

在施工过程中，洞内的出水与地面的水位监测要联合分析，发现地面水位下降时要及时找到洞内的出水点，并尽快进行堵水处理。

为不影响地下水幕的效果，水幕巷道内的出水点不宜进行注浆堵水，一般可采用栓塞等进行临时堵水，在水幕巷道内灌水时拆除栓塞。水幕巷道在开挖时出现较大涌水，造成地表水位下降，出水的区域用栓塞等封堵时，也要采用注浆堵水的措施，注浆浆液的水灰比宜偏浓，既能堵住水，又使浆液不会长距离扩散。

2. 施工巷道设计参数

相对整个工程而言，施工巷道只是临时工程，但在洞库施工期间施工巷道的运输任务非常繁重，同时又承担通风、排水、供电等任务，是洞库施工成败的关键部位。施工巷道坡度不宜过大，降低重车进洞时因刹车失灵而出现溜车的风险；在施工巷道的一些部位，应设变电洞室、排水洞室、物资存放洞室、车辆掉头洞室、应急避险洞室、施工管理洞室等附属结构。

施工巷道的宽度宜为“2 车道+1 人行道”的宽度，这样可以确保洞内行走人员在车辆错车时的安全通行，降低重车辆错车时挤伤行人的风险。施工巷道的高度要结合通风方案，高度满足施工巷道拱部悬挂多趟通风管和正常通行车辆的要求。

3. 通风方案

地下洞库为典型的入口小、内部空间大的地下结构物，如果施工期仅靠施工巷道主洞室内送风，将无法满足施工通风的需求。要做好施工通风，必须要有足够的送风通道和出风通道，送风应采用专用的通风竖井，排风应采用主洞室上的操作竖井，施工巷道也承担一部分排风的任务。施工巷道施工

期间，可从施工巷道口向作业面压入式通风；开挖至主洞室后，因开挖断面加大，需要更多的新鲜空气，就需要从通风竖井送风；在主洞室形成的大量污浊空气，如从施工巷道排出，将严重污染施工巷道，应利用操作竖井将污浊空气排出。可见，通风竖井和操作竖井应尽早开挖，在主洞室开挖时可尽早发挥作用。

4. 密封塞施工

在施工巷道、竖井上设的密封塞是洞库工程中最重要的结构物之一。密封塞开挖10m前，要严格要求竖井、巷道开挖的成型。该段竖井、施工巷道开挖通过预设计密封塞位置后，根据实际揭露的围岩选择确定密封塞的具体位置，并根据该段竖井、巷道实际的开挖成型调整密封塞键槽的尺寸。

密封塞模板是混凝土施工的关键，施工巷道密封塞内侧（靠主洞室侧）模板应采用砖砌模板，在混凝土浇筑后无须拆除，如采用木模板在混凝土浇筑后必须拆除。竖井底部密封塞模板宜为钢结构，钢模板能承受浇筑混凝土的重量。钢模板上的管道通过口应在管道安装时根据实际管道位置相应割孔，确保管道与孔的密贴。

密封塞混凝土为大体积混凝土，混凝土浇筑时要做好温度控制措施。温度控制措施主要有采用低水化热水泥、通过添加外加剂减少水泥的掺量、控制混凝土的浇筑速度、在混凝土内预埋冷却水管等。竖井密封塞可以分层浇筑，当分层较多时可不采取控温措施。

5. 施工管理

地下洞库施工由于作业面多，各种资源投入较多，各个作业面的施工工序不同。要及时、合理地调配洞内的资源。首先要搞清楚各种资源的位置，应在洞内安装定位系统，人员、设备上均佩戴信号发射卡，在调度室内就可以清楚地掌握洞内人员、设备的准确位置，可以及时传达施工指令。在洞内一些比较重要的位置，应设手机发射机站。在手机信号不能覆盖的作业面，要设有线电话。由于设备集中在洞内，要在洞内设机械设备的维修区、保养区、停放区等。

参 考 文 献

[1] 高飞. 国内外地下水封洞库发展浅析 [J]. 科技资讯，2010（24）：55-55.

[2] 洪开荣. 大型地下水封洞库修建技术 [M]. 北京：中国铁道出版社，2013.

[3] 时洪斌. 黄岛地下水封洞库水封条件和围岩稳定性分析与评价 [D]. 北京：北京交通大学，2010.

[4] 周福友，许文年，周正军，等. 地下水封洞库工程施工组织设计要点分析 [J]. 三峡大学学报（自然科学版），2011，33（6）：49-53.